职业教育机械类专业“互联网+”新形态教材

数控多轴加工案例与仿真

傅 飞 编

机 械 工 业 出 版 社

本书详细介绍了NX四轴、五轴加工中心编程过程、后处理程序的编制、Vericut多轴仿真软件的使用、德玛吉DMU50五轴联动数控机床的操作和加工。书中提供的实例从设计建模开始到操作机床加工零件完成，每一步都有详细的指导，便于读者理解和掌握。模拟仿真部分使用了Vericut多轴仿真软件，能够实现机床操作全过程的仿真和加工运行全环境的仿真，为上机操作前提供真实的模拟，可有效避免上机时发生误操作，以减少实际加工中的损失。

本书言简意赅，循序渐进，讲解过程完整，将复杂知识简单化、抽象理论实体化，可帮助读者掌握四轴、五轴加工重点知识，并熟练掌握四轴、五轴加工中心基本操作及编程技能。书中所提供的实例完整地呈现了四轴、五轴加工编程思路；同时运用了“互联网+”形式，在重要知识点处嵌入二维码，帮助读者借助先进的数控编程软件和现代化的虚拟仿真软件在计算机上体验五轴数控加工知识。本书虽然以有限的实例为导向进行讲解，但对其他类型零件的多轴加工也有很大的参考价值。

本书可作为中等职业院校数控技术应用专业及机械、模具相关专业教材，也可作为工厂企业多轴加工的培训用教材。

图书在版编目（CIP）数据

数控多轴加工案例与仿真/傅飞编. —北京：机械工业出版社，2022.5（2024.2重印）

职业教育机械类专业“互联网+”新形态教材

ISBN 978-7-111-70299-3

Ⅰ.①数…　Ⅱ.①傅…　Ⅲ.①数控机床-程序设计-中等专业学校-教材　Ⅳ.①TG659

中国版本图书馆CIP数据核字（2022）第039994号

机械工业出版社（北京市百万庄大街22号　邮政编码100037）
策划编辑：黎　艳　　　　责任编辑：黎　艳　章承林
责任校对：陈　越　王　延　封面设计：张　静
责任印制：常天培
北京机工印刷厂有限公司印刷
2024年2月第1版第2次印刷
184mm×260mm · 15.25印张 · 277千字
标准书号：ISBN 978-7-111-70299-3
定价：49.00元

电话服务　　　　　　　　　网络服务
客服电话：010-88361066　机　工　官　网：www.cmpbook.com
　　　　　010-88379833　机　工　官　博：weibo.com/cmp1952
　　　　　010-68326294　金　书　网：www.golden-book.com
封底无防伪标均为盗版　　　机工教育服务网：www.cmpedu.com

前　言

随着科技的进步、产品的创新，各种新材料、新结构、形状复杂的精密机械零件大量涌现出来，传统的普通机床已经不能满足其精度要求，发展先进的制造技术是大势所趋，数控加工受到越来越多企业的关注。

NX 是 Siemens PLM Software 公司的一款集成化的 CAD/CAM/CAE 系统软件，其多轴数控铣编程历史悠久而且技术成熟。本书以实例的编程及加工过程为主线，全面介绍了多轴数控加工工艺分析、工艺实现、NX 数控编程过程、后处理、Vericut 仿真及实际问题的解决等，帮助读者尽快熟悉和掌握多轴数控加工技术。Vericut 多轴数控加工仿真软件能够实现加工中心的多轴联动加工和多方向平面定向加工仿真，并且能够实现机床操作全过程的仿真和加工运行全环境的仿真，可以提早发现加工过程中可能出现的问题。本书还附上精心录制的视频讲解，帮助读者借助先进的数控编程软件和现代化的虚拟仿真软件在计算机上体验五轴数控加工知识。

本书主要以多轴加工基本理论为起点，详细介绍了使用 NX 软件编程多轴加工零件，用 NX 软件编制常用的后处理及制订符合自身编程习惯的后处理程序，用仿真软件模拟加工，最后使用机床加工零件，重点培养读者理论与实践相结合的能力。本书适合具有初步数控编程及 3D 绘图知识，希望进一步学习多轴数控编程技术的读者阅读。本书虽然以有限的实例为导向进行讲解，但对其他类型零件的多轴加工也有很大的参考价值。

由于编者水平有限，书中不妥之处在所难免，恳请读者批评指正。

编　者

二维码索引

（续）

目　录

第1章　数控多轴加工的相关理论知识

【学习目标】

知识目标：

1. 了解数控多轴加工机床的种类。
2. 了解数控多轴编程的基本概念。
3. 了解数控多轴加工机床的优势与应用领域。
4. 掌握 NX 编程软件的刀轴控制与投影矢量。

技能目标：

1. 会判断数控多轴加工机床的类型。
2. 会校正 3D 探针工具。
3. 会使用 3D quickset 校正机床精度。
4. 会使用 NX 编程软件中的刀轴控制与投影矢量。

素质目标：

1. 培养学生具备良好的科学精神和态度。
2. 培养学生自主学习的良好习惯、爱好和能力。
3. 培养学生适宜的受挫折能力，提高学生心理成熟度和提升基本品质。
4. 培养学生依法规范自己行为的意识和习惯。

1.1 数控多轴加工机床（加工中心）种类

所谓数控多轴加工机床是指在一台机床上至少具备第四轴，即三个直线坐标轴和一个旋转坐标轴，并且四个坐标轴可以在计算机数控（CNC）系统的控制下同时协调运动进行加工。五轴加工机床是指该机床具有三个直线坐标轴和两个旋转坐标轴，并且可以同时控制，联动加工。

1.1.1 四轴加工机床

四轴加工机床指一台机床上至少有四个坐标轴，分别为三个直线坐标轴和一个旋转坐标轴，直线坐标轴是 *X* 轴、*Y* 轴、*Z* 轴，旋转坐标轴是 *A* 轴或 *B* 轴。绕 *X* 轴旋转为 *A* 轴，绕 *Y* 轴旋转为 *B* 轴。

带 *A* 轴的四轴加工机床：适合加工旋转类工件，如图 1-1 所示。

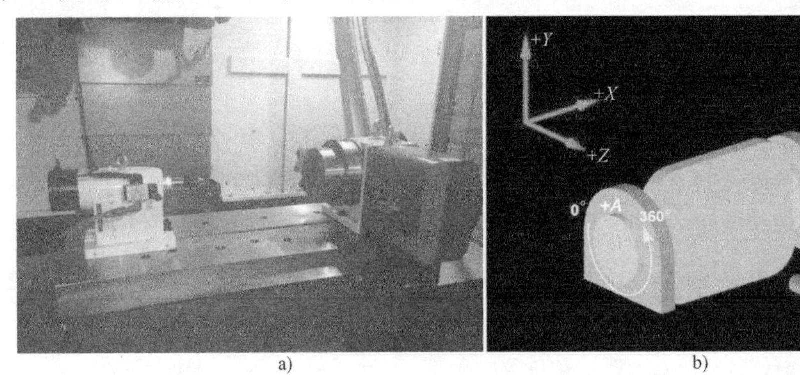

图 1-1 带 *A* 轴的四轴加工机床

带 *B* 轴的四轴加工机床：工作台相对较小、主轴刚性差，适合加工小产品，如图 1-2 所示。

1. 四轴加工机床的特点

1）可加工三轴加工机床无法加工的或需要装夹时间过长的工件。

2）可提高自由曲面工件数控加工精度、质量和生产率。

3）刀具得到很大改善，可缩短加工工序和装夹时间。

4）无需夹具，可延长刀具寿命。

5）可提高工件表面质量，使生产集中化。

2. 四轴加工机床主要应用的领域

四轴加工机床主要应用于航空航天、船舶、医学、汽车工业和模具等领域。

a)

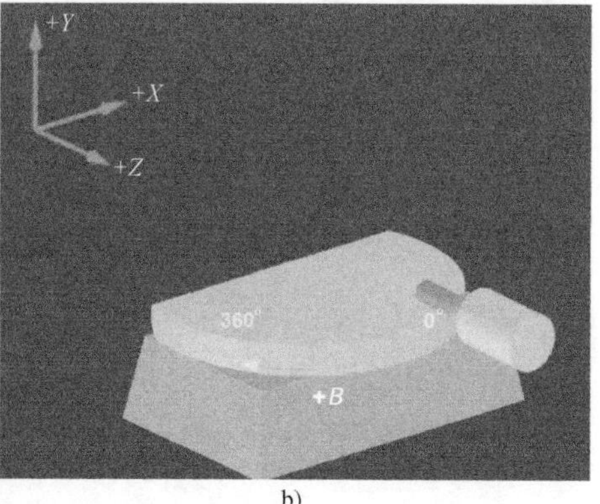

b)

图 1-2 带 *B* 轴的四轴加工机床

3. 四轴加工机床加工的典型零件

四轴加工机床主要用于加工凸轮、蜗轮、蜗杆、螺旋桨、鞋模、人体模型、汽车配件以及其他精密零件。

1.1.2 五轴加工机床

五轴的定义

五轴加工机床指一台机床上至少有五个坐标轴，分别为三个直线坐标轴和两个旋转坐标轴。

第四轴和第五轴的定义：其中与机床相连接的是第四轴，则另外一个轴就是第五轴。

三个直线坐标轴是 *X* 轴、*Y* 轴、*Z* 轴，旋转坐标轴是 *A* 轴、*B* 轴、*C* 轴。

A 轴：绕 *X* 轴旋转是 *A* 轴。

B 轴：绕 *Y* 轴旋转是 *B* 轴。

C 轴：绕 *Z* 轴旋转是 *C* 轴。

所以五轴加工机床一共有 *XYZ*+*A*+*B*、*XYZ*+*A*+*C*、*XYZ*+*B*+*C* 三种形式。

按旋转主轴和直线运动的关系来判定五轴联动的结构形式：

1）双旋转工作台 *A*+*C*、*B*+*C*。以 *A*+*C* 为例，在 *C* 轴旋转工作台上叠加一个 *A* 轴的旋转工作台，可加工小型蜗轮、叶轮和精密模具，如图 1-3 所示。

双旋转工作台的优点是旋转坐标轴具有足够的行程范围，工艺性能好。不同于摆头类五轴加工机床受结构限制的影响，摆动坐标轴的刚度较低，成为整个机床刚度的薄弱环节；而双旋转工作台机床，加工过程中工作台旋转并摆动，可加工工件的尺寸受旋转工作台尺寸的限制，适合加工体积小、重量轻的工件；主轴始终为竖直方向，刚度比较好，可以进行较大切削量的加工。所以双旋转工作台的刚度大大好于摆头的刚度，从而提高了机床的总体刚度。

2）一转一摆工作台 *A*+*B* 或 *B*+*C*。以 *B*+*C* 为例，如图 1-4 所示。

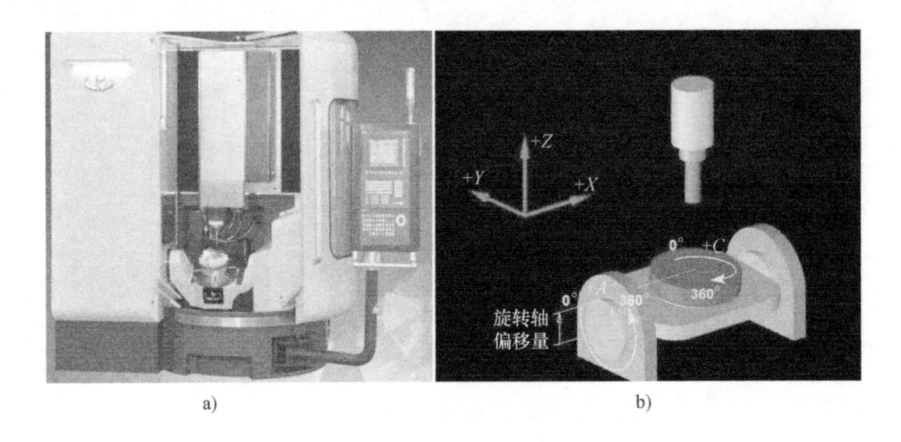

a)　　b)

图 1-3　五轴加工机床（$XYZ+A+C$）

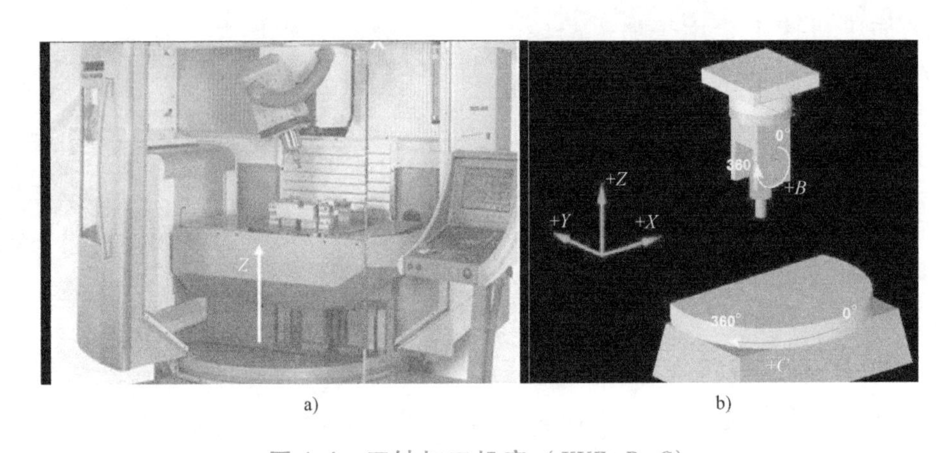

a)　　b)

图 1-4　五轴加工机床（$XYZ+B+C$）

这类机床相比双旋转工作台机床而言，可以承受更大重量的工件，但又比双摆头类机床所能承受的少，因而一般多用于加工中等重量的工件。因旋转运动被分配到主轴和工作台上，因而工作时工件移动行程较小，同时旋转轴的分配也使得旋转轴的累积误差减小。但是在主轴绕 B 轴旋转时，工作台需要配合做 X 方向的移动。因而不难发现，如果刀具长度越长，这个 X 方向配合运动的行程就越大，因而对于这类机床，在加工编程时，必须要考虑刀具长度问题，避免因刀具长度超长而造成 X 向配合运动超程。

3）双摆头工作台。双摆头工作台尺寸和刚度大，适合加工大型工件，如图 1-5 所示。

双摆头类机床加工过程中工作台不旋转或摆动，工件固定在工作台上，加工过程中静止不动。这类机床适合加工体积大、重量大的工件，但因主轴在加工过程中摆动，所以刚度较差，加工时切削量较小。

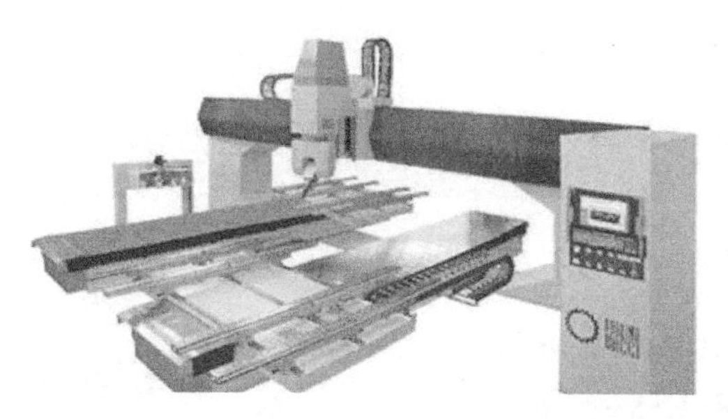

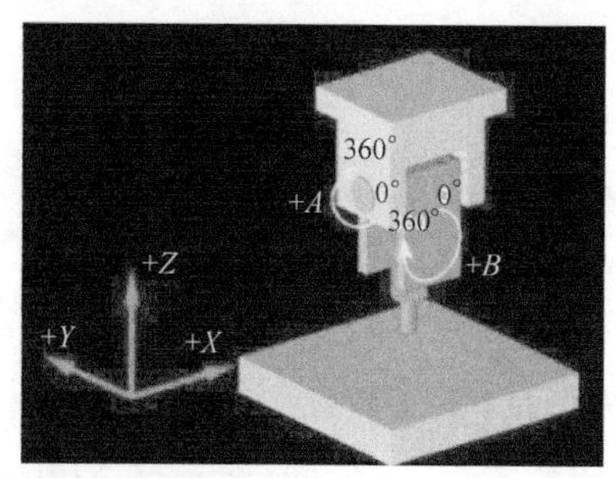

图 1-5　五轴加工机床（$XYZ+A+B$）

1.1.3　多轴加工机床

1. 多轴加工机床的优点

多轴加工机床与三轴加工机床相比较，利用多轴加工机床进行加工的主要优点如下：

1）可以在一次装夹的条件下完成多面加工，从而提高零件的加工精度和加工效率。

2）由于多轴加工机床的刀轴可以改变，刀具或工件的姿态角可以随时调整，所以可以加工三轴加工机床无法加工的斜角和倒扣的区域，因此可以加工更加复杂的零件。

3）由于刀具或工件的位姿角度可调，所以可以避免刀具干涉、欠切和过切现象的发生，从而获得更高的切削速度和进给速度，使切削效率和加工表面质量得以改善。

4）多轴加工机床的应用，可以简化刀具形状，从而降低了刀具成本；同时还可以改善刀具的长径比，使刀具的刚度、切削速度、进给速度得以大大提高。

5）让刀具沿零件表面法向倾斜，可改善切削条件，避免球头切削，使用侧刃切削，获得较好的表面质量，提高加工效率；还可用锥度刀具代替圆柱刀具加工，用柱面铣刀代替球头铣刀加工。

2. 多轴加工机床主要应用的领域

多轴加工机床主要应用于航空航天、船舶、医学、汽车工业、模具、军工等领域。

3. 多轴加工机床加工的典型零件

多轴加工机床主要用于加工叶轮、蜗轮、蜗杆、螺旋桨、鞋模、立体公仔、人体模型、汽车配件以及其他精密零件。

综上所述，多轴加工机床虽然有很多优点，但是五轴加工机床的刀具姿态控制、数控系统、CAM 编程和后处理都要比三轴加工机床复杂得多。

1.2 五轴加工机床（加工中心）的 RTCP 应用

五轴加工机床
RTCP 与 RPCP

RTCP 是围绕刀具中心点旋转（Rotation around Tool Center Point）的简称，也就是常说的刀尖点跟随功能。一般的五轴数控系统可以在非 RTCP 模式和 RTCP 模式下进行编程。在非 RTCP 模式下编程，要求机床的转轴中心长度正好等于编制程序时所考虑的数值，任何修改都要求重新编制程序。而如果启用 RTCP 功能后，控制系统会自动计算并保持刀具中心始终在编程的直线坐标位置上，转动坐标的每一个运动都会被直线坐标的一个直线位移所补偿。相对传统的数控系统而言，一个或多个转动坐标的运动会引起刀具中心的位移，而对带有 RTCP 功能的数控系统而言，可以直接编程刀具中心的轨迹，而不用考虑枢轴的中心距，这个枢轴中心距是独立于编程的，是在执行程序前由显示终端输入的，与程序无关。

对于有 RTCP 功能的机床，控制系统保持刀具中心始终在被编程的位置。在这种情况下，编程是独立的，是与机床运动无关的编程。当用户在编程时，不用担心机床运动和刀具长度，所需要考虑的只是刀具和工件之间的相对运动。余下的工作将由控制系统完成。通俗地说就是操作者不必将工件精确地与转台轴线对齐，可随便装夹，机床自动补偿偏移，这样可大大减少辅助时间，同时提高了加工精度。

对于不具备 RTCP 功能的五轴加工机床和数控系统，必须依靠 CAM 编程和后处理技术，事先规划好刀路。同样一个零件，机床换了或者刀具换了，都必须重新进行 CAM 编程和后处理。这种五轴加工机床在装夹工件时需要保证工件在其工作台回转中心位置，对操作者来说，这意味着需要大量的装夹找正时间，且精度得不到保证。

如图 1-6 所示，带 RTCP 功能时，控制系统只改变刀具方向，刀尖位置仍保持不变。此时 X 轴、Y 轴、Z 轴上必要的补偿运动已被自动计算进去。

如图 1-7 所示，不带 RTCP 功能时，控制系统不考虑刀具长度，刀具围绕轴的轴线旋转，刀尖将移出其所在位置，并不再固定。

RPCP 的定义与 RTCP 类似，是围绕工件中心点旋转（Rotation around Part Center Point）的简称。其功能与 RTCP 的功能类似，不同的是该功能是补偿工件旋转所造成的平动坐标的变化。从上面的分析可以看出，RTCP 功能主要是应

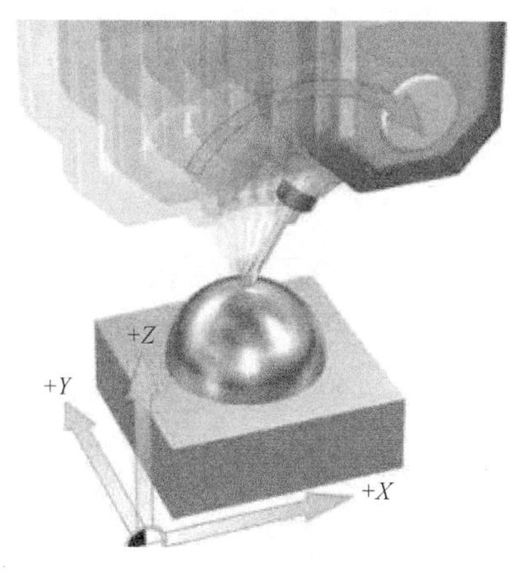

图 1-6　带 RTCP 功能的刀具移动

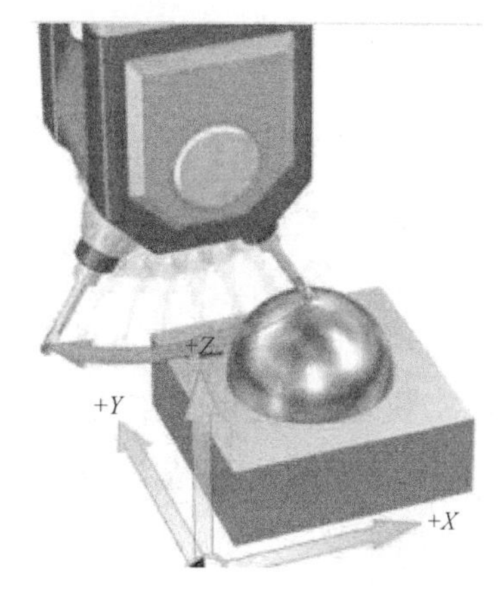

图 1-7　不带 RTCP 功能的刀具移动

用在双摆头结构形式的机床上，而 RPCP 功能主要是应用在双旋转工作台形式的机床上，而对于一摆头、一转台形式的机床是上述两种情况的综合应用。从运行方式上看，数控系统在启动 RTCP 功能的情况下，每插补一次都进行一次补偿计算，将补偿后的计算值作为插补结果输出到数控系统中。

1.3　德玛吉 DMU50 五轴联动数控机床的 3D 探针设定与校正（Siemens 840D）

在德玛吉 DMU50 五轴联动数控机床上使用 3D 探针前必须先对探针进行校正。

1.3.1　设定校准刀具参数

校准刀具的长度与直径已经刻在刀具上，可直接在刀具表中输入，如图 1-8 所示。

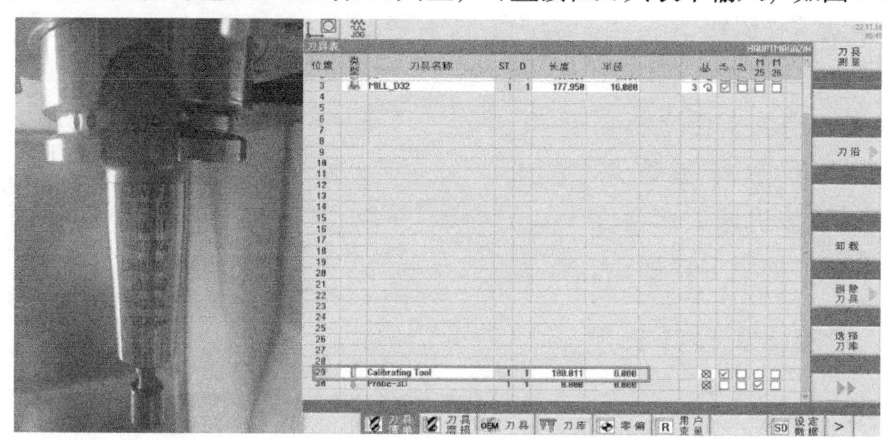

图 1-8　设定校准刀具参数

1.3.2　设定基准平面

具体操作步骤如下：

1）切换机床权限至 2 级（机床厂家级），如图 1-9 所示。

2）使用手轮时，注意左边有一个激活按钮，只有按下激活按钮时才能移动各个轴，如图 1-10 所示。

3）将机床工作台面作为基准平面，移动校准刀具底部到接近高度，使用标准高度为 50mm 的量块进行校准，直到量块刚好塞进工作台面与刀具之间为止，如图 1-11 所示。

图 1-9　切换机床权限

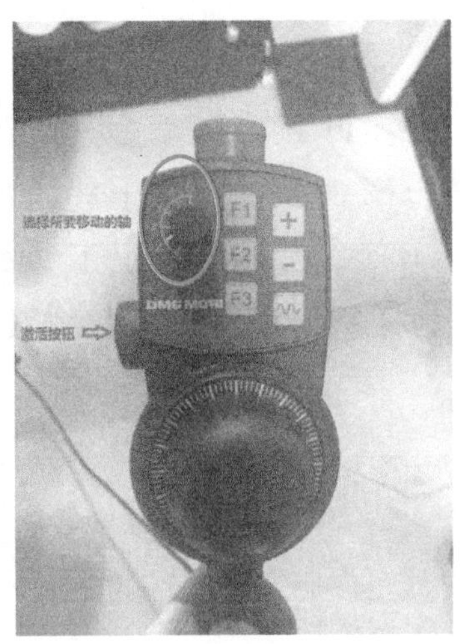

图 1-10　使用手轮

图 1-11　移动校准刀具底部到量块高度

4）设定基准平面参数。

① 在操作面板上依次单击 MACHINE → Jog → 设置零偏按钮。

② 在 Z 坐标文本框中输入“50”，代表在当前工件坐标系下当前刀具底部距离基准平面 50mm，此时设定机床工作台面为基准平面完成，如图 1-12 所示。

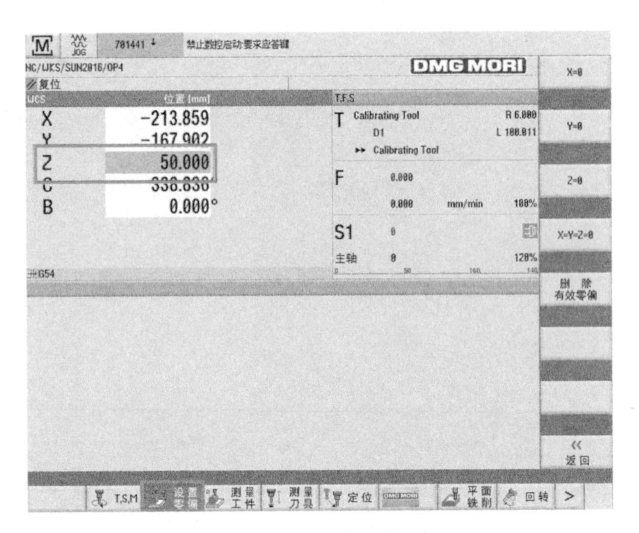

图 1-12　设置 Z 轴

1.3.3　校准 3D 探针长度

具体操作步骤如下：

1）在机床面板处于 Jog 模

式下使用辅助功能调出探针。

2）输入“M27”，激活“探针保护”功能。

3）将探针移动到机床工作台面上的量块上方一定距离（小于20mm）。

4）单击 测量工件 → 校准探头 →“长度”按钮，如图1-13所示。

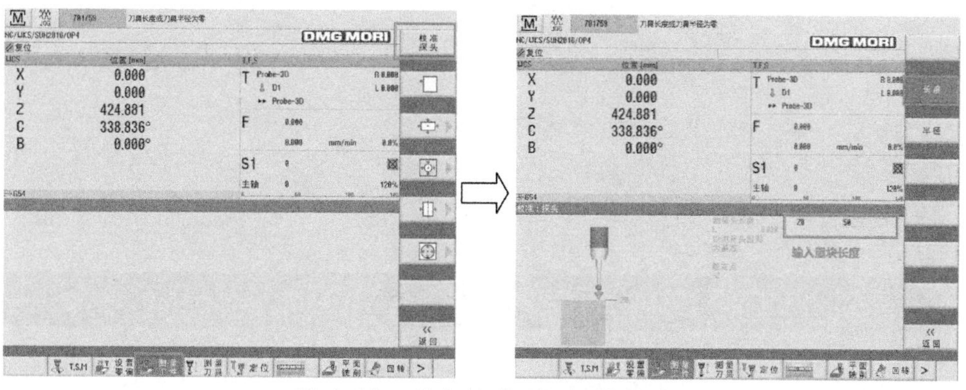

图1-13　准备校准3D探针长度

5）单击“循环启动”按钮进行自动校准，校准完毕后，探头长度会进行自动刷新并显示探针长度，如图1-14所示。

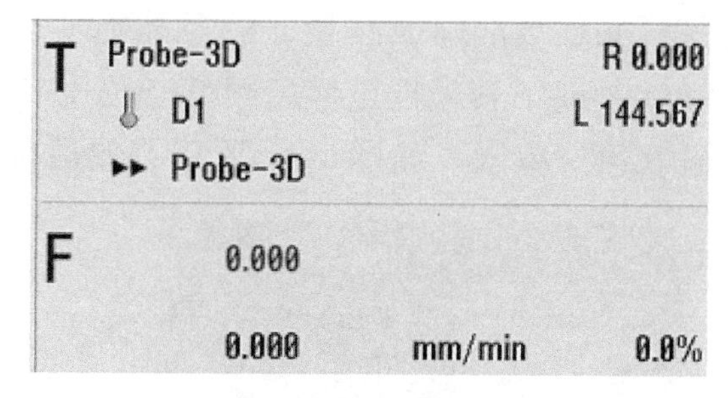

图1-14　探针长度校准完毕

6）校准3D探针半径。在操作面板上依次单击 Jog → 测量工件 → 校准探头 →“半径”按钮，因为使用的测量标准环规直径为50.01mm，所以在文本框内输入“50.01”，将探针手动移到环规中心，单击“循环启动”按钮，此时探针会在环规四周自动测量四个点，如图1-15所示。

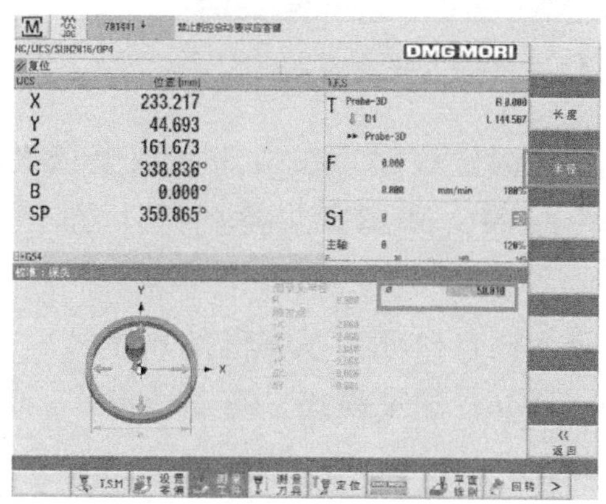

图1-15　准备校准3D探针半径

执行自动测量校准完成后会自动修正探针半径，如图 1-16 所示。

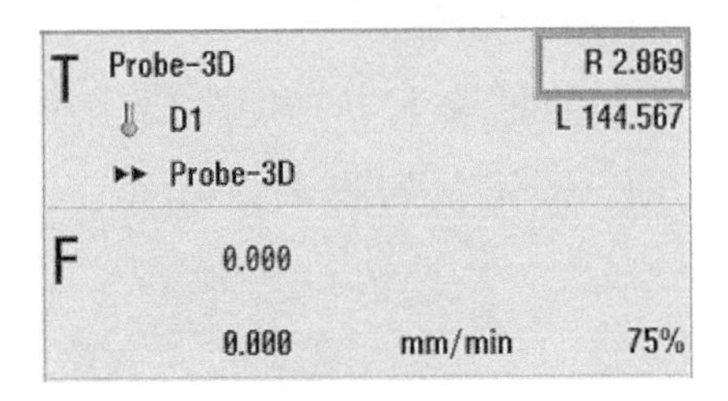

图 1-16　探针半径校准完毕

五轴加工探针自动对刀找正（方形零件）

五轴机床探针自动对刀找正（圆形零件）

1.4 五轴加工机床的精度校正——3D quickset

当五轴加工机床在使用了一段时间后，为了确保五轴加工机床的精度，运动特征必须被准确地测量，然后才能实现并满足五轴加工的精度要求，可以用 3D quickset 工具来校正机床精度。图 1-17 所示为 3D quickset 工具。先把测量球放置在第一象限，如图 1-18 所示，然后按以下步骤来校正机床精度。

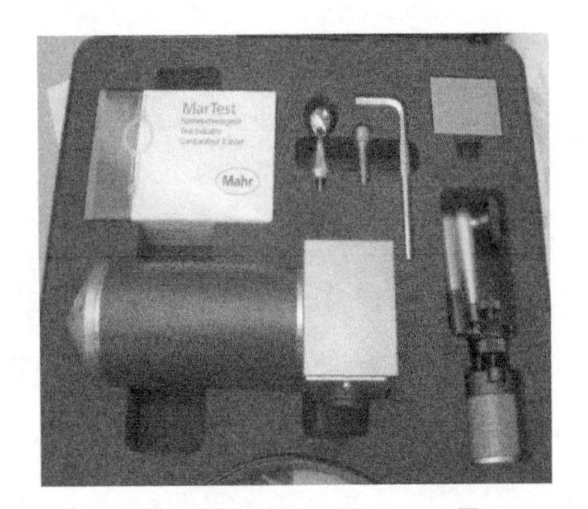

图 1-17　3D quickset 工具

图 1-18　放置测量球

1）新建测量程序。在机床面板上依次单击“3D quick SET”→“翻页”按钮，选择“DMG MORI”，找到最上方“循环（CYCLE）”程序，如图 1-19 所示。

2）进入测量循环程序编辑参数界面，如图 1-20 所示。

meas_mode：测量模式，有三种模式，0 表示只测量；1 表示测量并写入，2 表示只写入。

ball_diam：测量球直径。

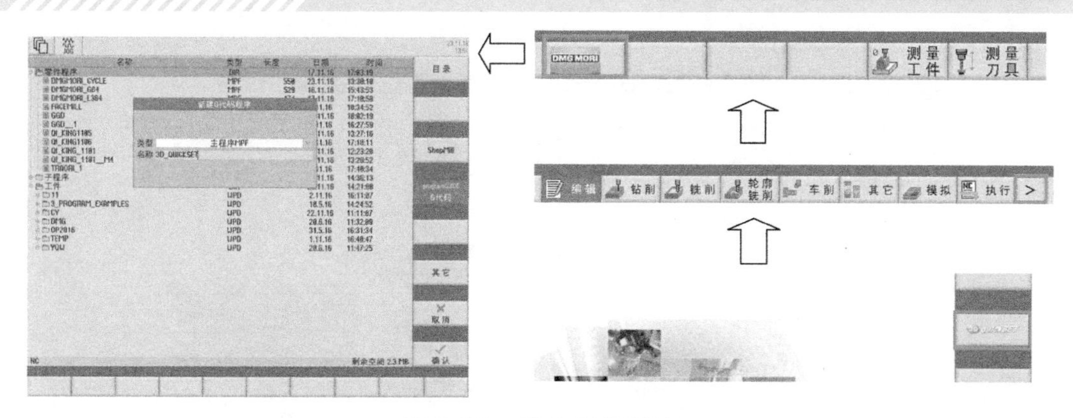

图 1-19　建立测量程序

meas_angle：测量角度。

b_axes：激活 B 轴测量，有两种模式，0 表示不测量，1 表示测量。

meas_table：激活 C 轴测量，有两种模式，0 表示不测量，1 表示测量。

meas_z_axis：激活 Z 轴测量，有三种模式，0 表示不测量，1 表示测量，>1 表示量块尺寸。

注意：一次只能测量一个轴的精度，所以需修改并执行循环三次才能完成 Z 轴、B 轴、C 轴的测量。

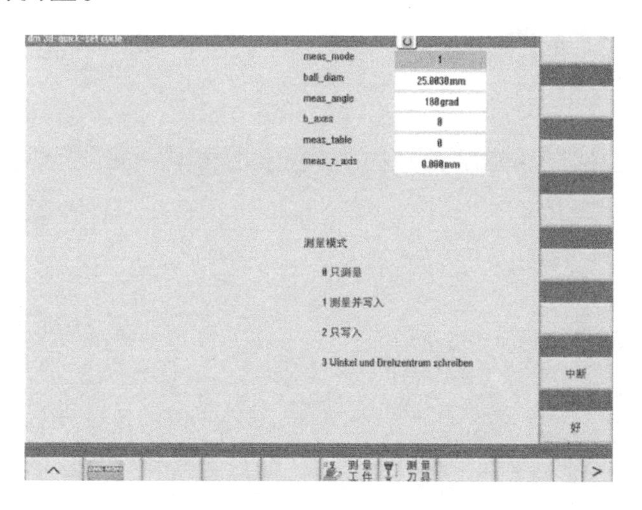

图 1-20　编辑参数界面

3）执行测量。编辑参数完成后会得到一个测量循环，可直接运行，如图 1-21 所示。

4）参数查询。如果 3D quickset 的模式为 0，则测量值只被记录在 MEAS 下，当模式为 1 时，数据 ORG 和摆动数据将被记录和覆盖；当模式为 2 时，启动测量循环，没有轴的移动，只写入和覆盖数据。参数查询如图 1-22 所示。

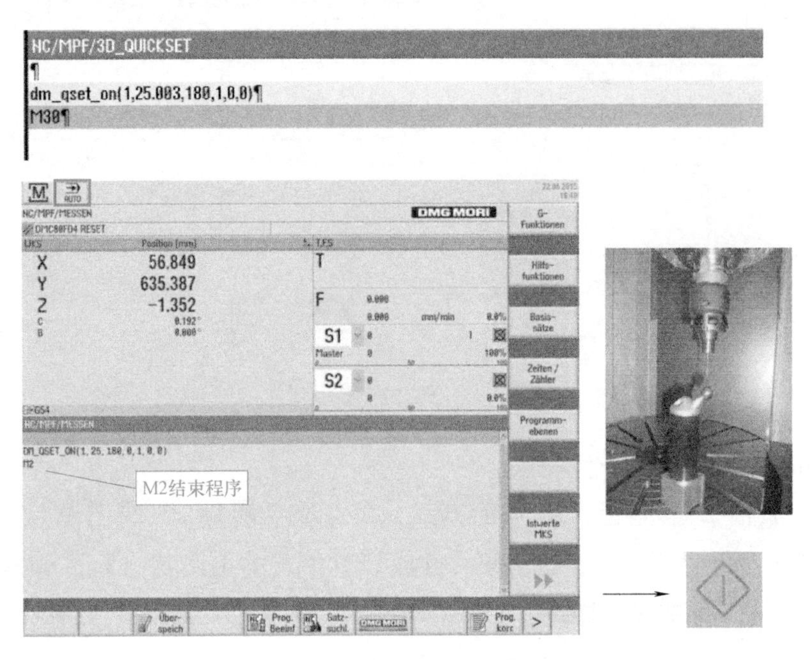

图 1-21　执行测量

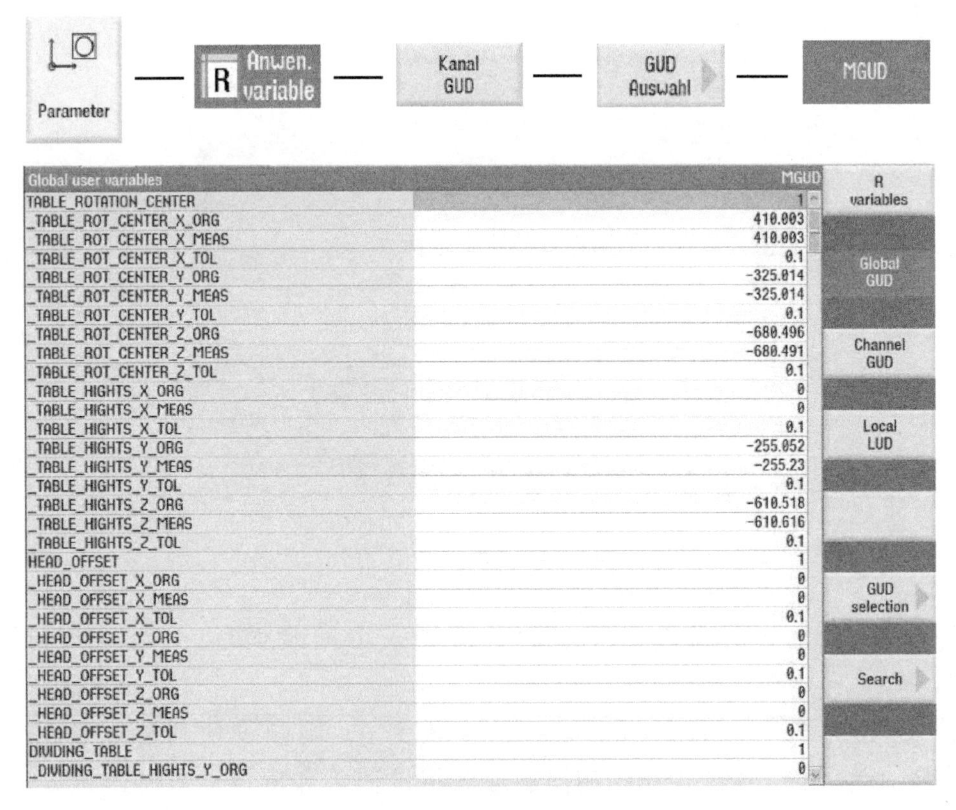

Global user variables	MGUD
TABLE_ROTATION_CENTER	1
_TABLE_ROT_CENTER_X_ORG	410.003
_TABLE_ROT_CENTER_X_MEAS	410.003
_TABLE_ROT_CENTER_X_TOL	0.1
_TABLE_ROT_CENTER_Y_ORG	-325.014
_TABLE_ROT_CENTER_Y_MEAS	-325.014
_TABLE_ROT_CENTER_Y_TOL	0.1
_TABLE_ROT_CENTER_Z_ORG	-680.496
_TABLE_ROT_CENTER_Z_MEAS	-680.491
_TABLE_ROT_CENTER_Z_TOL	0.1
_TABLE_HIGHTS_X_ORG	0
_TABLE_HIGHTS_X_MEAS	0
_TABLE_HIGHTS_X_TOL	0.1
_TABLE_HIGHTS_Y_ORG	-255.052
_TABLE_HIGHTS_Y_MEAS	-255.23
_TABLE_HIGHTS_Y_TOL	0.1
_TABLE_HIGHTS_Z_ORG	-610.518
_TABLE_HIGHTS_Z_MEAS	-610.616
_TABLE_HIGHTS_Z_TOL	0.1
HEAD_OFFSET	1
_HEAD_OFFSET_X_ORG	0
_HEAD_OFFSET_X_MEAS	0
_HEAD_OFFSET_X_TOL	0.1
_HEAD_OFFSET_Y_ORG	0
_HEAD_OFFSET_Y_MEAS	0
_HEAD_OFFSET_Y_TOL	0.1
_HEAD_OFFSET_Z_ORG	0
_HEAD_OFFSET_Z_MEAS	0
_HEAD_OFFSET_Z_TOL	0.1
DIVIDING_TABLE	1
_DIVIDING_TABLE_HIGHTS_Y_ORG	0

图 1-22　参数查询

1.5 多轴编程的基本概念

首先，多轴加工机床是指轴数为四及以上的机床。一般多轴加工机床（加工中心）在具有基本的直线轴（X、Y、Z 轴）的基础上增加了旋转轴（或摆动轴）。在实际加工中，旋转轴（或摆动轴）的运动实现了刀轴变化；反过来，在编程时刀轴的变化最终是由旋转轴（或摆动轴）的运动来实现的。

其次，多轴加工多用于加工复杂曲面或三轴加工机床无法完整加工的曲面。如倒扣的曲面，曲面的上部挡住了下部，使之无法用三轴方法完整加工，若刀轴可以变化就可以完整加工这些曲面。对于一些复杂曲面，因其形状复杂，若使用三轴加工，在加工曲面不同部位时工况相差很大，造成加工效果的差距也很大，影响加工质量；若使用多轴加工，则可以在加工不同部位时，使刀轴相应改变，保证工况相近，从而获得好的加工质量。

根据以上两点，人们得出多轴编程的概念。多轴编程就是要控制多轴加工机床运动，通过控制 X 轴、Y 轴、Z 轴三轴之外的机床轴来实现刀轴的改变，以加工复杂曲面或三轴加工机床无法完整加工的曲面。

1.6 五轴编程的基础

多轴加工就是通过控制刀轴矢量（刀具轴的轴线矢量）在空间位置的不断变化或使刀轴矢量与机床原始坐标系构成空间某个角度，利用铣刀的侧刃或底刃切削来完成加工。五轴加工的关键是如何合理控制刀轴矢量的变化。加工不同的曲面，为了实现加工需要，刀轴矢量的改变方式是不同的。刀轴矢量的变化是通过工作台的摆动或主轴的摆动来实现的，不同结构类型的五轴机床其运动学关系是不同的。合理地控制刀轴矢量既要满足曲面加工的需要，又要使刀轴矢量变化范围在所使用的机床可实现的范围内。因此，五轴加工机床编程的基础是理解刀轴矢量的变化会在实际机床加工中产生何种效果。这就必须先了解各种五轴加工机床的运动学关系：

1）对于工作台回转/摆动型，必须在工件装夹好后通过测量确定两回转/摆动轴交点在工件坐标系中的位置矢量。

2）对于刀具回转/摆动型，必须通过测量确定有效的刀具长度，即回转轴与刀具轴线的交点到刀位点的距离，它可以看成是刀位点总的摆动半径。

3）对于刀具与工作台回转/摆动型机床，既要通过测量确定有效的刀具长度，又要在工件装夹好后通过测量确定工作台回转/摆动轴线上一点在工件坐标系中的位置矢量。

1.6.1 五轴编程的原则

只要合理地控制刀轴矢量，就可以编制出加工所需的五轴程序，但此程序不一定是最优化的，它只是实现了可以加工，未必能达到很好的加工质量，或加工质量可以但加工效率低下。要达到理想的加工质量和较高的加工效率，还需遵循以下原则：

1）为了提高加工效率，所编制程序应尽量减少机床的运动量。

2）为了提高加工质量，所编制程序应使刀轴矢量变化均匀，曲面平滑过渡，不要有突变点，如果无法避免刀轴矢量突变，则应考虑分步加工，或尽量减少刀轴改变量。

3）如果一个工件存在多个刀路时，各刀路之间衔接处刀轴矢量应平滑过渡。

1.6.2 基于NX编程软件的刀轴控制

在NX多轴铣削加工中，刀轴与投影矢量之间的组合选择多达几十种，多轴编程中不可避免地要指定投影矢量与刀轴。在NX中，投影矢量是指用于指引驱动点怎样投射到零件表面，刀轴被定义为从刀具前端指向刀柄的方向矢量，如图1-23所示。在NX中，不同的驱动方法对应了不同的刀轴与投影矢量的设置方法。下面就介绍一些常用的刀轴与投影矢量的设置方法。

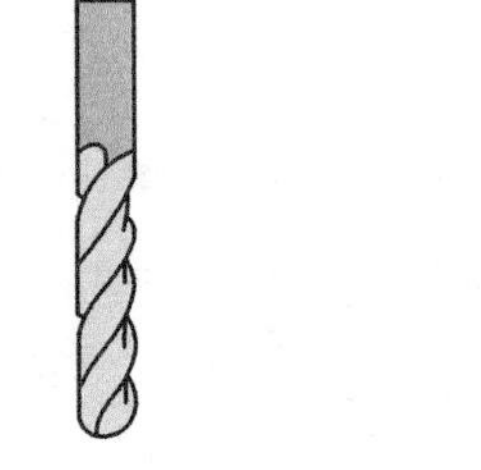

图1-23 刀轴与投影矢量

创建刀轨[⊖]需要以下2个步骤：

第1步：从驱动几何体上产生驱动点。

第2步：将驱动点沿投射方向投射到零件几何体上，刀具跟随这些点进行加工。

那么如何选择驱动几何体和投影矢量与刀轴就是在学习多轴编程时必须要掌握的知识。

⊖ 刀轨等同于刀路。

下面就一些在 NX 软件中基本的刀轴与投影矢量的选项进行说明：

五轴加工机床常用刀轴控制方法——刀轴指向点

1. 指向点

指向点允许编程者定义向焦点收敛的“可变刀轴”。编程者可以指定任何一个点作为指向点。“刀轴矢量”指向定义的焦点并指向刀柄，如图 1-24 所示。

2. 离开点

离开点允许编程者定义偏离焦点的“可变刀轴”。编程者可以指定任何一个点作为离开点。“刀轴矢量”从定义的焦点离开并指向刀柄，如图 1-25 所示。

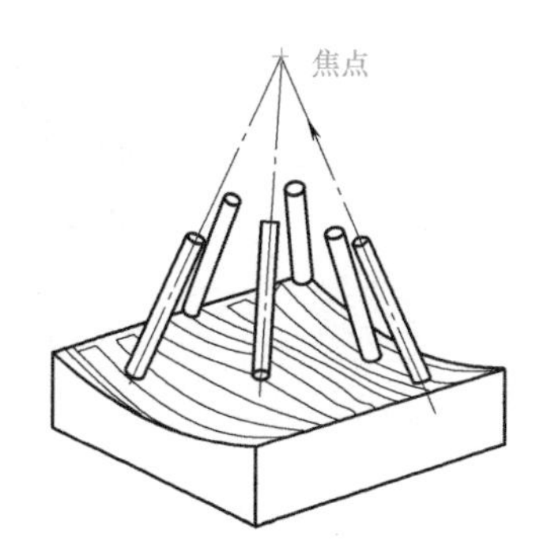

图 1-24 使用往复切削类型的指向点的刀轴

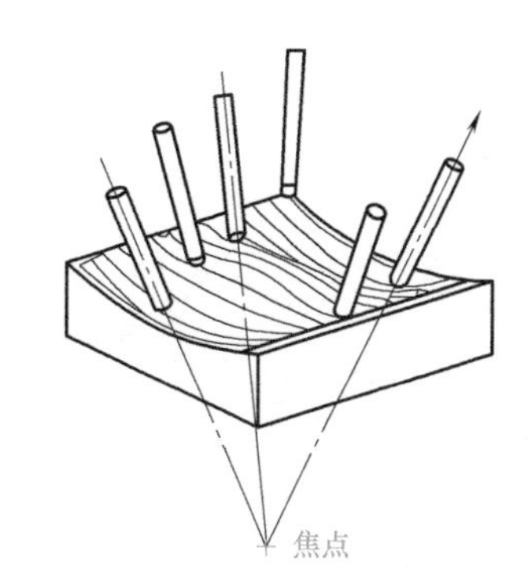

图 1-25 使用往复切削类型的离开点的刀轴

五轴加工机床常用刀轴控制方法——远离直线

3. 离开直线

离开直线允许编程者定义偏离聚焦线的“可变刀轴”。“刀轴”沿聚焦线移动，但与该聚焦线保持垂直。刀具在平行平面间运动。“刀轴矢量”从定义的聚焦线离开并指向刀柄，如图 1-26 所示。

4. 指向直线

指向直线允许编程者定义向聚焦线收敛的“可变刀轴”。“刀轴”沿聚焦线移动，但与该聚焦线保持垂直。刀具在平行平面间运动。“刀轴矢量”指向定义的聚焦线并指向刀柄，如图 1-27 所示。

5. 相对于矢量

相对于矢量允许编程者定义相对于带有指定的“前倾角”和“侧倾角”矢量的“可变刀轴”。四轴、五轴定向加工时刀具朝着一个方向加工，如图 1-28 所示。

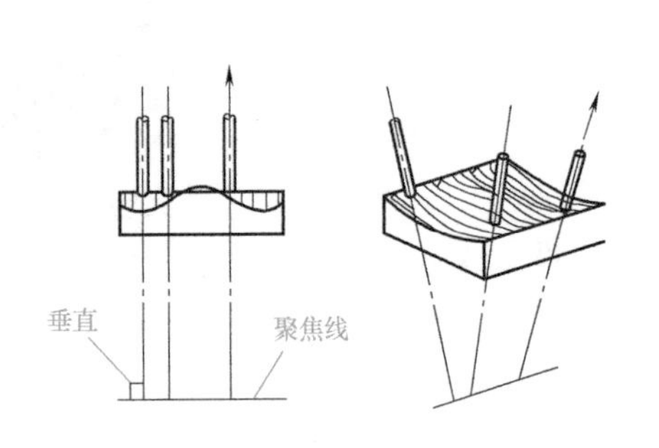

图 1-26　使用往复切削类型的离开直线的刀轴

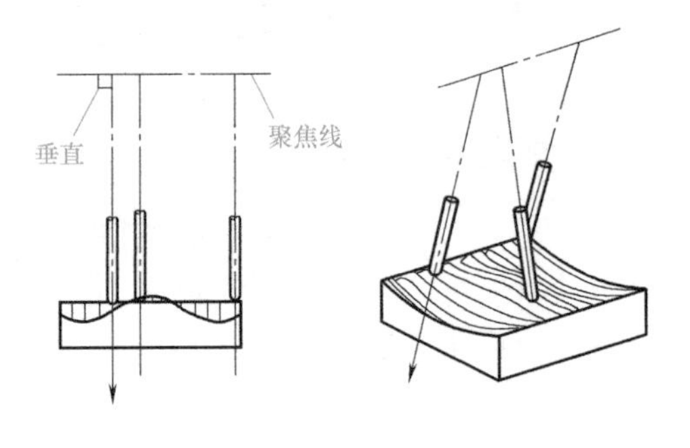

图 1-27　使用往复切削类型的指向直线的刀轴

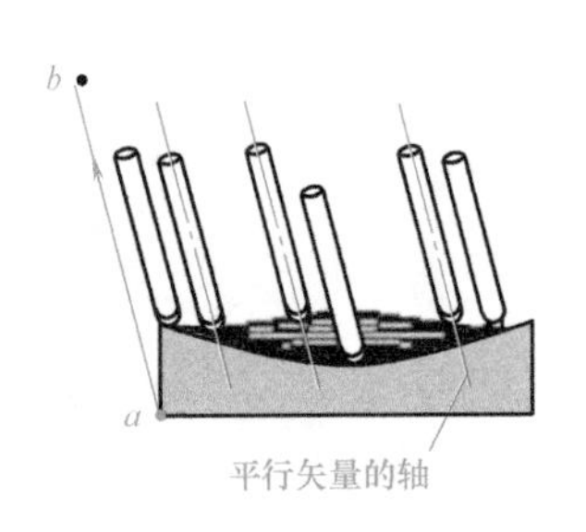

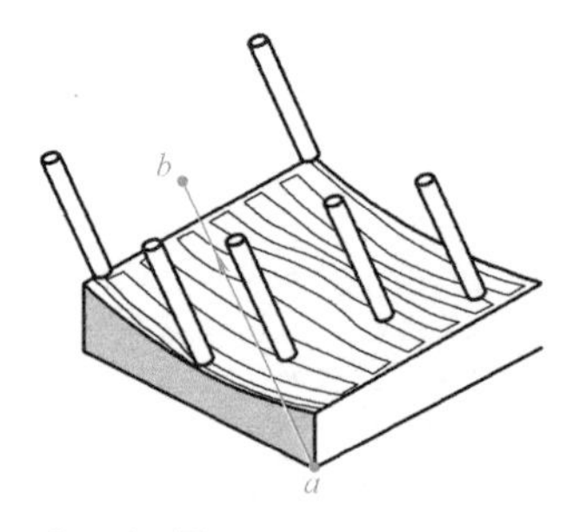

五轴机床刀路中的前倾与侧倾

图 1-28　相对于矢量

“前倾角”定义了刀具沿刀轨前倾或后倾的角度。正的“前倾角”的角度值表示刀具相对于刀轨方向向前倾斜。负的“前倾角”的角度值表示刀具相对于刀轨方向向后倾斜。

由于“前倾角”基于刀具的运动方向，因此往复切削模式将使刀具在往复前进刀路中向一侧倾斜，而在往复回来的刀路中向相反的另一侧倾斜。

“侧倾角”定义了刀具从一侧到另一侧的角度。正值将使刀具向右倾斜（按照操作者所观察的切削方向），负值将使刀具向左倾斜。与“前倾角”不同，“侧倾角”是固定的，它与刀具的运动方向无关。

此选项的工作方式与“相对于部件”类似，不同之处是它使用的是“矢量”而不是“部件法向”。

6. 垂直于部件

垂直于部件允许编程者定义在每个接触点处垂直于部件表面的“刀轴”，如图 1-29 所示。

7. 相对于部件

相对于部件允许编程者定义一个“可变刀轴”，它相对于部件表面的另一垂直“刀轴”向前、向后、向左或向右倾斜。

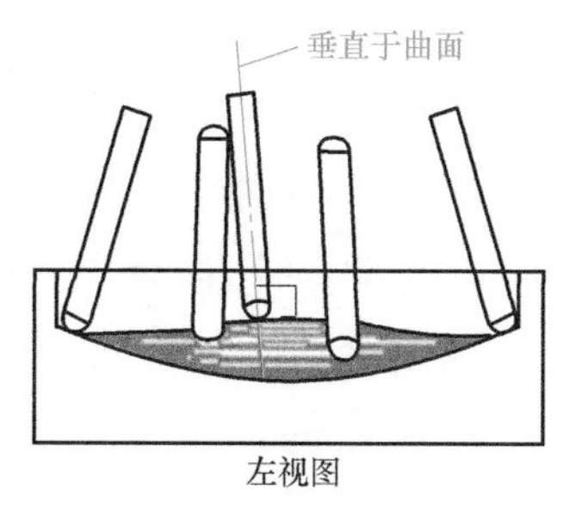

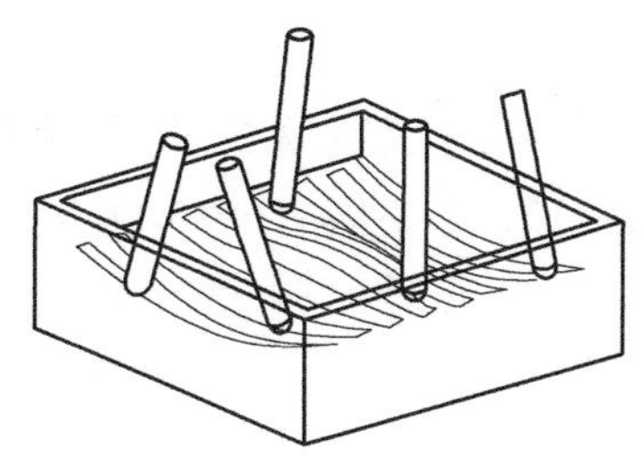

图 1-29　刀轴垂直于部件表面

五轴加工机床常用刀轴控制方法——垂直于部件

“前倾角”定义了刀具沿刀轨前倾或后倾的角度。正的“前倾角”的角度值表示刀具相对于刀轨方向向前倾斜。负的“前倾角”（后倾角）的角度值表示刀具相对于刀轨方向向后倾斜，如图 1-30 所示。

“侧倾角”定义了刀具从一侧到另一侧的角度。正值将使刀具向右倾斜（按照操作者所观察的切削方向）。负值将使刀具向左倾斜。由于侧倾角取决于切削方向，因此，在“往复切削类型”返回的刀路中，侧倾角将反向。

为“前倾角”和“侧倾角”指定的最小值和最大值将相应地限制刀轴的可变性。

这些参数将定义刀具偏离指定的前倾角或侧倾角的程度。例如，如果将前倾角定义为 20°，最小前倾角定义为 15°，最大前倾角定义为 25°，那么刀轴可以偏离前倾角±5°。最小值必须小于或等于相应的“前倾角”或“侧倾角”的角度值。最大值必须大于或等于相应的“前倾角”或“侧倾角”的角度值。

使用“相对于部件”，刀轴可以避免球头铣刀的球尖来加工表面，提高表面质量。

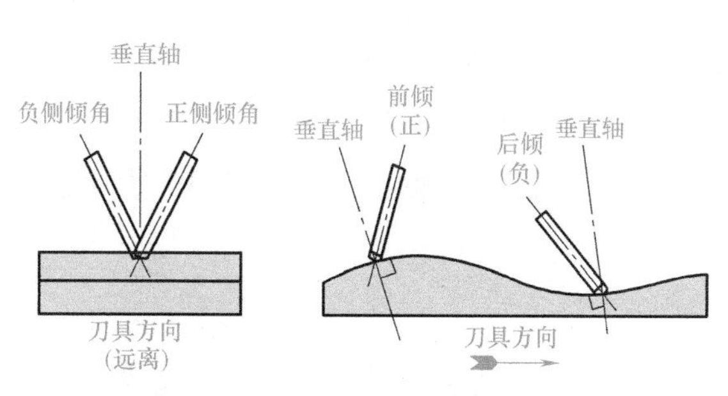

图 1-30　前倾角和后倾角

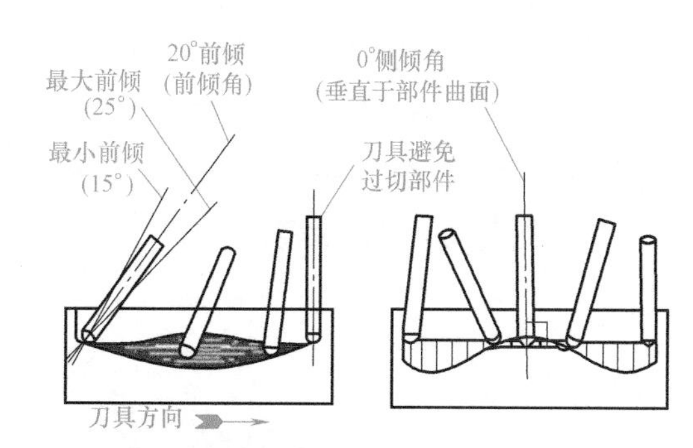

图 1-31　20°前倾角和 0°侧倾角

“刀轴”在避免过切部件时将忽略“前倾角”或“侧倾角”。如图 1-31 所示，刀具将垂直以避免过切。

正值将使刀具向右倾斜（按照操作者所观察的切削方向），负值将使刀具向左倾斜。

8. 插补

五轴加工机床常用刀轴控制方法——插补矢量

插补允许编程者通过定义矢量控制特定点处的刀轴。它允许编程者控制刀轴的过大变化（通常由非常复杂的驱动几何体或部件几何体引起），而无须构建额外的刀轴控制几何体（例如点、线、矢量和光顺驱动曲面等）。插补还可用于调整刀轴以避免遇到悬垂情况或其他障碍。

插补可以根据需要定义从驱动几何体的指定位置处延伸的多个矢量，从而创建光顺的刀轴运动。驱动几何体上任意点处的刀轴都将被用户指定的矢量插补。指定的矢量越多，越容易对刀轴进行控制。仅在“可变轴曲面轮廓铣”中使用“曲线驱动”方式或“曲面区域驱动”方式时，此选项才可用。插补如图 1-32 所示。

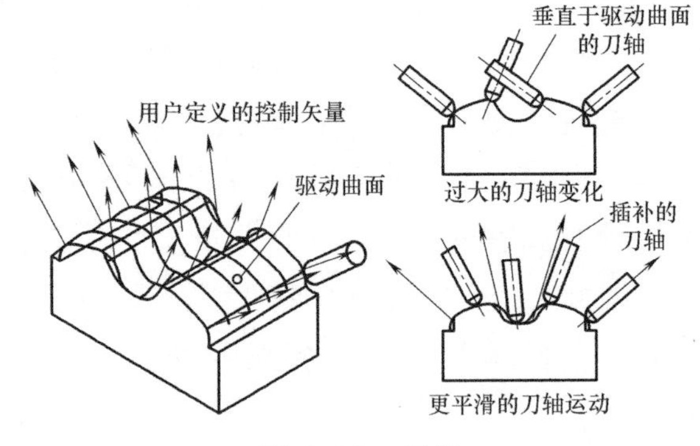

图 1-32　插补

9. 垂直于驱动曲面

垂直于驱动曲面允许编程者定义在每个“驱动点”处垂直于“驱动曲面”的“可变刀轴”。由于此选项需要用到一个“驱动曲面”，因此它只在使用了“曲面区域驱动方式”后才可用。

五轴加工机床常用刀轴控制方法——垂直于驱动表面

“垂直于驱动曲面”可用于在非常复杂的“部件表面”上控制刀轴的运动，如图 1-33 所示。

图 1-33 中构建的“驱动曲面”是专门用于在刀具加工“部件表面”时对刀轴进行控制的。由于刀轴沿着“驱动曲面”的轮廓进行加工而不是“部件表面”，因此它的往复运动更为光顺。

当未定义“部件表面”时，可以直接加工“驱动曲面”，如图 1-34 所示。

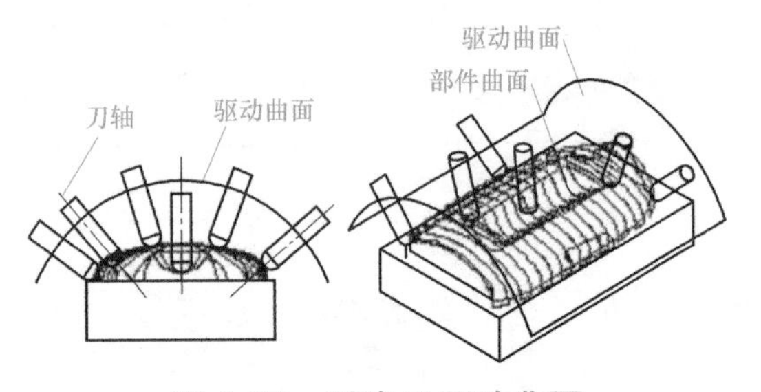

图 1-33　垂直于驱动曲面

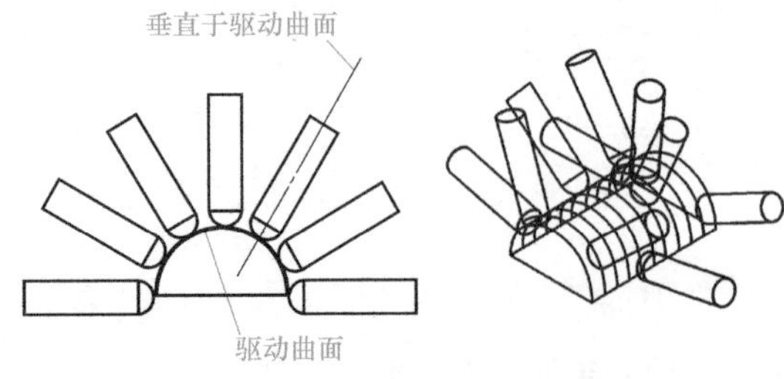

图 1-34　垂直于驱动曲面、直接加工驱动曲面

1.7 学习评价

本章学习完成后，依据表1-1考核评价表，采取自评、互评、师评三方进行评价。

表 1-1 考核评价表

<table>
<tr><th>评价项目</th><th>考核内容</th><th>考核标准</th><th>配分</th><th>自评</th><th>互评</th><th>师评</th><th>总评</th></tr>
<tr><td rowspan="4">任务完成情况评定（80分）</td><td>多轴加工机床种类的了解</td><td>正确率 100% 20分
正确率 80% 16分
正确率 60% 12分
正确率<60% 0分</td><td>20</td><td></td><td></td><td></td><td></td></tr>
<tr><td>多轴编程概念的了解</td><td>正确率 100% 10分
正确率 80% 8分
正确率 60% 6分
正确率<60% 0分</td><td>10</td><td></td><td></td><td></td><td></td></tr>
<tr><td>3D探针设定校正</td><td>正确率 100% 30分
正确率 80% 24分
正确率 60% 18分
正确率<60% 0分</td><td>30</td><td></td><td></td><td></td><td></td></tr>
<tr><td>五轴加工机床的精度校正（3D quickset）</td><td>规范、熟练 20分
规范、不熟练 10分
不规范 0分</td><td>20</td><td></td><td></td><td></td><td></td></tr>
<tr><td rowspan="3">职业素养（20分）</td><td>知识</td><td>是否复习</td><td rowspan="3">每违反一次，扣5分，扣完为止</td><td rowspan="3"></td><td rowspan="3"></td><td rowspan="3"></td><td rowspan="3"></td></tr>
<tr><td>纪律</td><td>不迟到、不早退、不旷课、不游戏</td></tr>
<tr><td>表现</td><td>积极、主动、互助、负责、有改进精神等</td></tr>
<tr><td>总分</td><td colspan="7"></td></tr>
<tr><td colspan="2">学生签名</td><td></td><td colspan="2">教师签名</td><td colspan="3"></td></tr>
</table>

第2章 NX后处理及FANUC 0i系统四轴加工中心后处理的定制

【学习目标】

知识目标：

1. 了解 NX 后处理功能。
2. 了解 NX 后处理构造器中各个模块的含义。
3. 了解数控多轴加工机床的优势与应用领域。

技能目标：

1. 会打开并新建后处理。
2. 会使用 NX 自带工具创建四轴后处理。
3. 会根据生成程序的要求修改后处理。
4. 会在 NX 后处理构造器中添加一些常用功能。

素质目标：

1. 培养学生具备良好的科学精神和态度。
2. 培养学生自主学习的良好习惯、爱好和能力。
3. 培养学生适宜的受挫折能力，提高学生心理成熟度和提升基本品质。
4. 培养学生依法规范自己行为的意识和习惯。

后处理是把软件生成的刀路轨迹转换成机床可以执行的数控代码。NX 提供了一个图形界面的后处理构造器（NX/Post Builder），可以生成多种数控机床、多种数控系统的后置处理文件。利用该后处理构造器同时产生 3 个文件，即事件处理文件（. tcl 文件）、机床定义文件（. def 文件）和用于构造器自身编辑的文件（.pui 文件）。用户可以直接修改事件处理文件（.tcl）和机床定义文件（.def），其中事件处理文件（.tcl）支持 tcl/tk 语言，可以根据 tcl/tk 编程语言规范进行修改。

2.1 NX 后处理

下面简单地介绍 NX 的后处理。

1）单击“后处理构造器”，如图 2-1 所示。

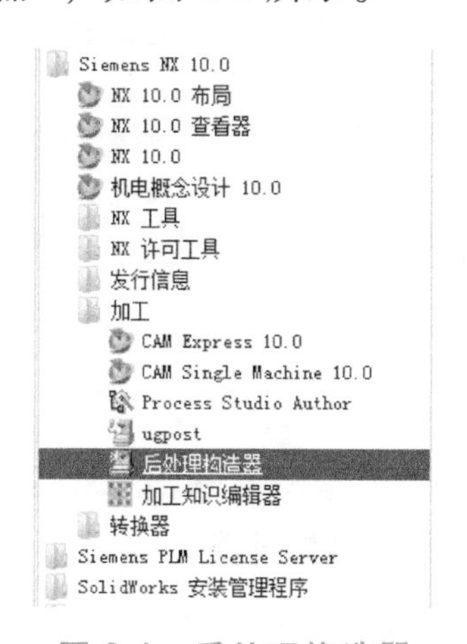

图 2-1　后处理构造器

2）单击“New”按钮，新建后处理，如图 2-2 所示。

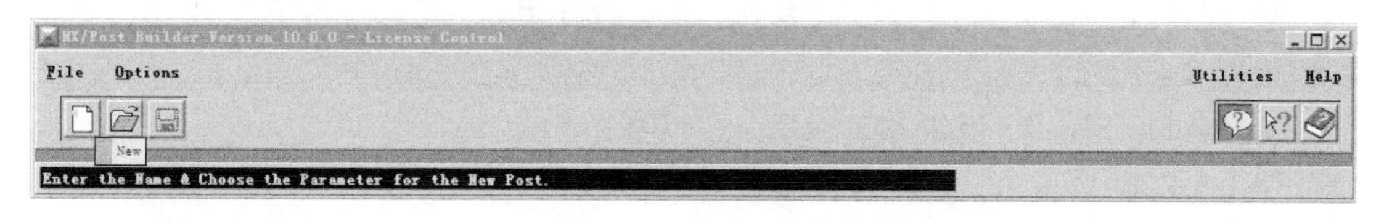

图 2-2　新建后处理

3）系统弹出“新建后处理（Creat New Post Processor）”对话框，如图 2-3 所示。

Post Name：输入新建的后处理名称，注意只能是英文小写字母和数字，但不能有空格。

Description：描述这个后处理的类型和种类。

Main Post 或 Units Only Subpost：类似主程序和子程序的概念，Main Post 就是单独的后处理，Units Only Subpost 是被其他后处理调用的附加的后处理，如车

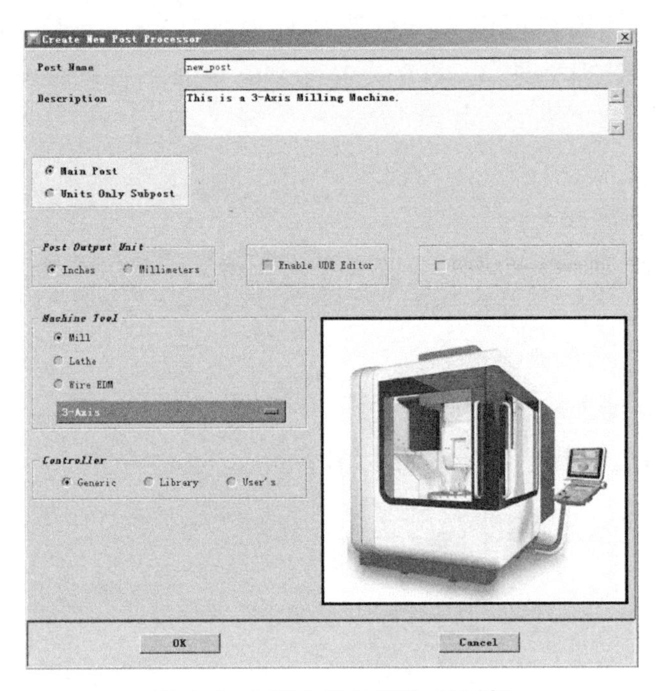

图 2-3 “新建后处理”对话框

铣复合后处理。

Post Output Unit：选择后处理程序的输出单位是米制还是寸制。

Machine Tool：选择机床的类型与种类。

Controller：选择机床的控制系统，Generic 为 ISO 格式的控制系统，Library 表示从软件提供的控制系统中选择，User's 为用户已定义的后处理文件的控制系统。

4）进入用户编辑界面后可以看到，NX_Post/Builder 主界面中有五个主要参数，如图 2-4 所示。

① Machine Tool（机床相关参数），如图 2-4 所示。

Display Machine Tool：机床结构简图。

Linear Axis Travel Limits：轴行程极限。

Linear Motion Resolution：机床最小分辨率。

Output Circular Record：圆弧刀轨输出。

Home Position：机床回零点位置。

② Program &Tool Path（程序和刀路参数），如图 2-5 所示。

Program（程序）：定义、修改和用户化程序开始、操作开始、刀路事件、操作结束、程序结束。

G Codes（G 代码）：定义所有 G 代码。

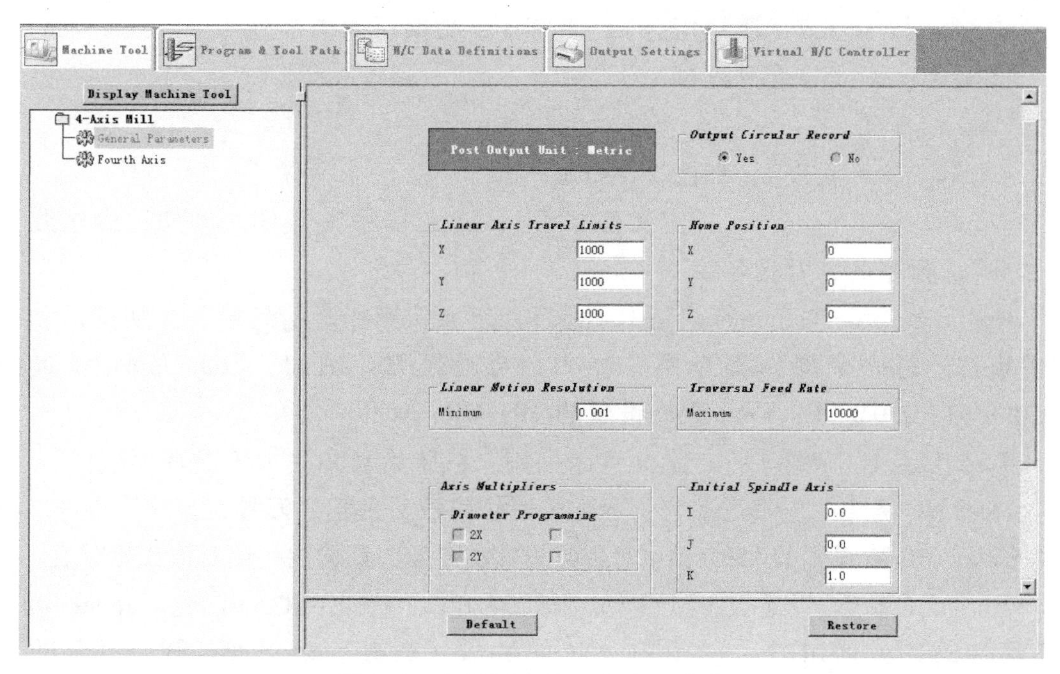

图 2-4　主界面中的五个主要参数

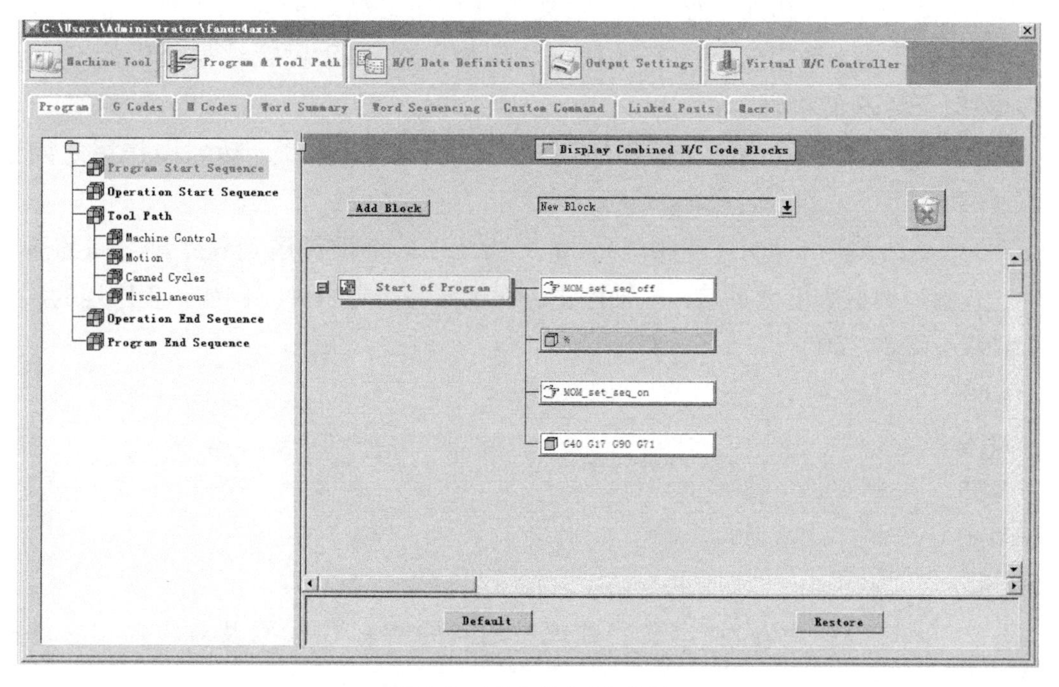

图 2-5　程序和刀路参数

M Codes（M 代码）：定义所有 M 代码。

Word Summary（字地址汇总表）：定义后处理用到的字地址。

Word Sequencing（字地址顺序）：定义 NC 程序同一行字地址的输出顺序。

Custom Command（用户指令）：用户自定义编写的指令。

Linked Posts（连接后处理）。

Macro（宏）。

a. Program（程序），如图 2-5 所示。

Program Start Sequence（定义程序头）：定义程序头事件。例如：程序开头的“%”，程序名、刀具名。

Operation Start Sequence（操作开头）：定义从操作开始到第一个切削运动之间的事件。每一个操作都有第一换刀、自动换刀。例如：From Move 设置的 Z150.0 和 X0.0Y0.0；First Tool 设置的 T01 M06 等。

Tool Path（刀轨事件）：定义机床控制、机床运动和孔加工循环等事件。

Machine Control（机床控制）：定义控制切削液、主轴、刀号、刀补等事件。例如：Spindle RPM 设置的 SM03；也可以是模式的改变，如输出是绝对值或相对值。

Motion（运动）：定义后处理如何处理刀轨中的 GOTO 语句。Linear Move（直线运动）处理切削、进刀等；Circle Move（圆弧运动）处理圆弧插补的刀轨；Rapid Move（快速运动）（G00）处理。

Canned Cycles（孔加工循环）：定义所有孔加工循环的输出事件，也可以修改 G 代码和其他参数以及程序行的输出。例如：在 TAP 攻螺纹模式中的 G84 前加入 G98、SM29 的事件。

Operation End Sequence（操作尾）：定义从最后的退刀运动到操作尾之间的所有事件。

Program End Sequence（程序尾）：定义从最后一个操作尾到程序尾之间的所有事件，包括返回机床机械零点、主轴停止、切削液关闭等事件。例如：程序尾的

```
G91  G28  Z0
G49
M09
M05
M30
%
```

b. G Codes（G 代码）：定义后处理中用到的所有 G 代码及对应输出文件的格式，如图 2-6 所示。

c. M Codes（M 代码）：定义后处理中用到的所有 M 代码及对应输出文件的格式，如图 2-7 所示。

d. Word Summary（字地址定义）：定义后处理中用到的所有的字地址，如图 2-8 所示。

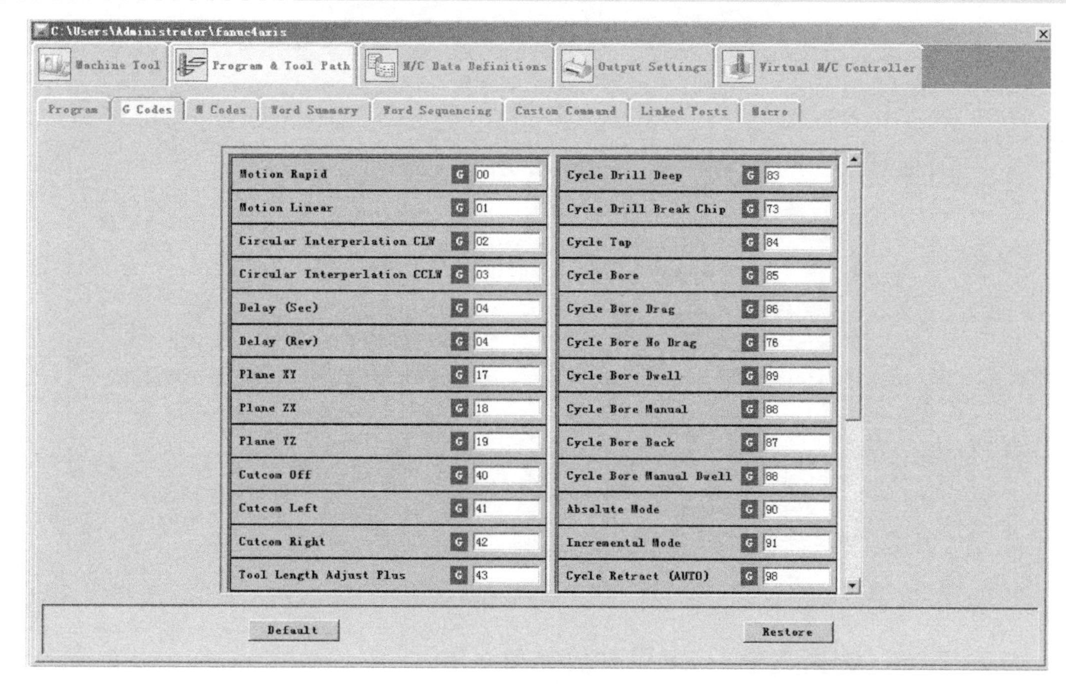

图 2-6　G 代码功能符号

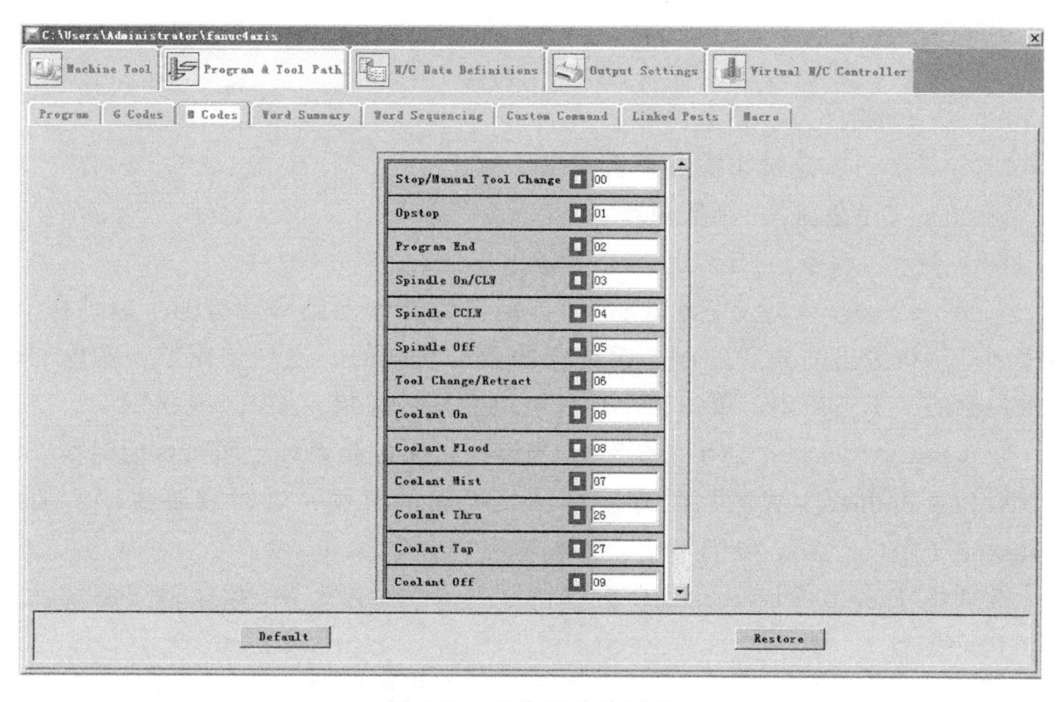

图 2-7　M 代码功能符号

Word（字地址）：修改字地址的参数。

Leader/Code（头码）：修改字地址的头码。头码是指字地址中数字前面的字母部分。

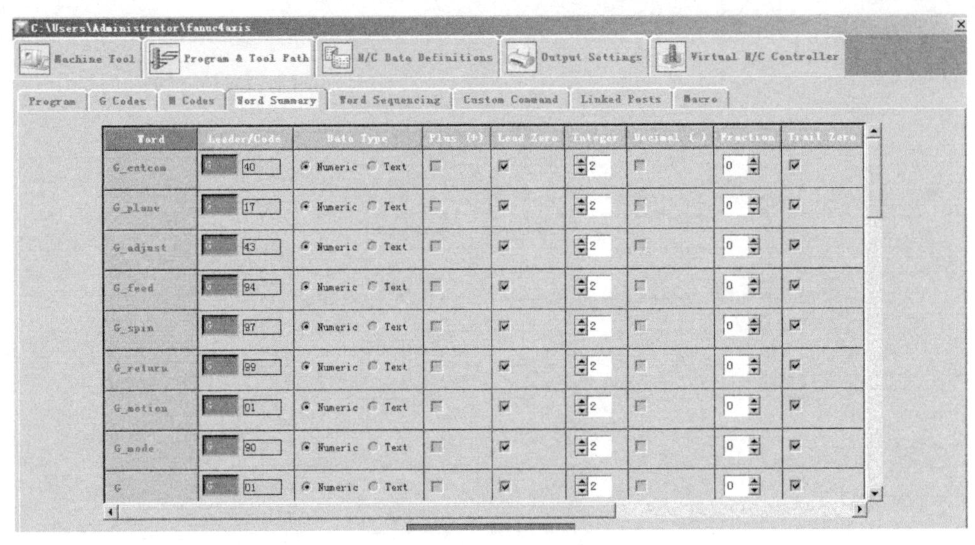

图 2-8　字地址定义

Data Type（数据类型）：可以是数字和文字。

Plus（+）：正数前面是否显示“+”号。不选中该复选框则“+”号不显示，负数前总有“-”号。

Lead Zero（前零）：定义正数前面的零是否输出。

Integer（整数位）：整数位数。

Decimal（.）：定义小数点是否输出。

Fraction（小数位）：小数位数。

Trail Zero（后零）：定义后零是否输出。

e. Word Sequencing（字地址顺序）：定义后处理中用到所有的字地址在 NC 程序中同一行输出的先后顺序。粉红色的表示活动的、正在使用的。蓝色的表示被抑制的，不被输出。单击该字地址可改变是否抑制，如图 2-9 所示。

f. Custom Command（用户指令）：当有些机床控制系统比较特殊的时候，以及 NX/Post Builder 生成的后处理不能满足要求的时候，这时就要使用 Custom Command（用户指令）和 TCL 语言来编写用户命令。

③ N/C Data Definitions（NC 数据格式）：用来定义 NC 数据输出格式，如图 2-10 所示。

BLOCK（程序行）：定义表示每个机床指令的程序行输出哪些字地址，以及字地址的输出顺序。

WORD（字地址）：定义字地址的输出格式，包括字头和后面参数的格式、前后缀等。

FORMAT（格式）：定义数据输出是实数、整数或字符串。

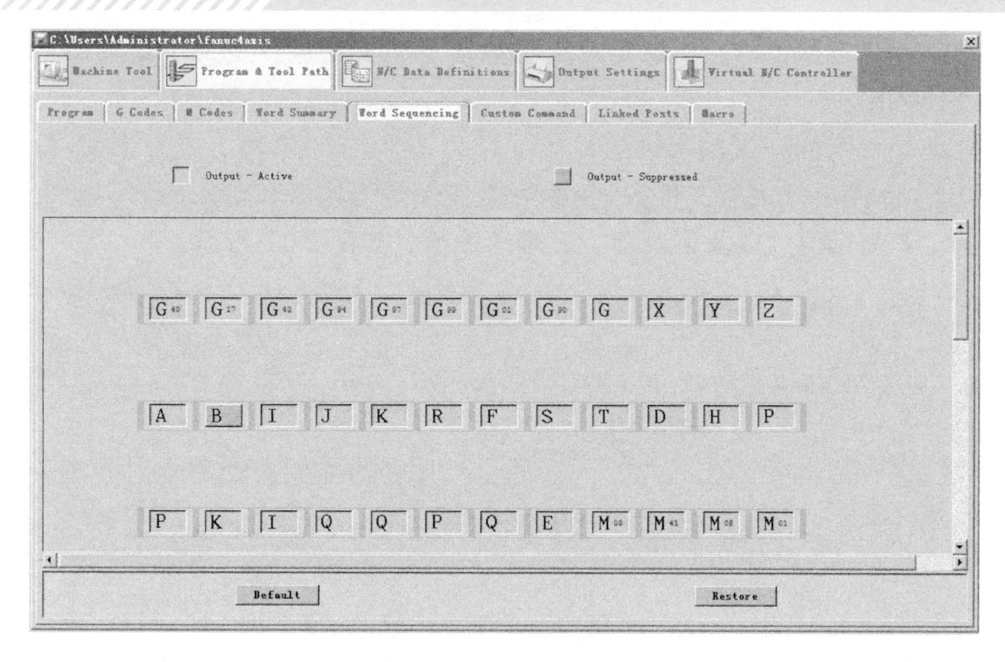

图 2-9 字地址顺序

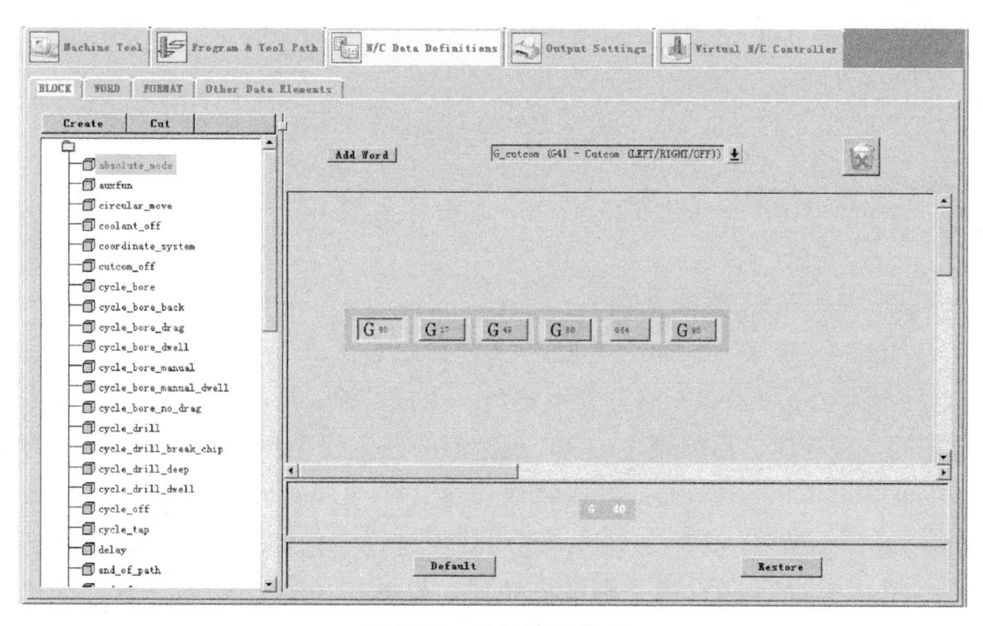

图 2-10 NC 数据格式

Other Data Elements（其他数据）：定义其他数据格式，如行号的起始号、增量、最大行号等。

在相应图标上右击可弹出快捷菜单，选项如下：

Force Output：强制输出，该代码只在当前行输出。

No Word Separator：不输出地址后的分隔符。

Optional：选择输出，测试是否给字地址定义了变量。定义了就输出，没有定义就不输出。

④ Output Settings（输出设置）。

a. Listing File（列表文件）：控制列表文件是否输出和输入内容。输出内容有 X、Y、Z 坐标值，以及第四轴、五轴角度值，如图 2-11 所示。

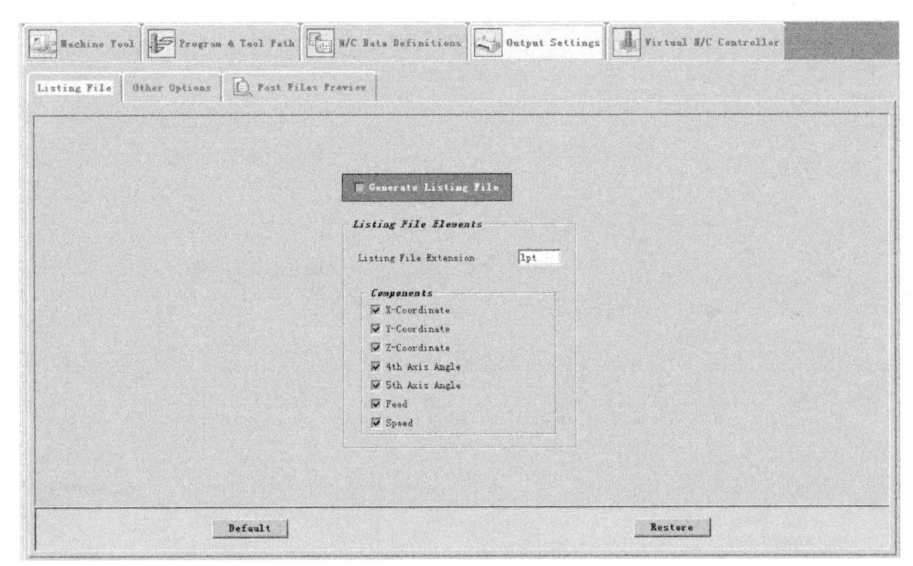

图 2-11　列表文件

Generate Listing File（生成文件）：选中此复选框，后处理将生成一个 lpt 文件。

b. Other Options（其他选项）。

N/C Output File Extension：生成文件的后缀名。

Generate Group Output：信息分组输出，生成几个 NC 程序（在后处理生成一个串起来的主程序时，后处理生成 NC 程序有一条主程序和对应的每条子程序）。

Output Warning Messages：生成错误信息文件（.log）。

Display Verbose Error Messages：在后处理过程中，显示详细错误信息。

Activate Review Tool：用于调试后处理，显示三个信息窗口。

c. Post Files Preview（后处理文件预览）：可以在文件保存之前浏览定义文件（.def）和事件处理文件（.tcl）。最新改动的内容在上面的窗口中，没有改动的在下面的窗口中，如图 2-12 所示。

⑤ Virtual N/C Controller（虚拟 NC 控制器），如图 2-13 所示。Generate Virtual N/C Controller 设定为开启时，建立一个机床 NC 控制器，它将用于机床加工模拟和切削仿真。虚拟 NC 控制器可以设定当前后处理是独立仿真控制器，或是主后处理或是子后处理。

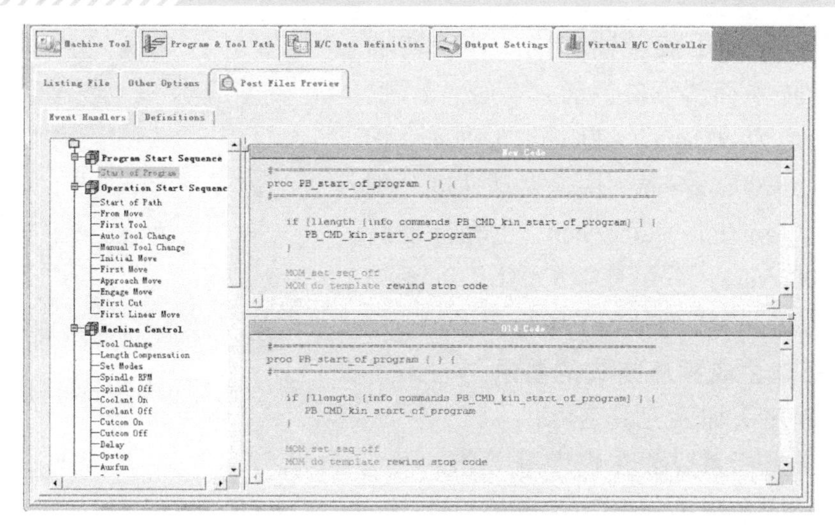

图 2-12 文件预览

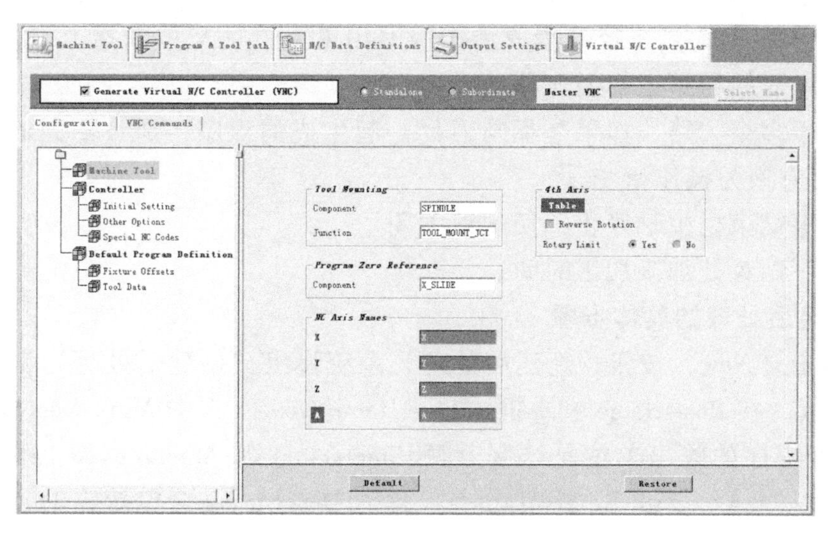

图 2-13 虚拟 NC 控制器

2.2 FANUC 0i 系统四轴加工中心后处理的定制

分析机床

FANUC 0i 系统铣床四轴后处理的定制

使用 NX/Post Builder 为 VDL-600A 四轴加工中心建造一个后处理，首先需要分析机床。这包含两项主要内容：机床结构和控制系统。如图 2-14 所示，VDL-600A 四轴加工中心为立式数控加工中心，附加了旋转轴装置，其旋转轴为 A 轴，旋转平面为 YZ 平面；X 轴、Y 轴、Z 轴行程分别为 600mm、420mm、520mm，切削速度为 1~10000mm/min，快速移动速度分别为 24m/min、24m/min、20m/min，主轴标准转速为 60~8000r/min；采用日本 FANUC 0i 系列控制系统。VDL-600A 四轴加工中心。

图 2-14　VDL-600A 四轴加工中心

1. 后处理生成程序格式的要求

1）在程序头加入刀具名称。

2）加工坐标系要放在程序第一句。

3）行号增量为 1。

4）程序开始处加入连续加工指令 G64、刀具长度补偿取消指令 G40、极坐标取消指令 G16、刀具半径补偿取消指令 G40 和钻孔循环取消指令 G80。

5）程序开始与结束都要先移动 Z 轴。

6）对于多个刀路，如果是不同刀具一起生成的程序，那么不同的刀路与刀具程序里要有换刀操作指令。

7）程序结束处主轴停止，切削液关闭。

8）程序结束处加入加工时间。

2. 创建后处理的具体步骤

1）单击“New”按钮，新建后处理，系统弹出“新建后处理”对话框，如图 2-15 所示。在 Post Name 文本框中输入 fanuc4axis，选中 Main Post 单选按钮，选择后处理程序的输出单位是米制（Millimeters），从 Machine Tool 中选择旋转台面的四轴（4-Axis with Rotary Table），这时 Description 会更新成 This is a 4-Axis Milling Machine With Rotary Table，Controller 选择 Generic，单击“OK”按钮进入用户编辑界面，如图 2-16 所示。

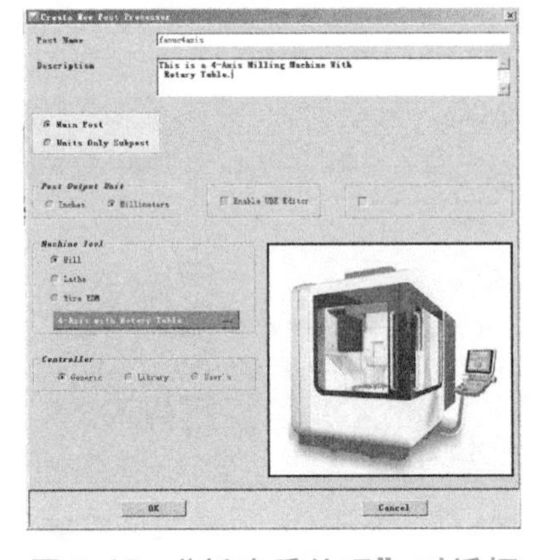

图 2-15　“新建后处理”对话框

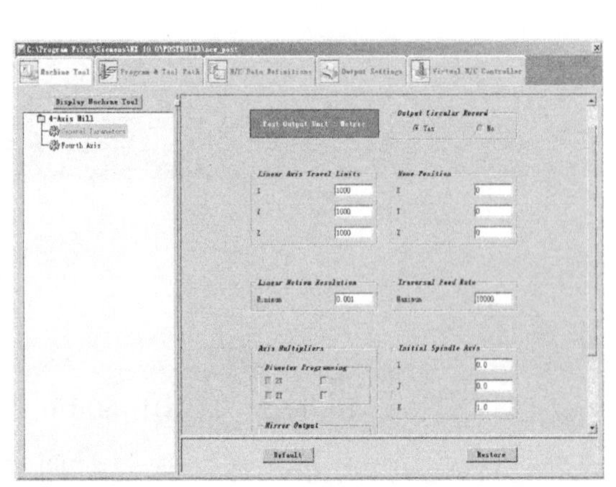

图 2-16　用户编辑界面

2）输入机床的相关参数，一般粗加工后处理中 Output Circular Record（圆弧刀轨输出）选择 NO，这样可以缩短粗加工时间，精加工后处理中 Output Circular Record（圆弧刀轨输出）选择 Yes，如图 2-17 所示。

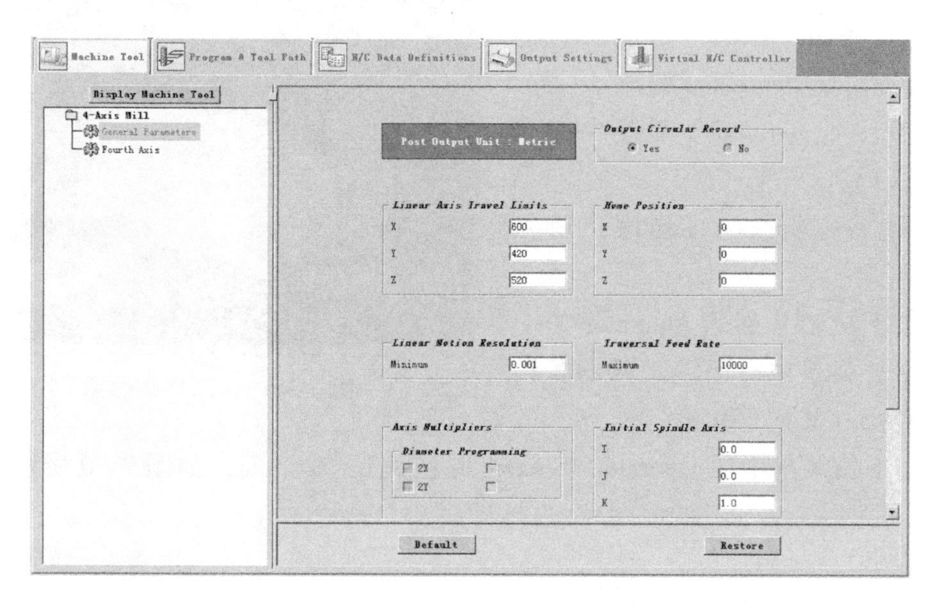

图 2-17　机床的相关参数设置

3）设置第四轴参数，因为设备第四轴是在工作台面右边并且是绕着 X 轴旋转的，所以选择 YZ 平面，旋转轴的符号是 A，设置分度头的旋转进给速率要足够大，设置其值为 20000，如图 2-18 所示。

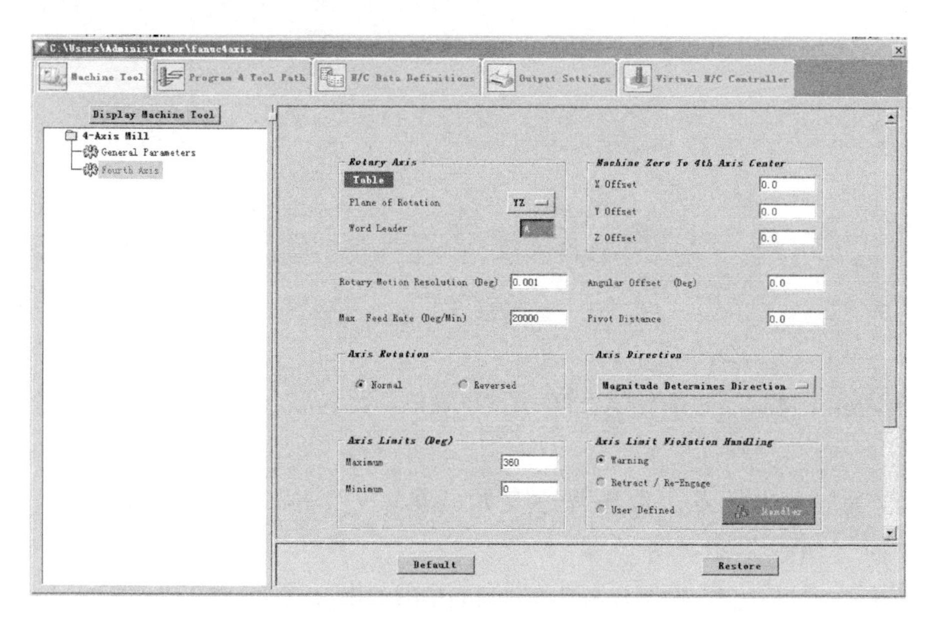

图 2-18　第四轴参数设置

再查看机床结构简图看是否与实际相一致，如图 2-19 所示。

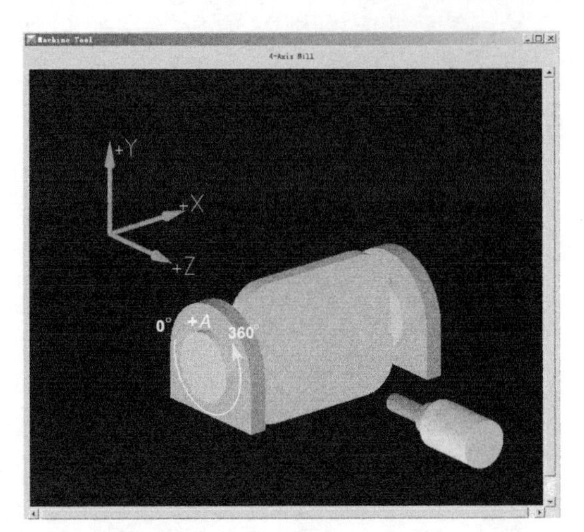

图 2-19　机床结构简图

4）编辑程序开始处的格式。单击 Program &Tool Path→Program，进行 Program Start Sequence 编辑。

MOM_set_seq_off（程序中行号“N”码关闭）。

MOM_set_seq_on（程序中行号“N”码开启）。

单击下拉箭头新增 Operator Message 指令（菜单中有已定义好的各种指令及 G 码、M 码等信息）。

单击下拉菜单中的 Operator Message 并拖拽到 % 下面，如图 2-20 所示。

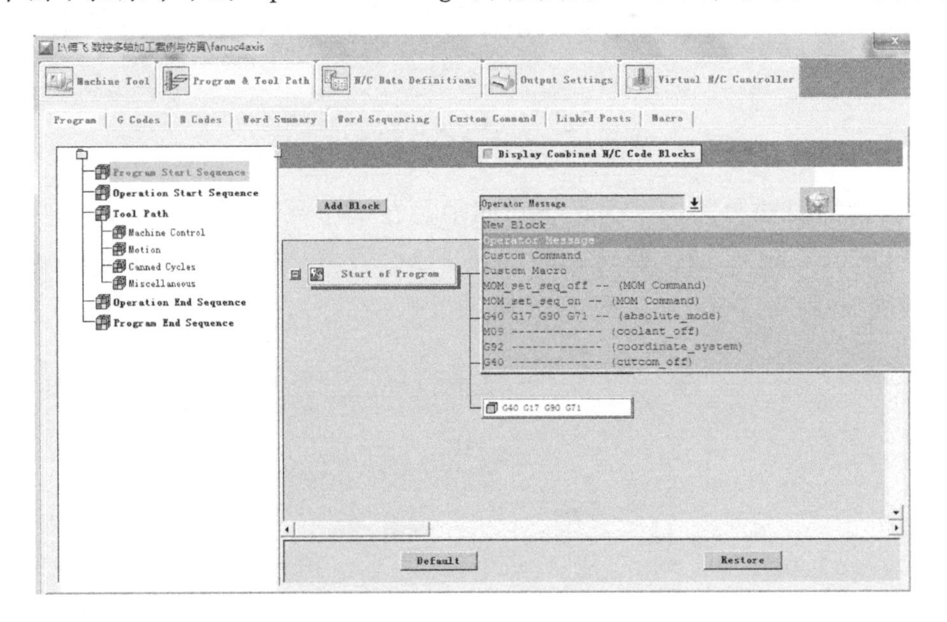

图 2-20　编辑程序开始处的格式

在 Operator Message 中输入“TOOL NAME = $ mom_tool_name”，如图 2-21 所示。

5）设置加工坐标系。位于程序开始的第一行，插入 New Block 到行号开启程序行下面，如图 2-22 所示。

在弹出的对话框中选择 G→G-Mcs Fixture Offset（54～59），单击“OK”按钮后返回，如图 2-23 和图 2-24 所示。

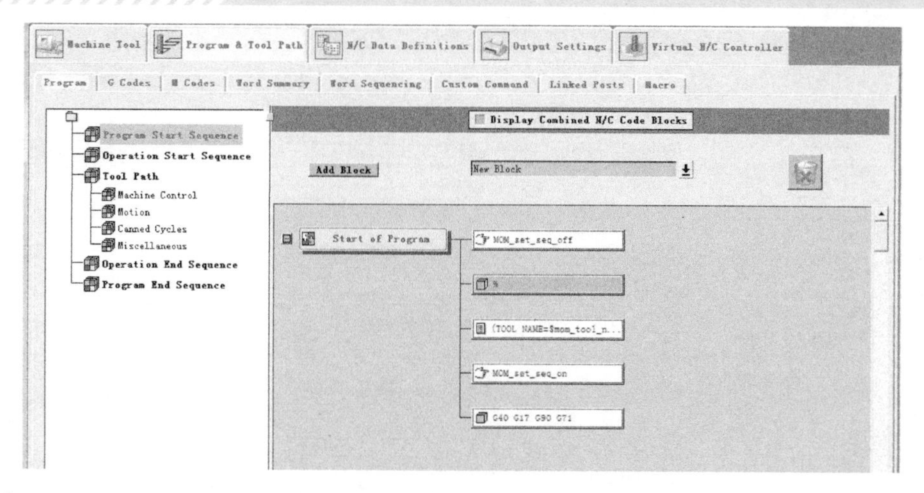

图 2-21　在 Operator Message 中输入 “TOOL NAME= $ mom_tool_name”

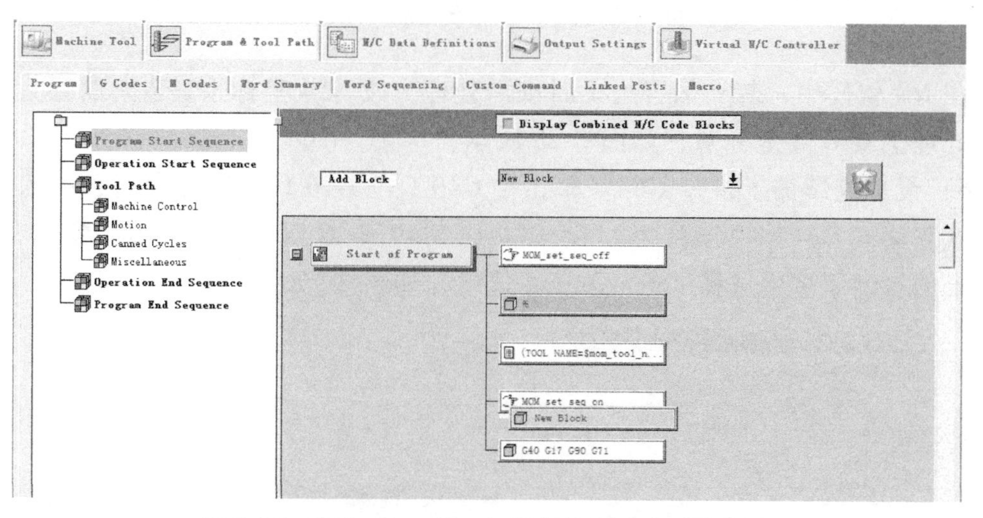

图 2-22　插入 New Block 到行号开启程序行下面

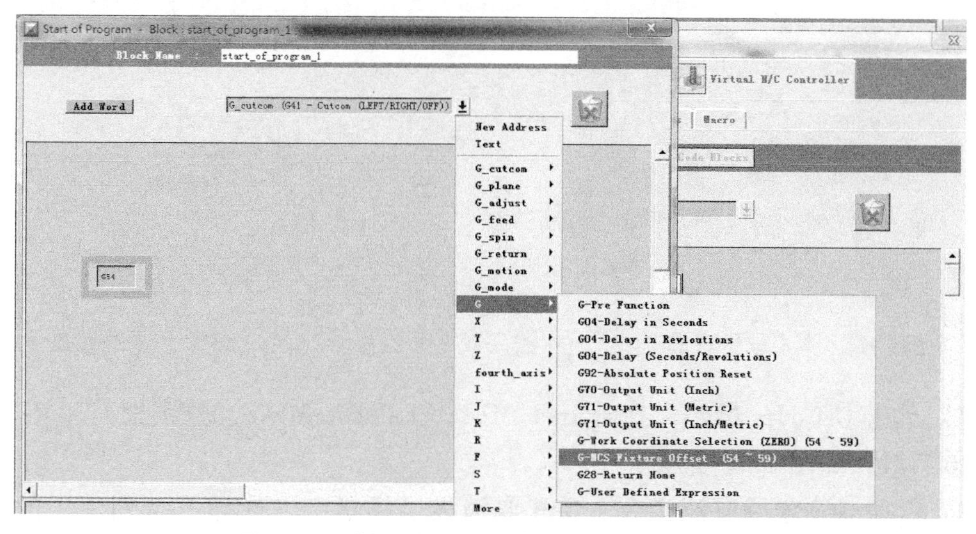

图 2-23　插入坐标系指令 G54~G59（一）

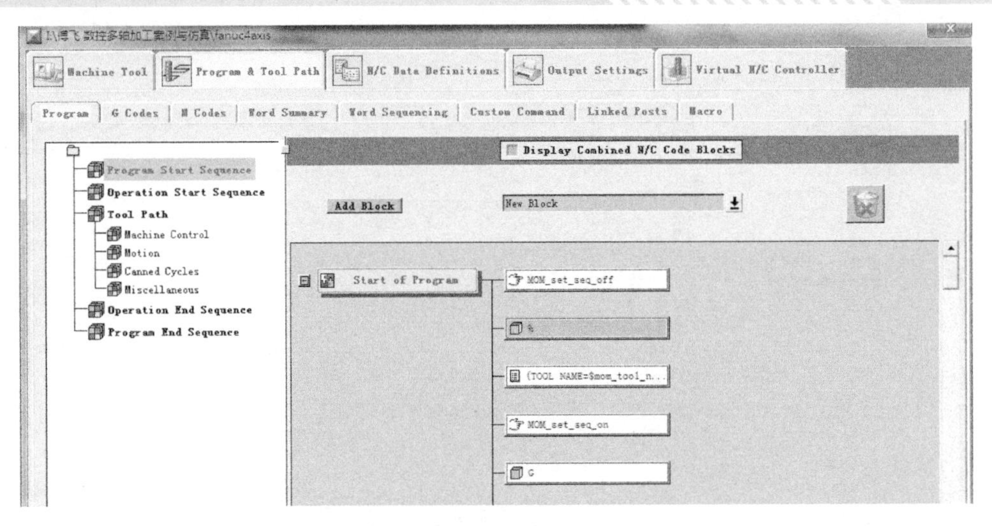

图 2-24　插入坐标系指令 G54～G59（二）

在 NX 软件中，装夹偏置为 1 时则后处理生成 G54 坐标系，装夹偏置为 2 时则后处理生成 G55 坐标系，如图 2-25 所示。

6）设置连续加工指令 G64。单击“G40 G17 G90 G71”程序行，插入 Text 文本框并输入 G64，并分别插入 G_adjust→G49 与 G_motion→G80，分别右击，在弹出的右键菜单中选择 Force Output 选项，如图 2-26 所示。

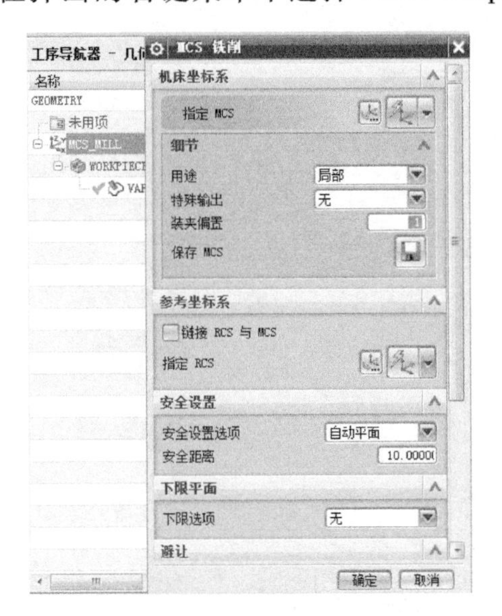

图 2-25　NX 软件设置

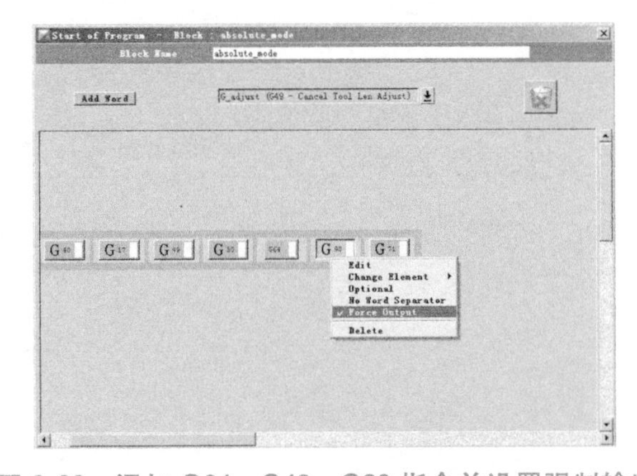

图 2-26　添加 G64、G49、G80 指令并设置强制输出

7）单击 G Codes 标签，找到 Inch Mode 和 Metric Mode，分别把 G70/G71 改成 G20/G21，如图 2-27 所示。

8）添加 G69 坐标取消指令、G16 取消极坐标指令。选择下拉列表中的 New Address，如图 2-28 所示；在弹出的对话框中设置 G69 指令格式，如图 2-29 所示。

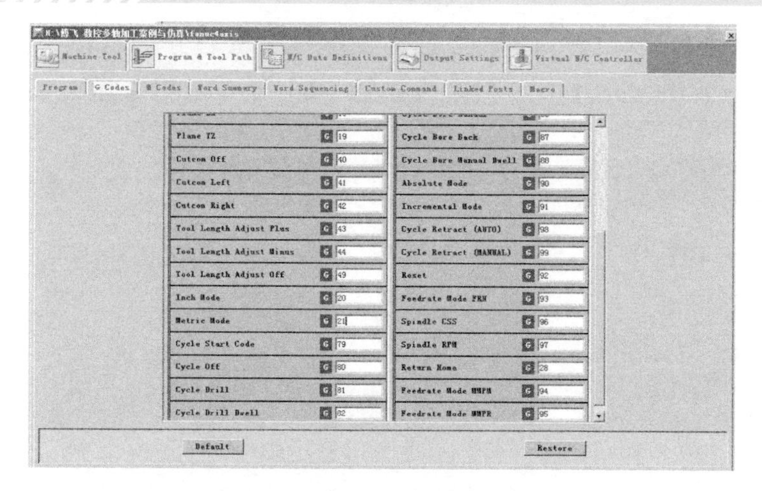

图 2-27　将 G70/G71 改成 G20/G21

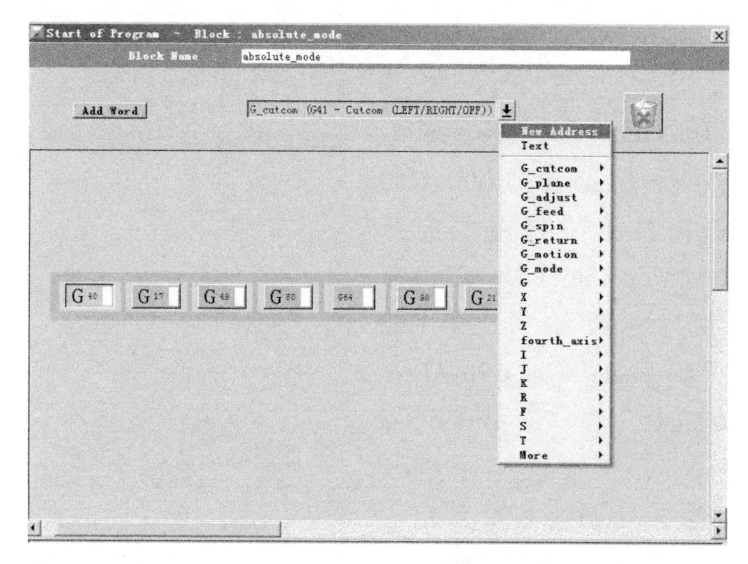

图 2-28　选择下拉列表中的 New Address

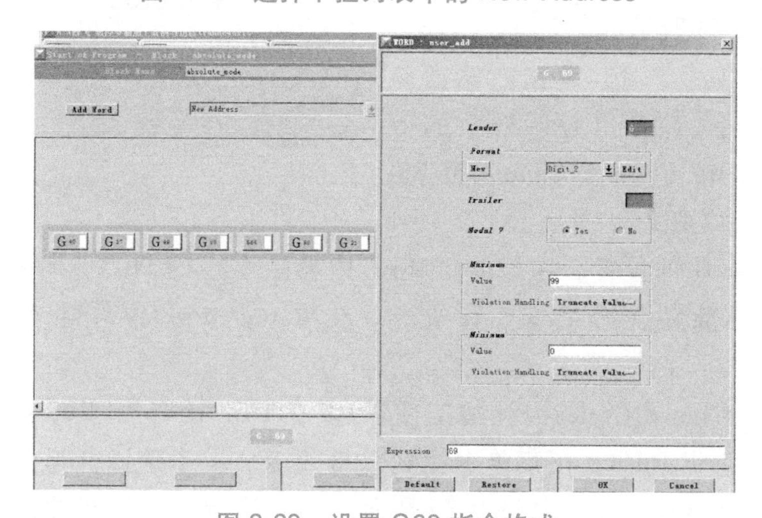

图 2-29　设置 G69 指令格式

9）G16 取消极坐标指令同样也是这样设置。最后分别右击，在弹出的右键菜单中选择 Force Output 选项。程序头添加 G69 与 G16 指令后，如图 2-30 所示。

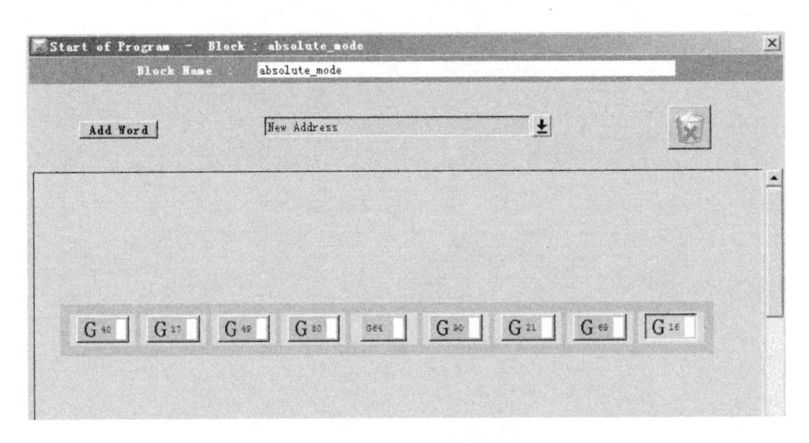

图 2-30　程序头添加 G69 与 G16 指令

10）设置 Operation Start Sequence。在 Initial Move 中分别设置“G90 G00 Z200.”，在右侧窗口下拉列表中选择“New Block”添加到“Initial Move”，在弹出的对话框中，添加“G90 G00 Z200.”，选择“G_mode”→“G90-Absolute/Incremental/Mode”和“G_motion”→“G00-Rapid_Move”，再添加一个 New Adress 设置，如图 2-31 和图 2-32 所示。

删除 Auto Tool Change 里面的程序行 T，结果如图 2-33 所示。

11）设置 Tool Path。单击右侧窗口中的 Coolant On，在弹出对话框中的下拉列表中选择 More→M_coolant→M 08-Coolant Flood，如图 2-34 所示。

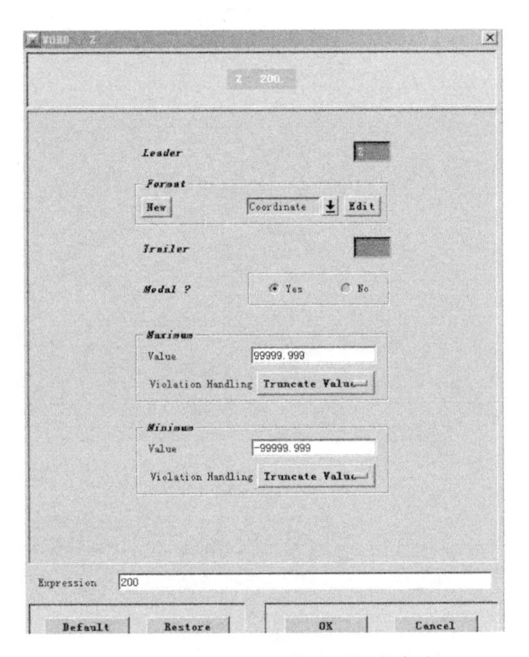

图 2-31　设置 *Z* 方向移动参数

12）Motion 中的设置。在 Linear Move 中移除多余的 M03 S 等指令，在 Circular Move 中移除多余的 M03 S 等指令，在 Rapid Move 中移除多余的 H01 等指令。

13）设置 Canned Cycles（孔加工循环）。在 Drill Deep 中 G83 前加上 G98 指令，单击选择 Drill Deep，在菜单中找到 G98 指令。单击选择 Add Word，将 G98 指令拖拽到 G83 前面放下，如图 2-35 所示。G81 等指令用相同的办法在前面加

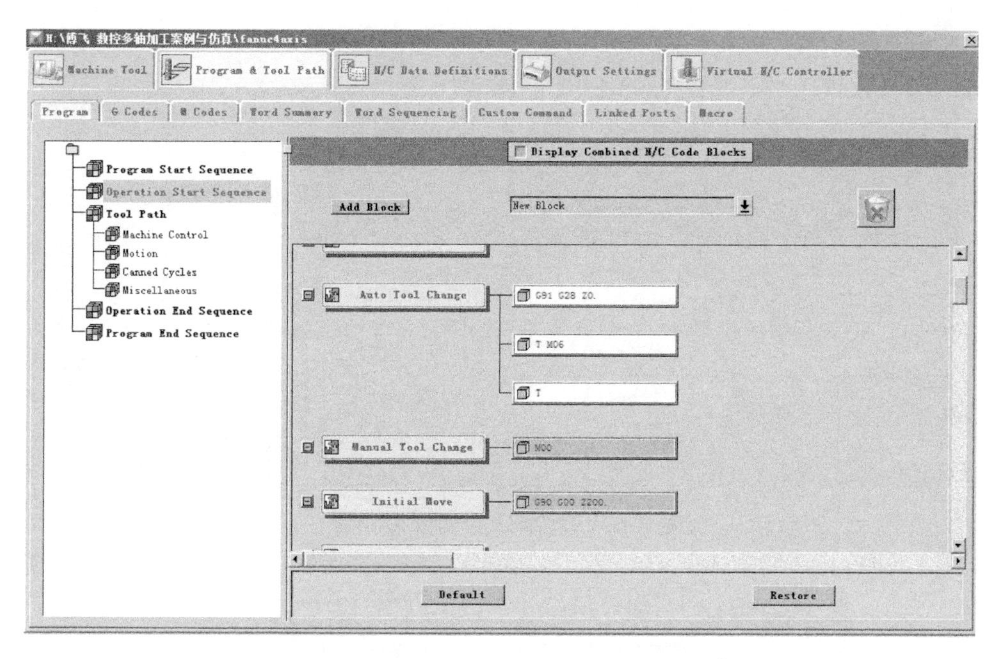

图 2-32　在初始移动中添加“G90 G00 Z200.”

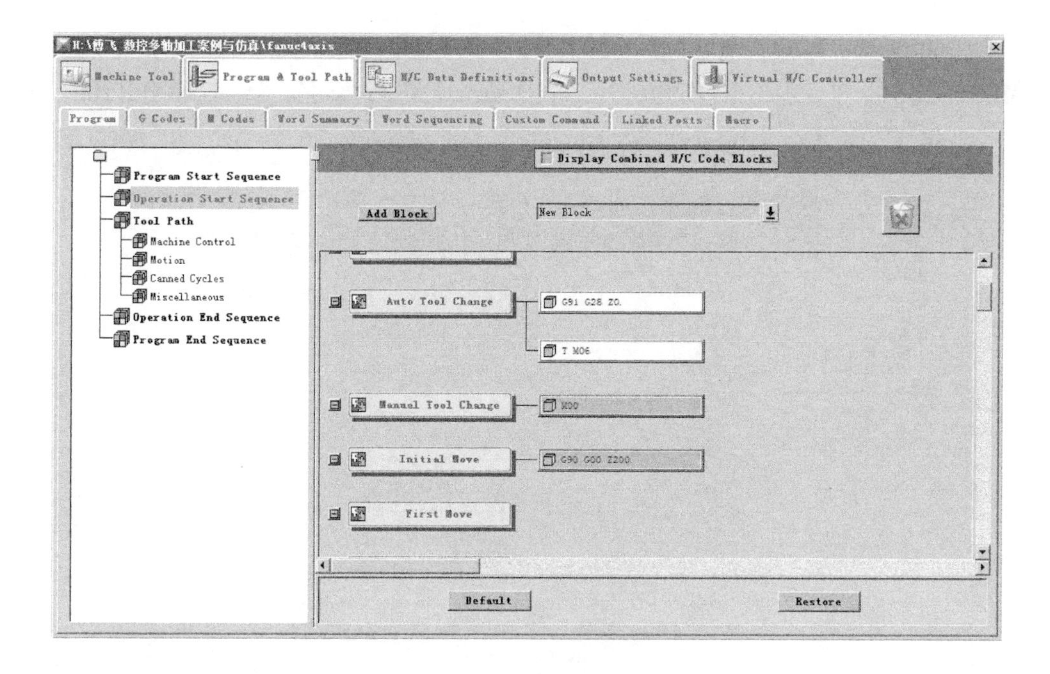

图 2-33　删除程序行 T

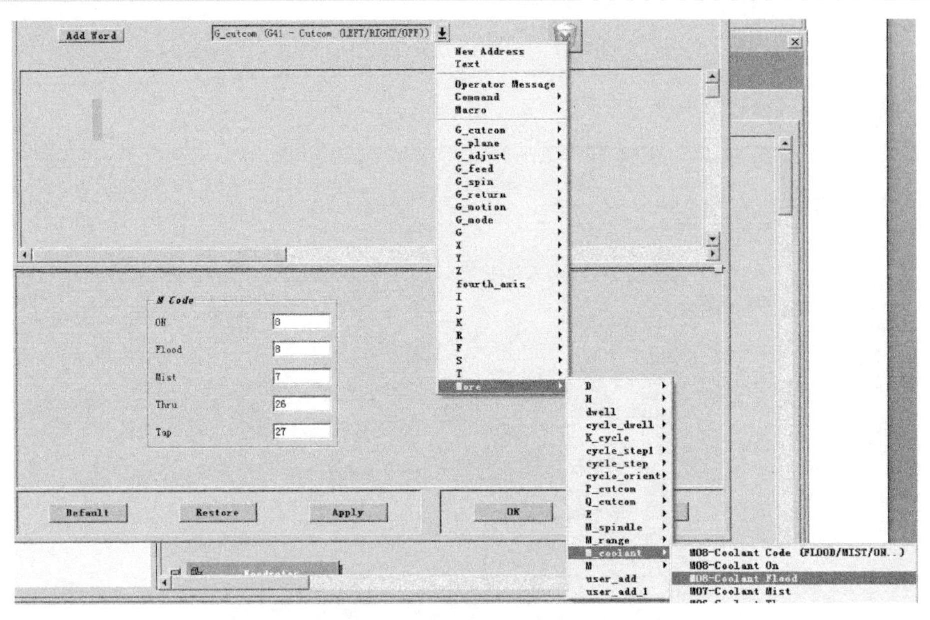

图 2-34　添加开启切削液指令

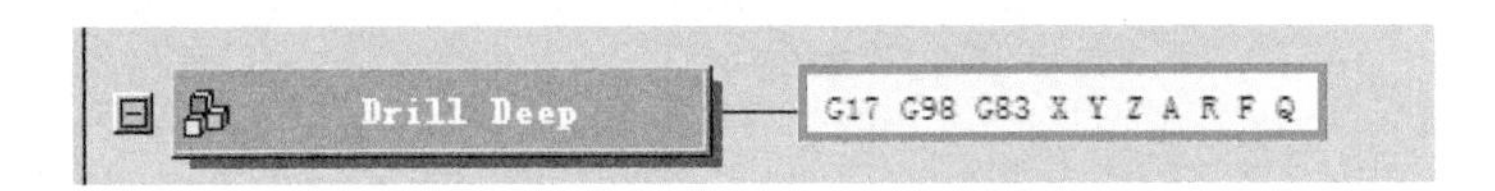

图 2-35　将 G98 指令拖拽到 G83 前面

上 G98 指令。

14）Operation End Sequence（操作尾）的设定。在 End of Path 后添加和 Initial Move 一样的“G90 G00 Z200.”，右击 Initial Move 下的“G90 G00 Z200.”程序行，选择 Copy As→Referenced Block（s），如图 2-36 所示；再右击 End of

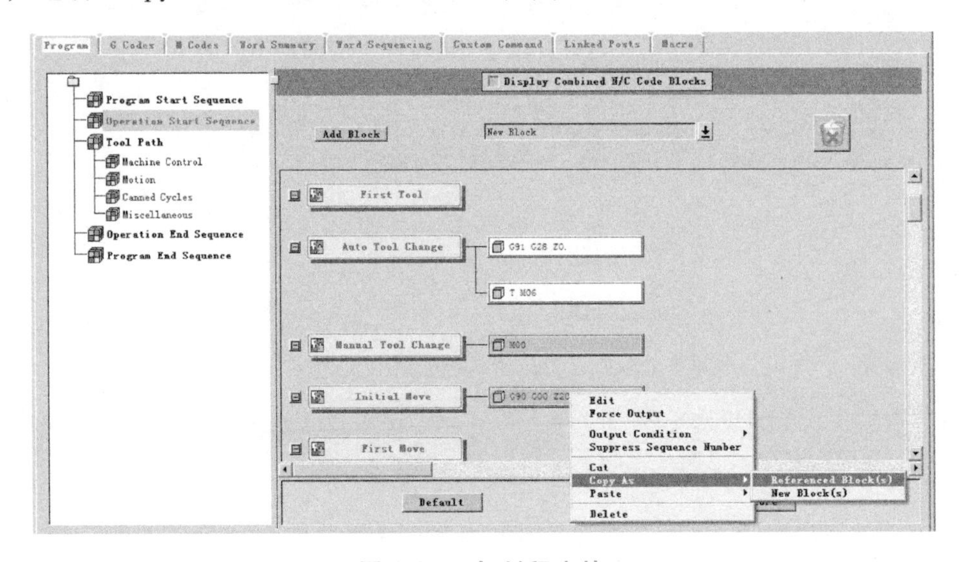

图 2-36　复制程序块

Path，选择 Paste→After，如图 2-37 所示。

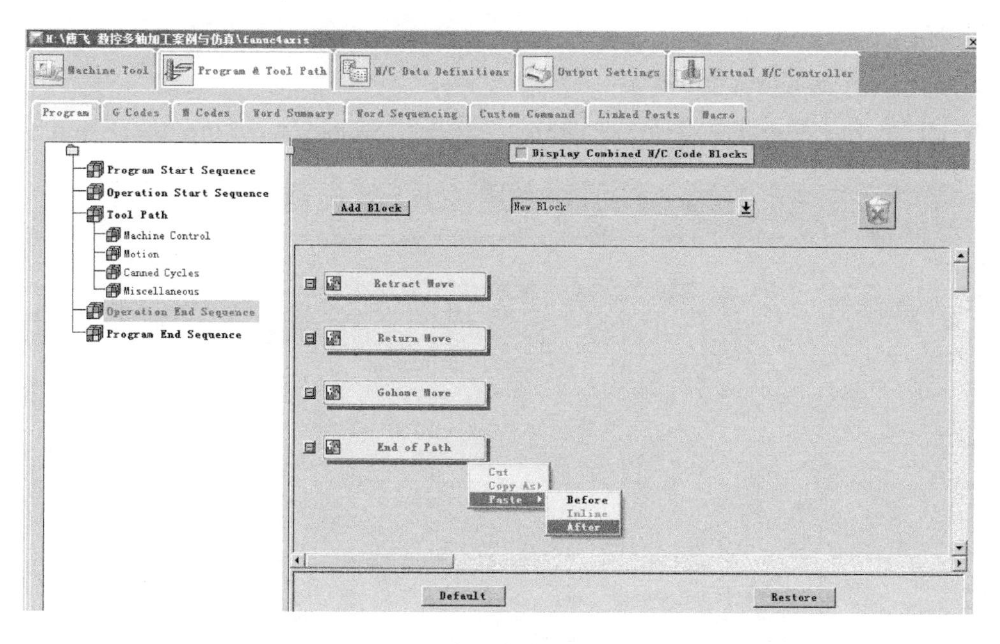

图 2-37 粘贴程序块

再在 End of Path 下添加 M05 与 M09，插入“M05 M09”到“G90 G00 Z200.”程序行下面，如图 2-38 所示。

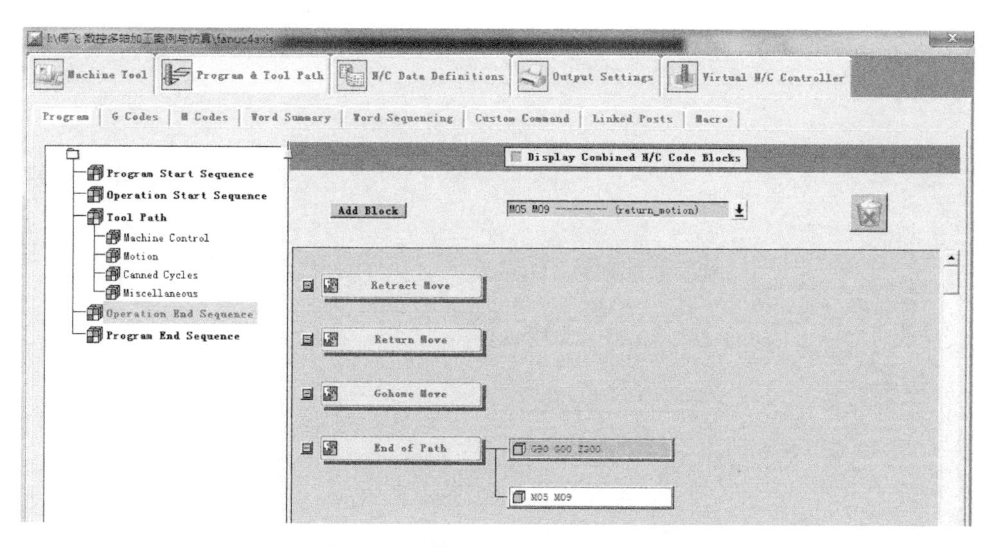

图 2-38 插入 M05、M09 指令

15）Program End Sequence 的设置。把 End of Program 中的第一条程序行 M02 改成 M30，右击 M02 选择 Change Element→M30-Rewind Program，如图 2-39 所示。

16）添加加工时间。在左侧树形结构窗口中选择 Program End Sequence，插入 Custom Command 到关闭程序行下面，如图 2-40 所示，在弹出的对话框中输入如下内容：

global mom_machine_time

MOM_output_literal "(TIME :[format"%. 2f" $ mom_machine_time] min)"

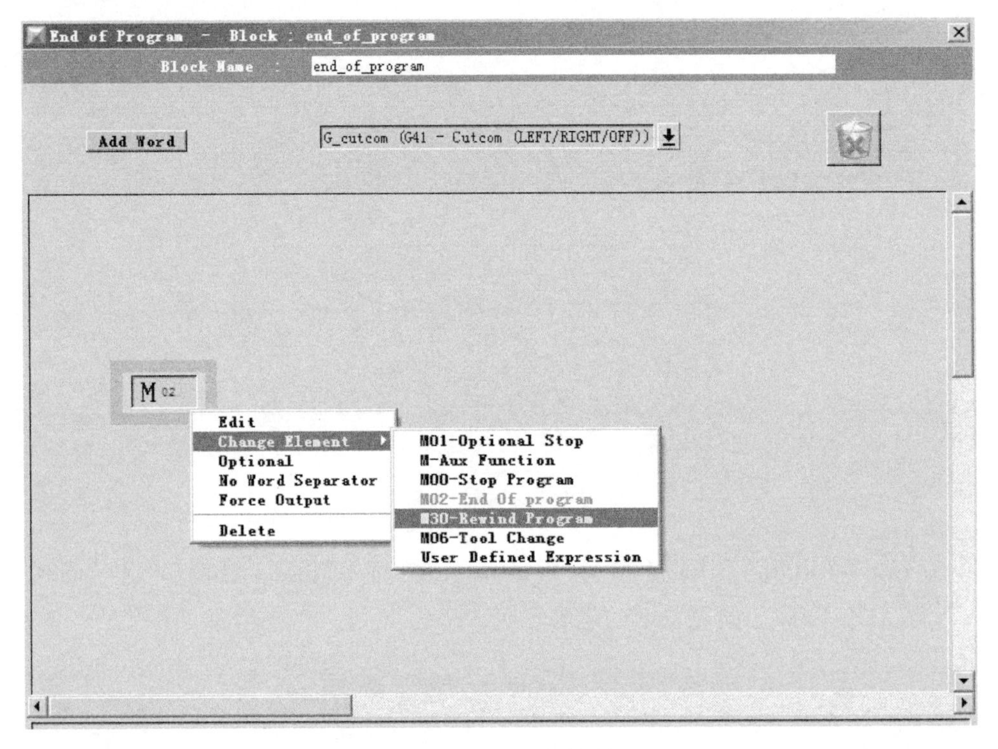

图 2-39　M02 改成 M30

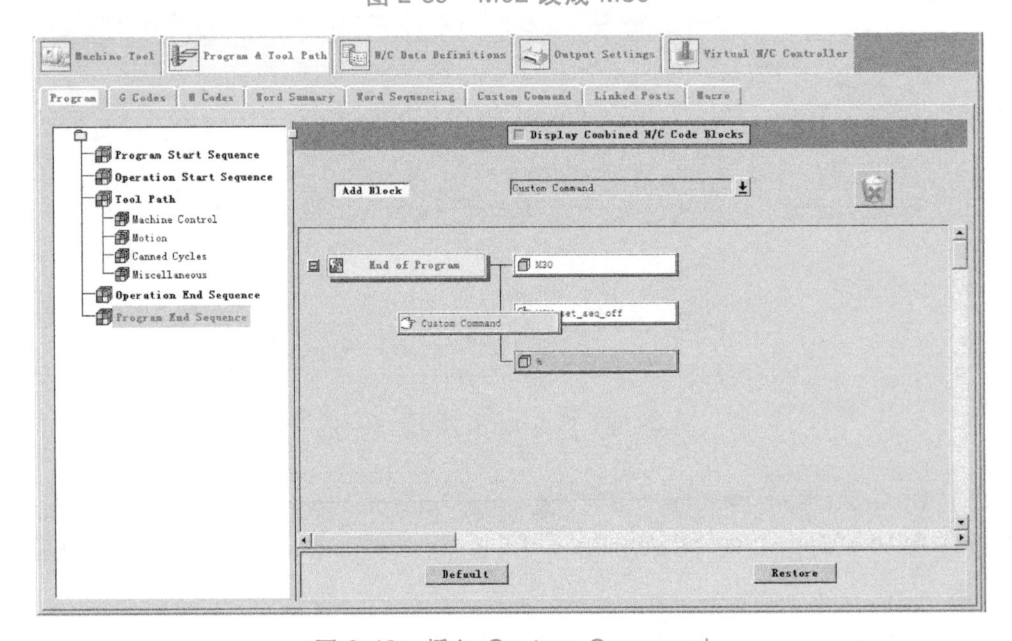

图 2-40　插入 Custom Command

操作过程如图 2-41 所示。

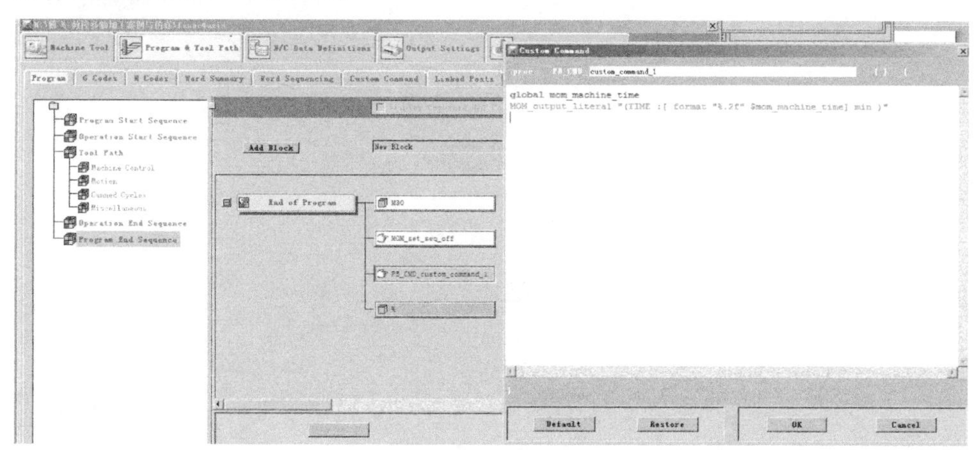

图 2-41 输入指令

17）Word Sequencing（字地址顺序）的设定。把 M03 拖到 S 之前，把 G90 拖到最前面，如图 2-42 所示。

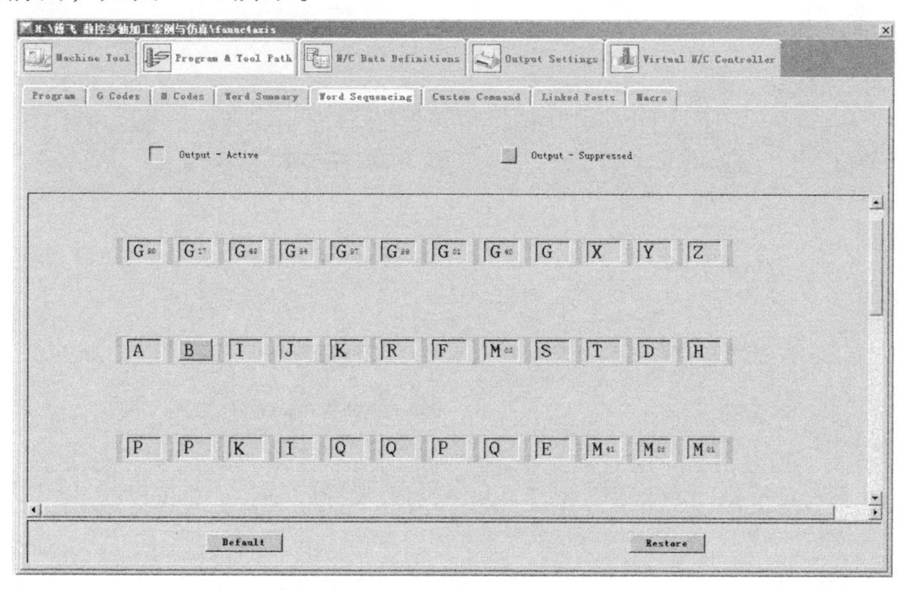

图 2-42 改变字地址顺序

18）Output Settings（输出设置）。将 Listing File Extension 生成文件的后缀名中的 ptp 改为 txt，这样输出的 NC 程序后缀为“. txt”，方便改动程序，如图 2-43 所示。

19）把行号的增量改为 1。单击 N/C Data Definitions 选项卡进入 Other Data Elements（其他数据）选项卡，把 Sequence Number Increment 改为 1，如图 2-44 所示。

20）把新建的后处理文档加入 NX 的后处理总库 template_post. dat 中，选择主菜单的 Utilities→Edit Template Posts Data File，如图 2-45 所示。

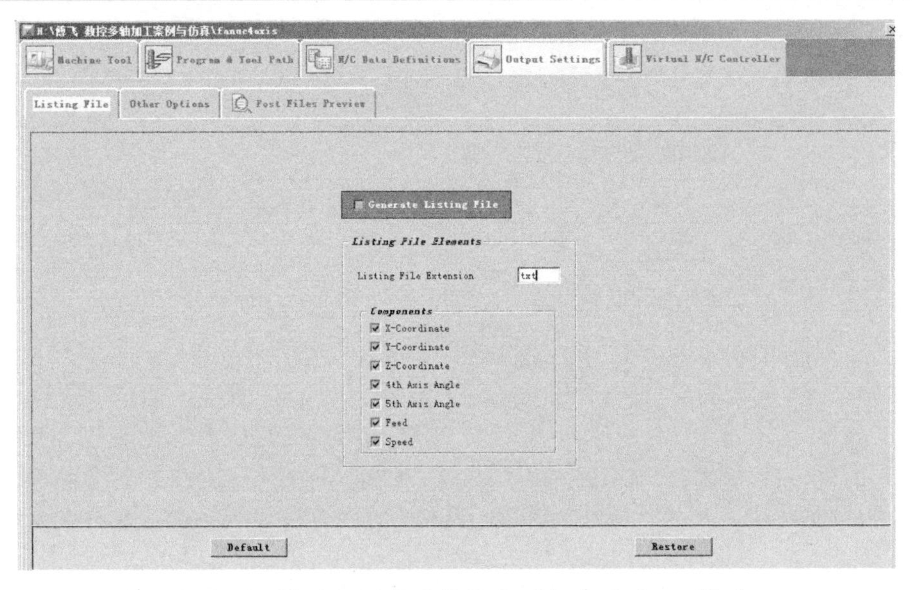

图 2-43　把后处理生成的程序后缀名改为 txt 格式

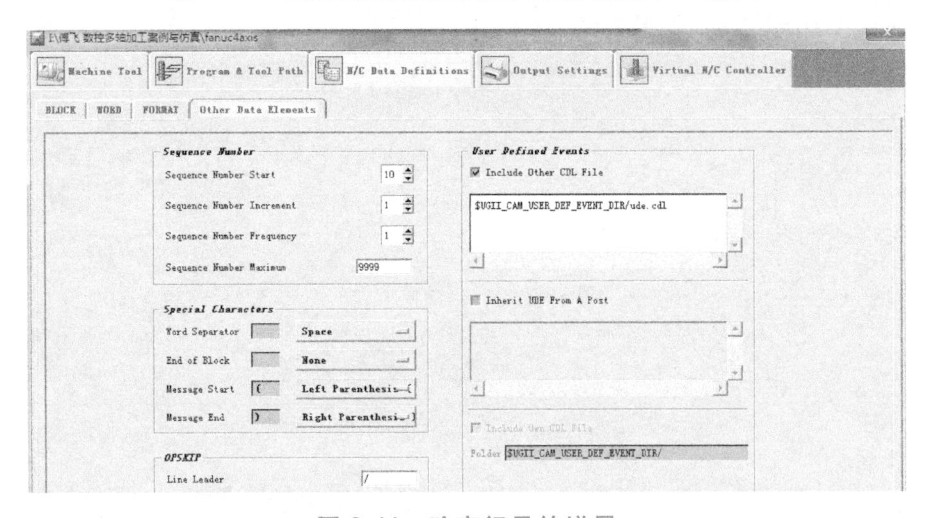

图 2-44　改变行号的增量

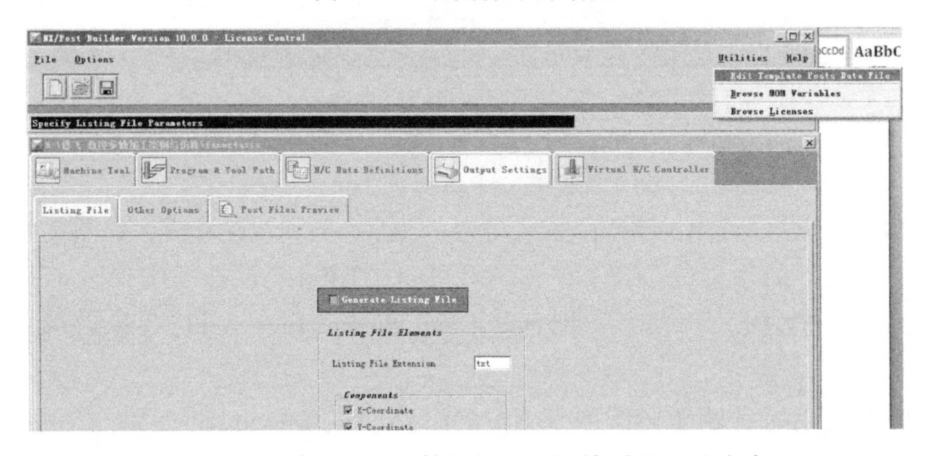

图 2-45　把新建的后处理文档添加到 NX 的后处理总库中（一）

如图 2-46 所示，选择最后一行，然后单击“New”按钮，在弹出的选择后处理文件对话框中选择刚才新建的后处理文档 fanuc4axis，单击“打开”按钮，如图 2-47 所示。结果如图 2-48 所示。

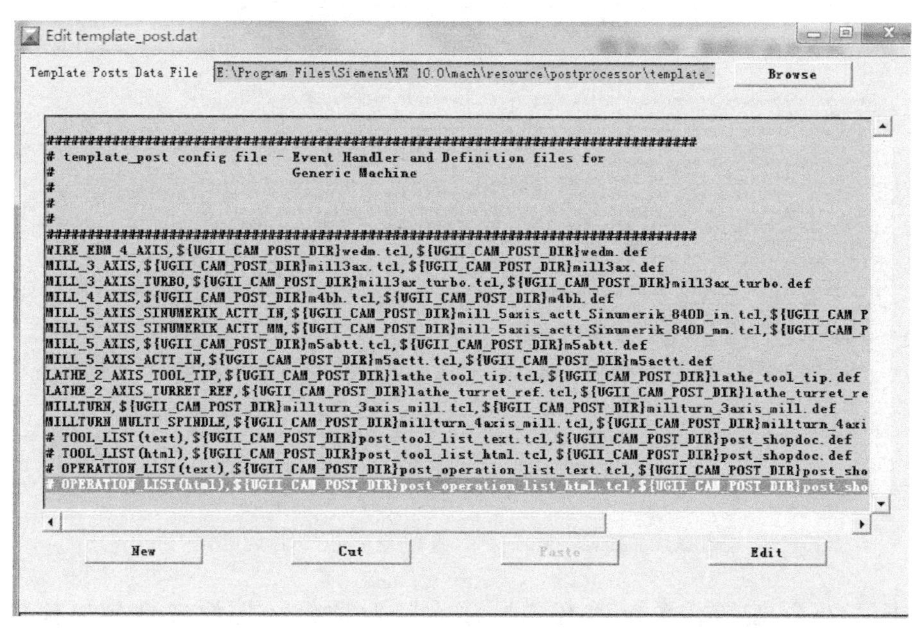

图 2-46 把新建的后处理文档添加到 NX 的后处理总库中（二）

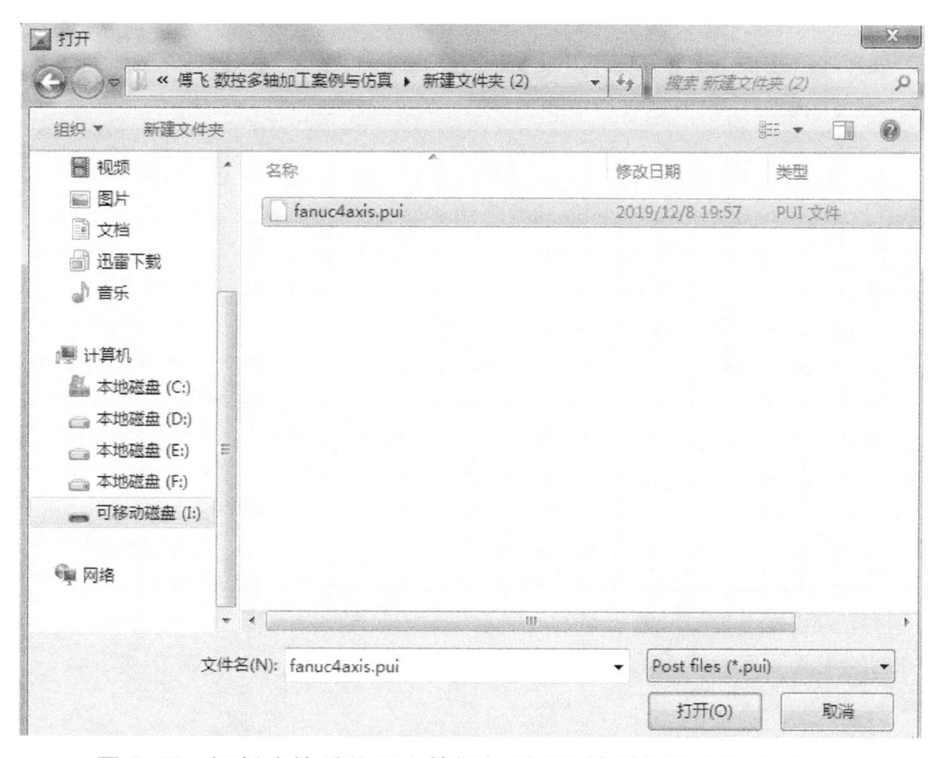

图 2-47 把新建的后处理文档添加到 NX 的后处理总库中（三）

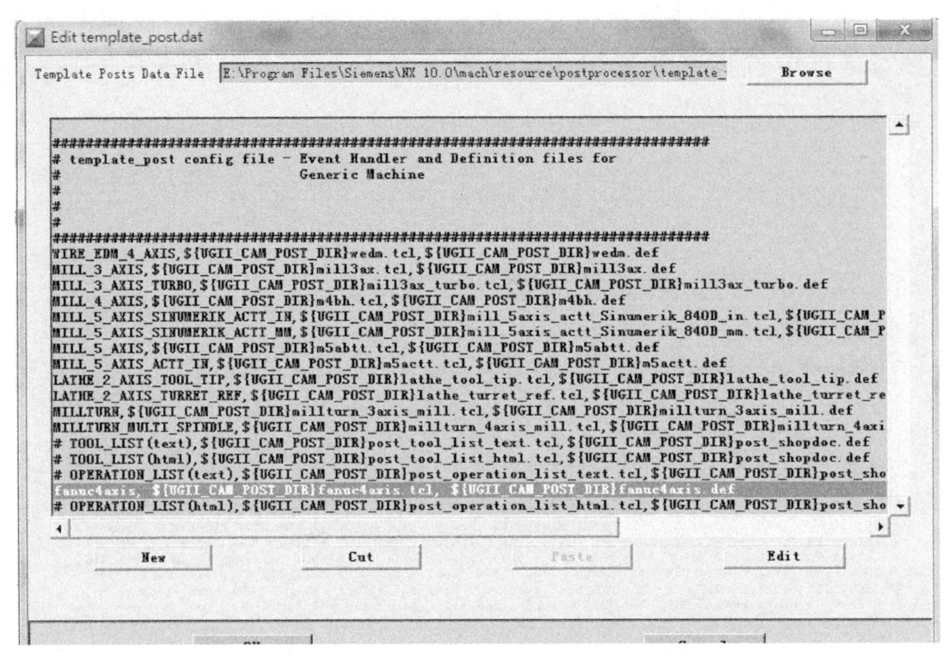

图 2-48　把新建的后处理文档添加到 NX 的后处理总库中（四）

单击“OK”按钮，系统弹出“另存为”对话框，把原文件替换掉就可以，如图 2-49 所示。

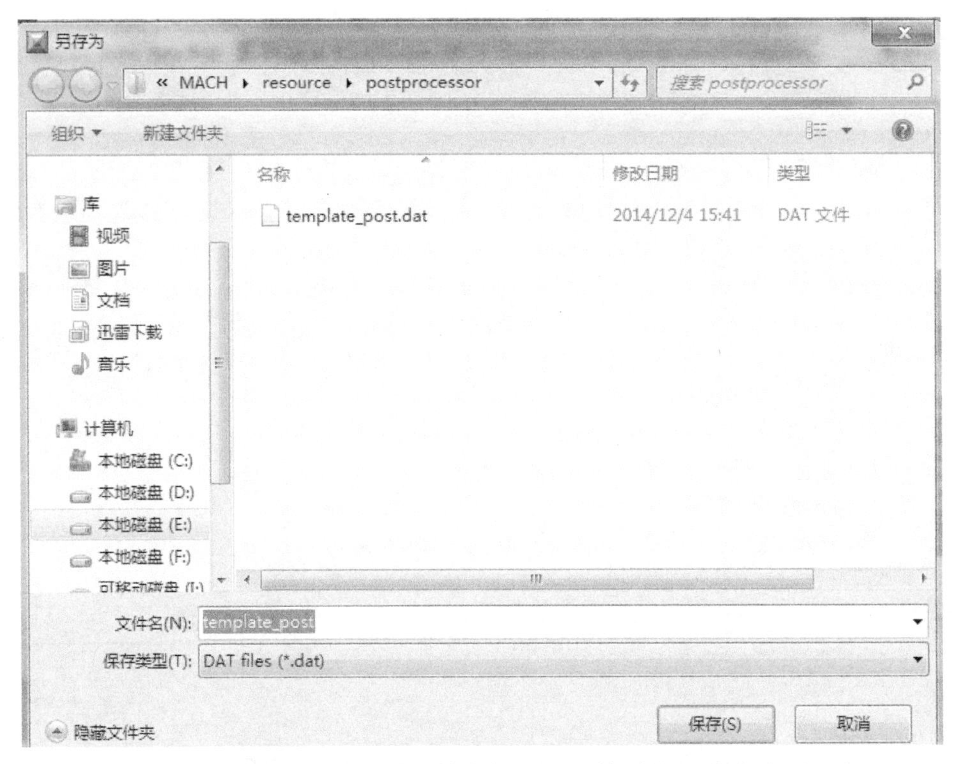

图 2-49　把新建的后处理文档添加到 NX 的后处理总库中（五）

检验后处理器中是否加入了这个后处理文档，进入 NX 加工模式下面，当后处理一个刀路，可以看到刚才新建的 fanuc4axis 后处理文档已在对话框的列表中，如图 2-50 所示。

图 2-50　检验后处理器

再单击“确定”按钮，进行后处理，检查程序清单是否符合程序格式要求，如图 2-51 所示。

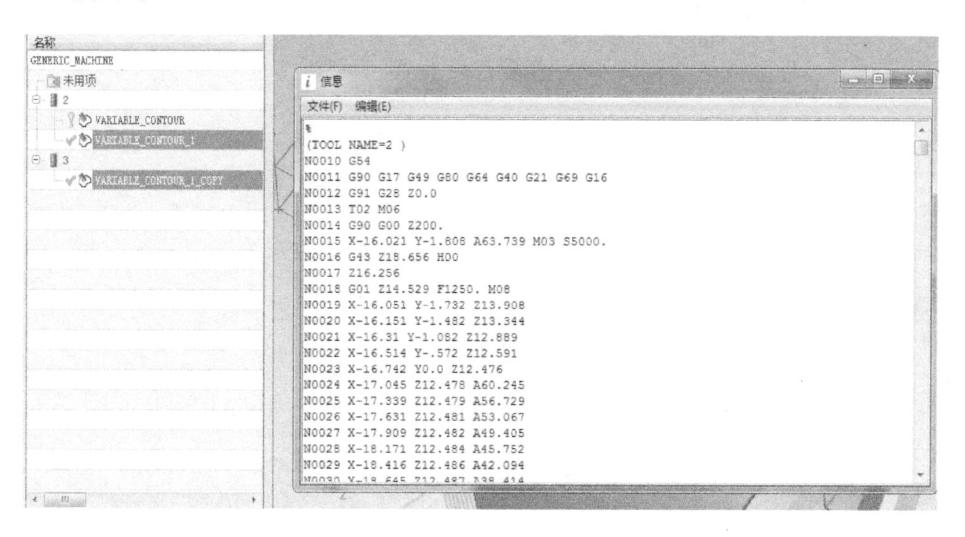

图 2-51　检查程序清单

① 在程序头加入刀具名称。

② 将加工坐标系放在程序第一句。

③ 行号增量为 1。

④ 加入连续加工指令 G64、刀具长度补偿取消指令 G40、极坐标取消指令 G16、刀具半径补偿取消指令 G40 和钻孔循环取消指令 G80。

⑤ 程序开始与结束都要先移动 *Z* 轴。

⑥ 对于多个刀路，如果是不同刀具一起生成的程序，那么不同的刀路与刀具程序里要有换刀程序，如图 2-52 所示。

⑦ 程序结束处主轴停止，切削液关闭。

⑧ 程序结束处加入加工时间，结果如图 2-53 所示。

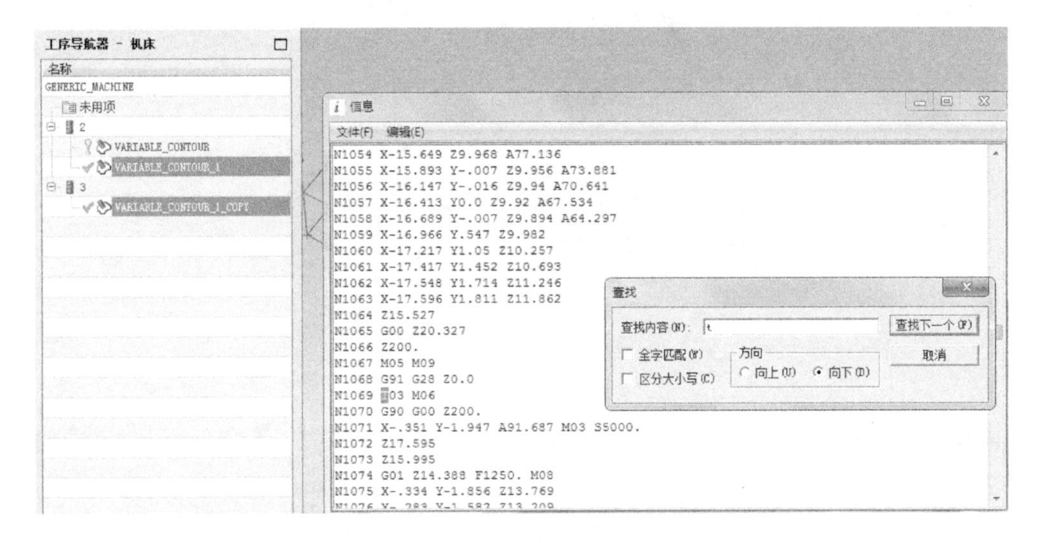

图 2-52　查看是否有换刀程序

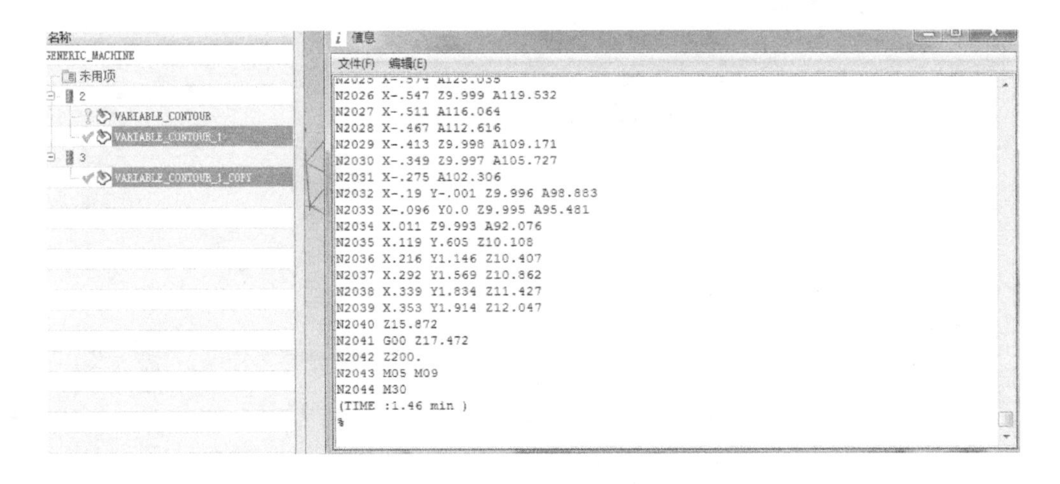

图 2-53　程序结束处加入加工时间

2.3 学习评价

本章学习完成后，依据表2-1考核评价表，采取自评、互评、师评三方进行评价。

表2-1　考核评价表

评价项目	考核内容	考核标准	配分	自评	互评	师评	总评
任务完成情况评定（80分）	NX后处理概念	正确率100%　20分 正确率80%　16分 正确率60%　12分 正确率<60%　0分	20				
	NX后处理构造器的使用	正确率100%　10分 正确率80%　8分 正确率60%　6分 正确率<60%　0分	10				
	四轴加工中心后处理的定制	正确率100%　30分 正确率80%　24分 正确率60%　18分 正确率<60%　0分	30				
	四轴加工中心后处理的验证	规范、熟练　20分 规范、不熟练　10分 不规范　0分	20				
职业素养（20分）	知识	是否复习	每违反一次，扣5分，扣完为止				
	纪律	不迟到、不早退、不旷课、不游戏					
	表现	积极、主动、互助、负责、有改进精神等					
总分							
学生签名			教师签名				

第3章 零件四轴定向加工编程与仿真

【学习目标】

知识目标：

1. 了解四轴加工中心定向加工的含义。
2. 了解多轴加工的常用策略。
3. 掌握 NX 编程软件加工模块的基本操作。
4. 掌握 NX 编程软件中的基本参数设置。

技能目标：

1. 能根据零件加工要求合理安排加工工艺。
2. 能根据零件加工要求合理安排加工刀具。
3. 能根据机床类型正确设置加工原点与安全平面。
4. 会使用 NX 后处理生成程序。
5. 会使用 Vericut 软件对零件进行仿真加工。

素质目标：

1. 培养学生具备良好的科学精神和态度。
2. 培养学生自主学习的良好习惯、爱好和能力。
3. 培养学生适宜的受挫折能力，提高学生心理成熟度和提升基本品质。
4. 培养学生依法规范自己行为的意识和习惯。

本章将学习四轴加工中心定向加工的加工策略与 Vericut 仿真加工方法，将使用 NX 的加工模块来建立定向加工刀路。

四轴加工中心的使用方式主要分为定向加工和联动加工。多轴定向加工，即在进行实际的工件切削前，机床的旋转轴转到某一固定的方位，然后开始进行实际切削，在实际切削过程中，机床的旋转轴不与机床的 X 轴、Y 轴及 Z 轴一起运动。当切削过程完成后，刀具离开工件，机床旋转轴转到另一方位，再开始另一切削过程。很多机械零件的加工，如轴对称棒类零件、齿轮箱体等零件的加工就适用于这种加工方式。

3.1 加工预览

首先打开教学资源包文件中的“刀杆 . prt”模型。

在本实例中，将通过图 3-1 所示的刀杆状零件的加工，来说明 NX10 多轴定向铣削加工的步骤，使读者对多轴定向铣削加工的创建和应用有更深刻的理解，并进一步掌握多轴定向加工参数的意义、设置方法，以及实际应用的技巧。

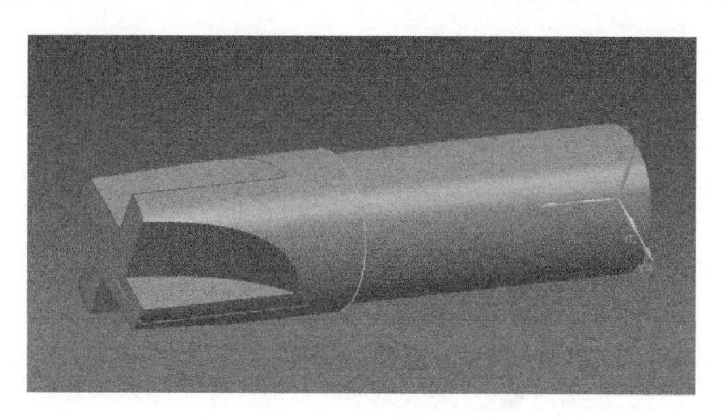

图 3-1 刀杆状零件

3.2 模型分析

在本实例中将运用型腔铣粗加工与二维轮廓铣精加工来完成零件的加工。由模型分析可知，该零件由四部分旋转对称的轮廓组成，这些型腔轮廓的加工形状一样，在加工时这些型腔轮廓无法一次加工完成，因此采用旋转角度依次轮廓铣削加工方式来完成。

3.3 加工工艺规划

加工工艺规划包括加工工艺路线的制订、加工方法的选择和加工工序的划分。根据该零件的特征和 NX10 的加工特点，整个零件的加工分成以下工序：

零件四轴定向加工编程——生成刀路

1）粗加工零件各个部分。该零件具有旋转对称的特征，因此首先运用型腔铣粗加工各个型腔，根据零件的尺寸和要加工曲面的特点，选择刀具 D10。

2）精加工零件侧壁。运用精加工轮廓壁加工型腔的各个侧壁。

3）精加工零件底面。运用精加工底面加工型腔的各个底面。

各工序具体的加工对象、加工方式和加工刀具见表 3-1。

表 3-1　加工对象、加工方式和加工刀具

工序	加工对象	加工方式	加工刀具
1	粗加工零件各个型腔	型腔铣	D10
2	精加工零件各个型腔的侧面与底面	深度轮廓加工和精加工底面	D10

3.4 进入 NX 设计环境

1）单击“标准”工具栏“文件”按钮，在弹出的下拉菜单中选择“建模（M）”，进入 NX 的设计环境。

2）建立零件毛坯，先测量最大外圆尺寸，单击“分析”菜单栏下的“局部半径”，再单击模型最大外圆，得知最小半径为 49.1094mm，如图 3-2 所示。

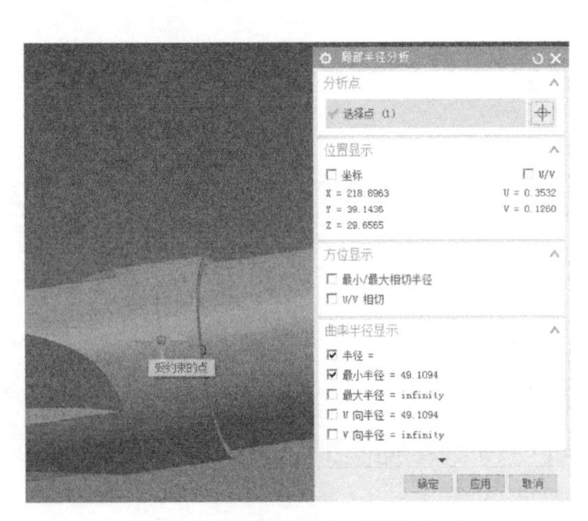

图 3-2　测量最大外圆尺寸

然后新建草图，创建一个直径为 98.2188mm 的外圆，如图 3-3 所示。

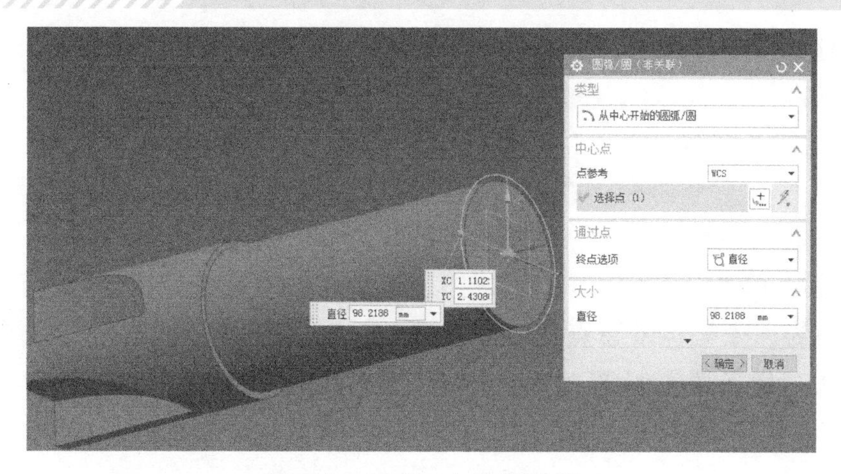

图 3-3 创建一个外圆草图

退出草图并拉伸此圆，结束处选择“直至延伸部分”，单击模型另一端面并确定，如图 3-4 所示。

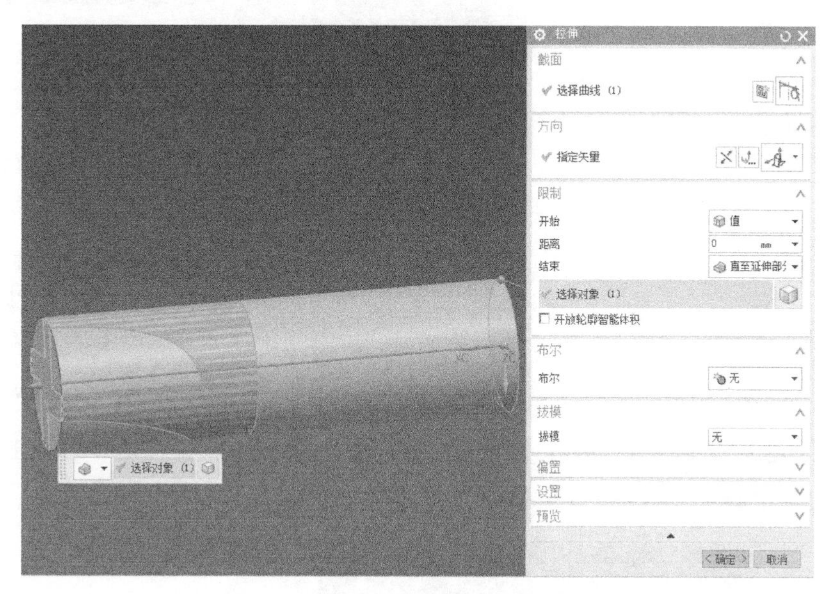

图 3-4 建立毛坯

3.5 NX 加工步骤

1. 进入加工环境

在“开始”菜单选择“加工”命令，或使用快捷键<Ctrl+Alt+M>，进入加工模块，系统弹出“加工环境”对话框，如图 3-5 所示。在“要创建的 CAM 设置”下拉列表框中选择“mill_contour”模块，单击“确定”按钮，完成加工的初始化设置。

2. 设置父节点组

(1) 设置加工坐标系　在“导航器”工具栏中，单击“几何视图”按钮，将工序导航器切换到“几何视图”。双击“MCS_MILL”，系统弹出“Mill Orient”对话框，单击“指定 CSYS”按钮，然后在绘图区选择图 3-6 所示的点，以刀杆的端面为加工坐标系原点，并调整好坐标系的方向与机床坐标系方向一致，展开对话框，装夹偏置设置为 1mm，单击“确定”按钮，完成加工坐标系的设置。

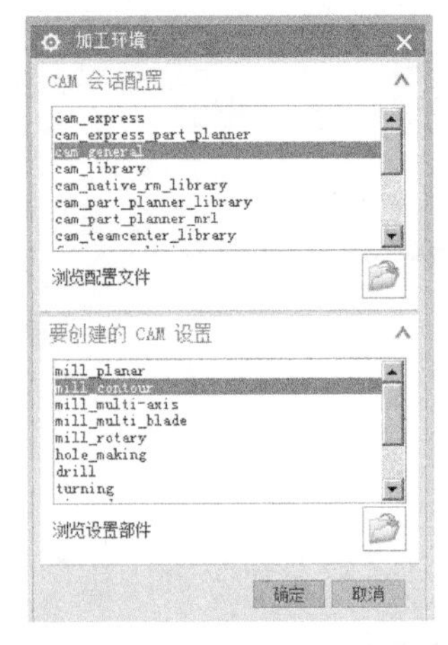

图 3-5 “加工环境”对话框

图 3-6 设置加工坐标系

(2) 安全设置　在“Mill Orient”对话框中，“安全设置”选项选择“圆柱”，选择指定点为圆心，指定矢量为 *XM* 轴，半径值为 70mm，单击“确定”按钮，完成安全设置，如图 3-7 所示。

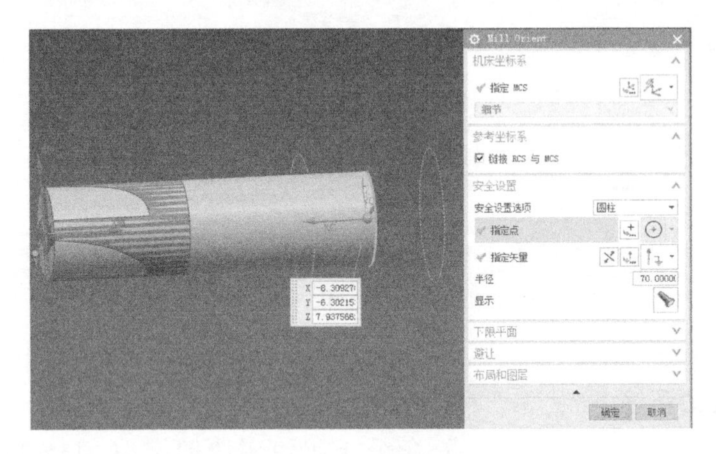

图 3-7 安全设置

（3）创建工件几何体　在工序导航器的几何视图中，双击节点，系统弹出“铣削几何体”对话框。单击“指定部件”按钮，弹出“部件几何体”对话框，选择刀杆模型，单击“确定”按钮，完成工件几何体的创建。

（4）创建毛坯几何体　在“铣削几何体”对话框中，单击“指定毛坯”按钮，系统弹出“毛坯几何体”对话框，单击已创建的毛坯圆柱体，单击“确定”按钮，完成毛坯几何体的创建。

（5）创建刀具节点组　在“导航器”工具栏中，单击“机床视图”按钮，将工序导航器切换到“机床视图”。单击“加工创建”工具栏中的“创建刀具”按钮，弹出“创建刀具”对话框，设置图3-8所示的参数，单击“确定”按钮。

（6）设置刀具的具体参数　在系统弹出的“铣刀”对话框中，设置图3-9所示的参数，其他参数采用系统默认的参数，单击“确定”按钮，完成刀具的创建。

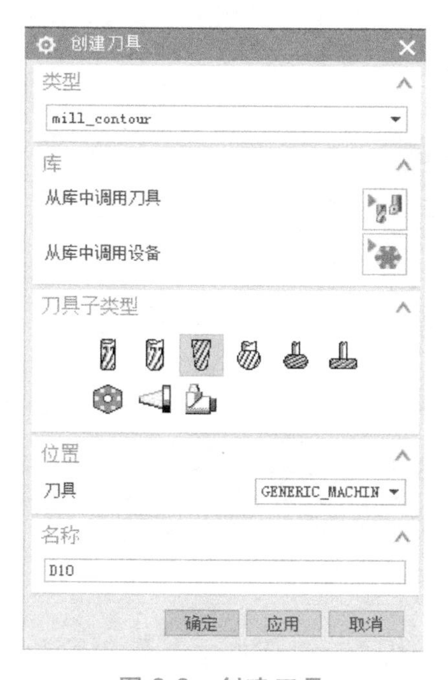

图3-8　创建刀具

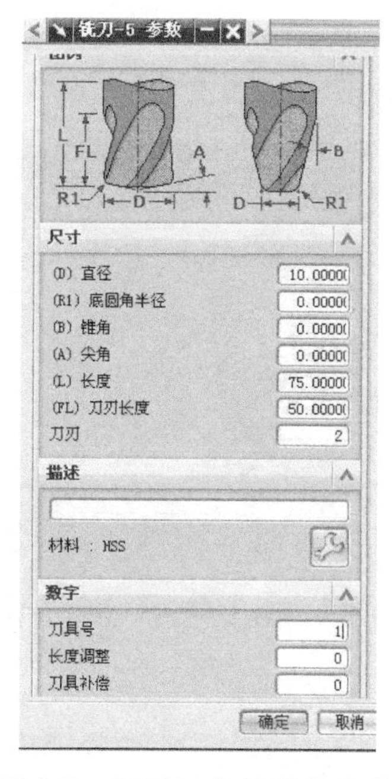

图3-9　设置刀具的具体参数

3. 创建型腔铣粗加工铣工序

（1）将工序导航器切换到几何视图　在“工序导航器”工具栏中，单击“几何视图”按钮，将工序导航器切换到“几何视图”。

（2）创建型腔铣粗加工工序　在“插入”工具栏中，单击“创建工序”按钮，系统弹出“创建工序”对话框，设置图3-10所示的参数，单击“确定”按钮。系统弹出“型腔铣”对话框，如图3-11所示。

（3）设置指定切削区域　单击“型腔铣”对话框中的“指定切削区域”按钮，选择第一个底面与 Z 轴垂直的型腔壁，如图3-12所示。

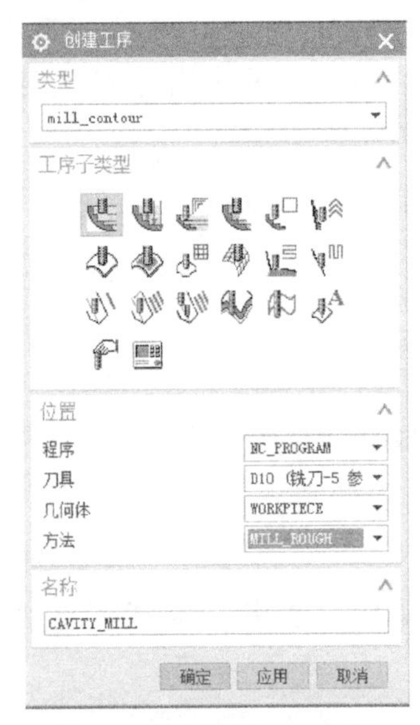

图 3-10 “创建工序”对话框

图 3-11 “型腔铣”对话框

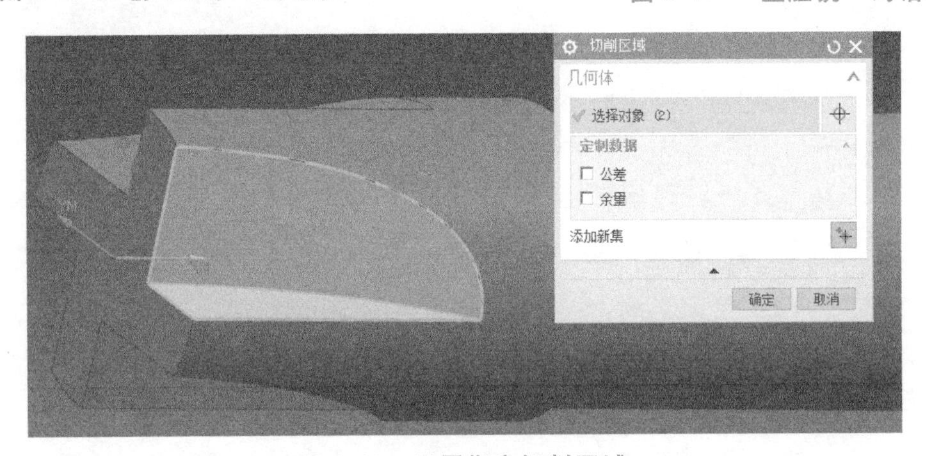

图 3-12 设置指定切削区域

（4）切削模式改成 跟随周边 在“切削层”对话框中，公共每刀切削深度选择“恒定”，最大距离改成 2mm，切削层已经自动调整为型腔深度，切削参数里的余量改成 0.3mm，单击“确定”按钮，如图 3-13 所示。

（5）设置进给率和速度 单击“进给率和速度”按钮，在系统弹出的“进给率和速度”对话框中设置主轴速度为 800r/min，切削进给率改为 200mm/min，如图 3-14 所示。

（6）生成刀路 在“型腔铣”对话框中，单击“生成刀路”按钮，系统生成刀路，单击“确定”按钮。生成的刀路如图 3-15 所示。

（7）创建第二个型腔的粗加工工序 复制第一个型腔铣工序，然后粘贴，如图 3-16 所示，双击进入第二个型腔铣对话框，指定切削区域为第二个型腔的底面与侧面，如图 3-17 所示，刀轴选择指定矢量，单击第二个型腔的底面，如图 3-18 所示，切削层删除第二个“98. 218779”，选择第一个“49. 116814”，如图 3-19 所示，其余选项不变，生成的刀路如图 3-20 所示。依次生成第三、第四个型腔的粗加工刀路。

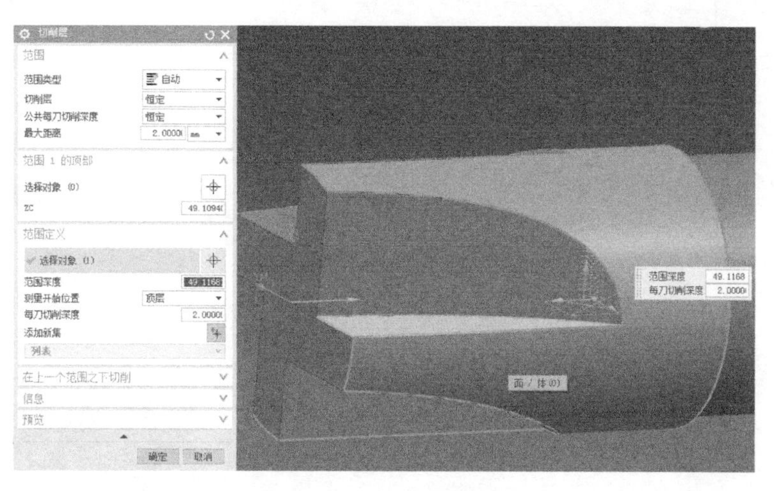

图 3-13 切削层设置

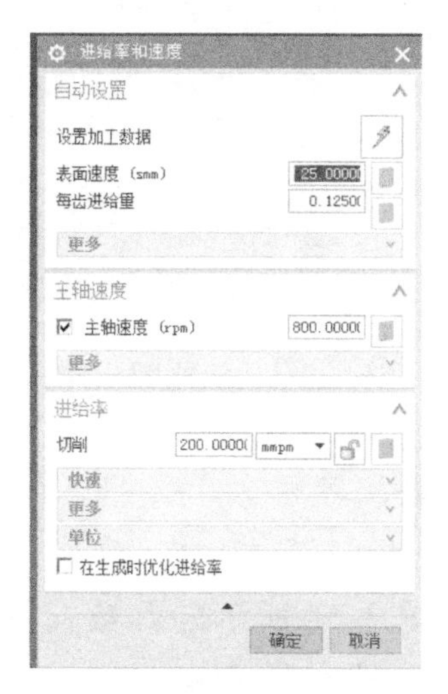

图 3-14 进给率和速度设置

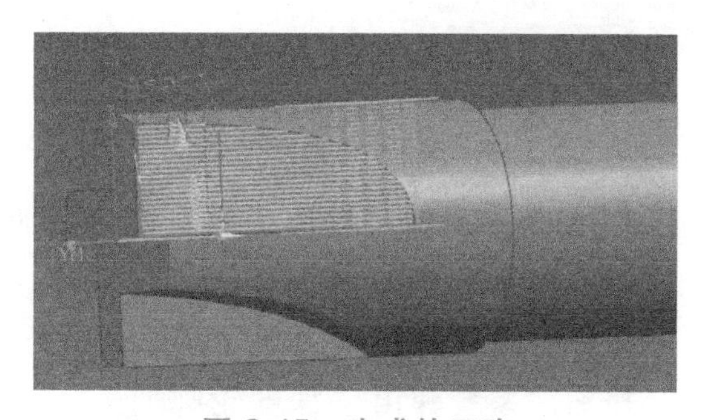
图 3-15 生成的刀路

图 3-16 复制粘贴工序操作

图 3-17 指定切削区域

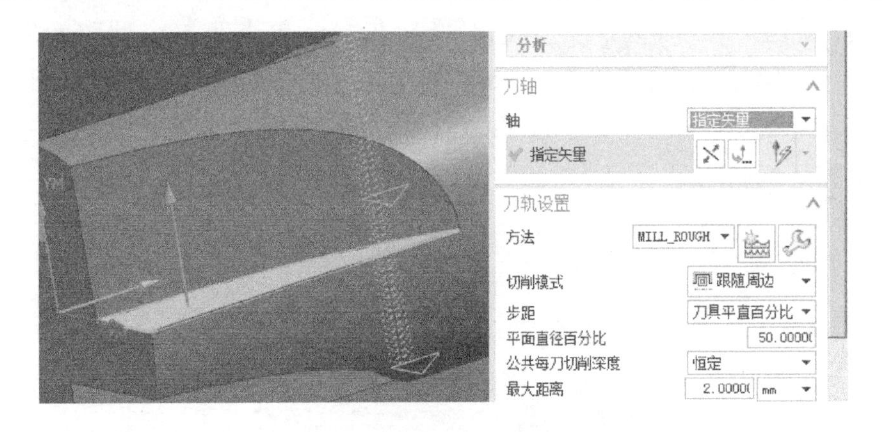

图 3-18　指定刀轴矢量

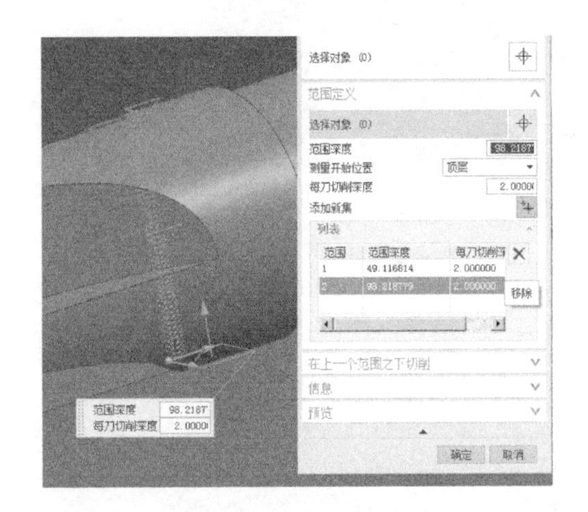

图 3-19　指定切削层

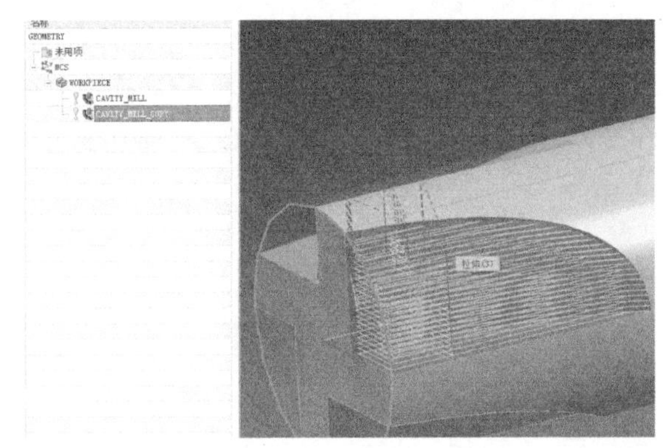

图 3-20　生成的刀路

4. 创建深度轮廓精加工侧面铣与精加工底面铣工序

（1）创建深度轮廓精加工铣工序　在“插入”工具栏中，单击“创建工序”按钮，系统弹出“创建工序”对话框，设置图 3-21 所示的参数，单击“确定”按钮。系统弹出“深度轮廓加工”对话框，如图 3-22 所示。

（2）设置切削参数　单击型腔轮廓壁（图 3-23），设置切削区域；设置切削层，每刀切削深度为 10mm，如图 3-24 所示；在“进给率和速度”对话框中，主轴速度设置为 1000r/min，切削进给率改为 200mm/min；在“深度轮廓加工”对话框中，单击“生成刀轨”按钮，系统显示，生成的刀路，如图 3-25 所示。

（3）创建第二个深度轮廓精加工铣工序　复制第一个深度轮廓精加工铣工序，然后粘贴，双击进入修改切削区域，并指定刀轴矢量为底面的法向，如图 3-26 所示；修改切削层，单击此型腔底面，如图 3-27 所示，生成刀路。依次生成第三、第四个型腔的深度轮廓精加工铣工序。

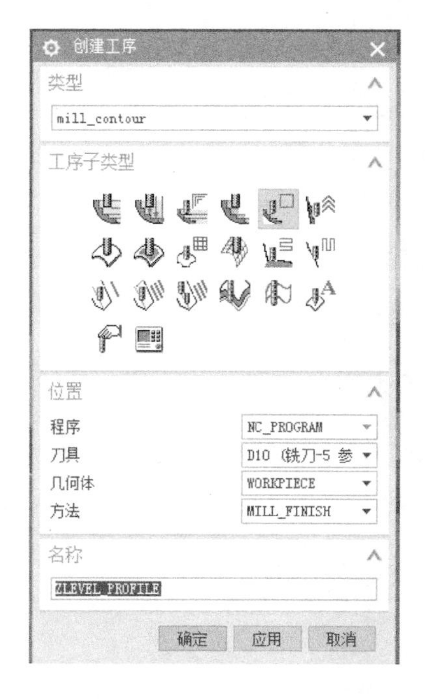

图 3-21　“创建工序”对话框

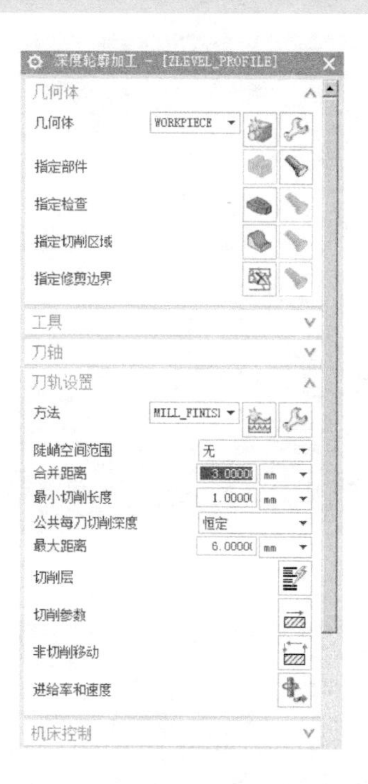

图 3-22　“深度轮廓加工”对话框

图 3-23　设置切削区域

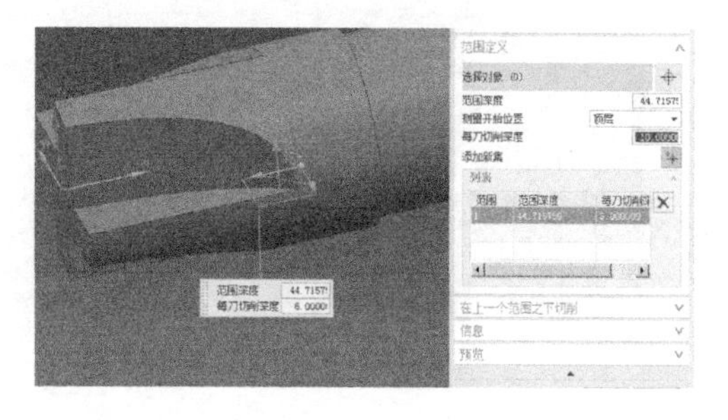

图 3-24　设置切削层

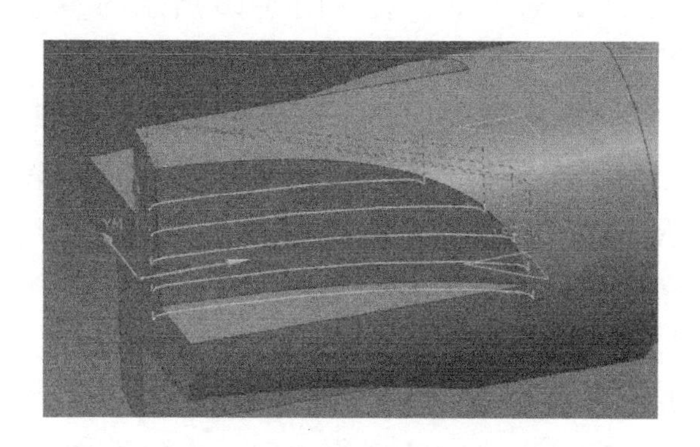

图 3-25　生成的刀路

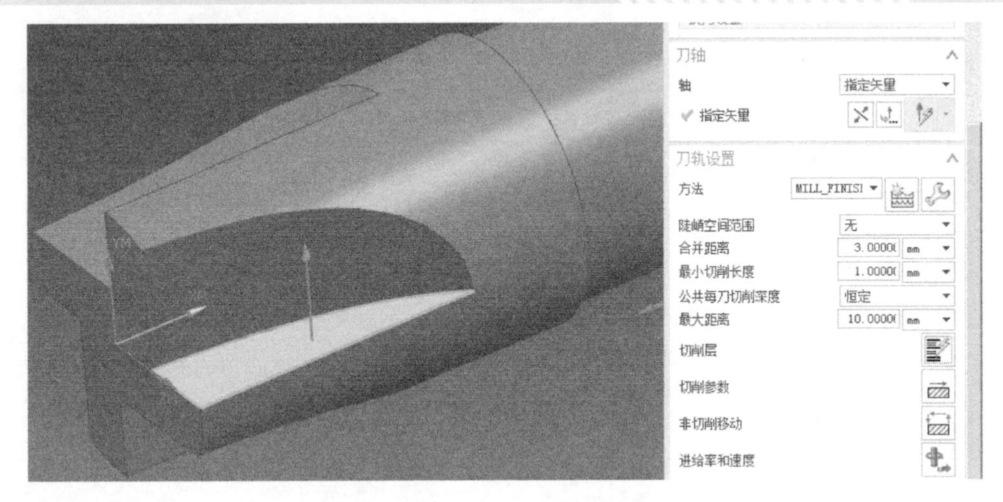

图 3-26 指定刀轴矢量

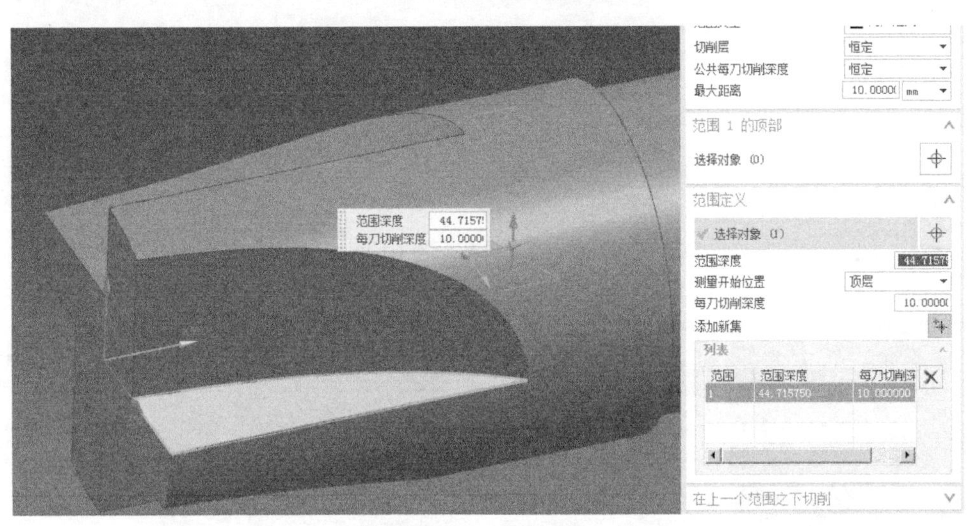

图 3-27 修改切削层

（4）创建精加工底面铣工序 在“插入”工具栏中，单击“创建工序”按钮，系统弹出“创建工序”对话框，设置图 3-28 所示的参数，单击“确定”按钮。系统弹出“精加工底面”对话框，如图 3-29 所示。

（5）设置部件边界 单击型腔底面，材料侧选择“外部”，如图 3-30 所示，单击“确定”按钮返回编辑边界，单击“编辑”进入“编辑成员”对话框，选择两条直角边的刀具位置为对中，只有曲线这条边的刀具位置是相切，如图 3-31 所示，确定后返回，指定底面为型腔底面。

（6）设置切削参数 设置余量为 0，设置非切削移动里的“初始封装区域”的“进刀类型”与初始开放区域相同，并设置区域起点为零件外的一点，如图 3-32 所示，确定后返回。设置进给率和速度，主轴速度为 1000r/min，切削进给率改为 200mm/min。

图 3-28 “创建工序”对话框

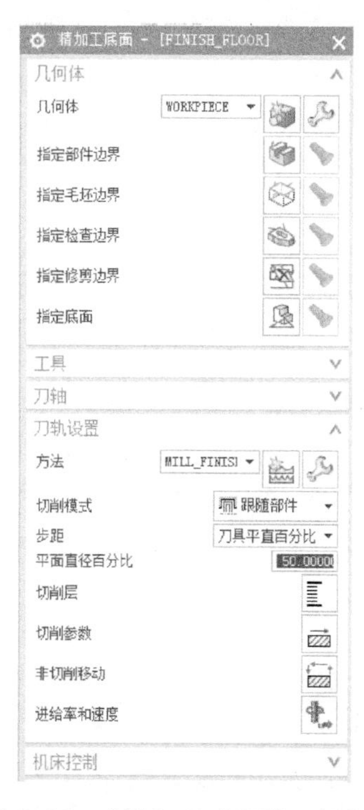

图 3-29 “精加工底面”对话框

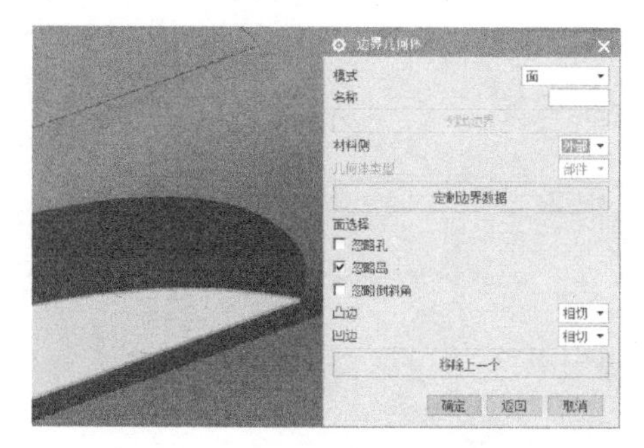

图 3-30 设置部件边界

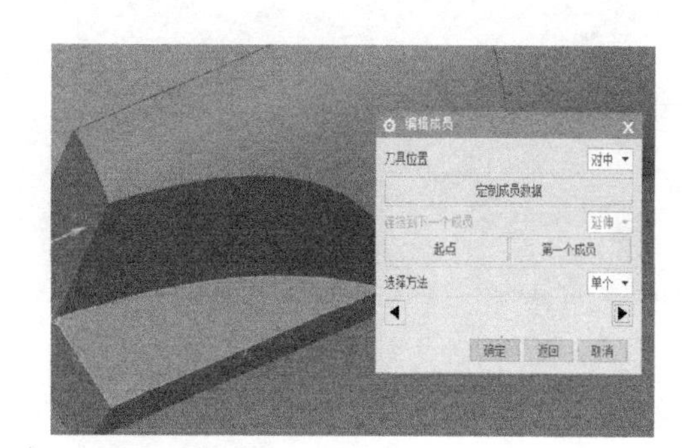

图 3-31 编辑边界曲线

图 3-32 设置进刀点

（7）生成刀路　在“精加工底面”对话框中，单击“生成刀路”按钮，系统显示生成的刀路，如图 3-33 所示，单击“确定”按钮。

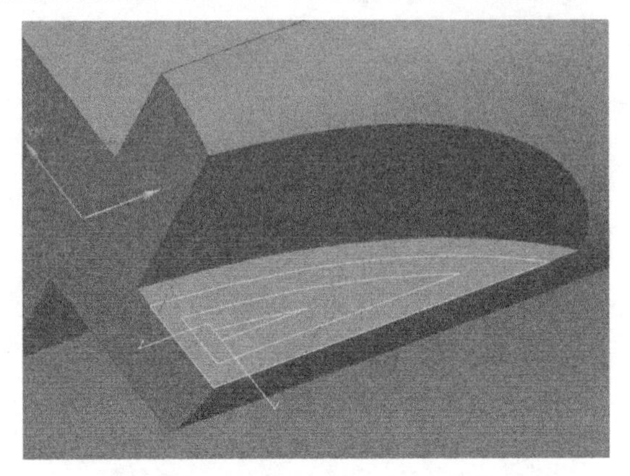

图 3-33　生成的精加工底面刀路

（8）创建第二个精加工底面铣工序　复制第一个精加工底面铣工序，然后粘贴，双击进入界面，修改切削区域为第二个型腔，设置与第一个型腔一样，并指定刀轴矢量为底面的法向，如图 3-34 所示，单击此型腔底面，生成刀路。依次生成第三、第四个型腔的深度轮廓精加工铣刀路，如图 3-35 所示。

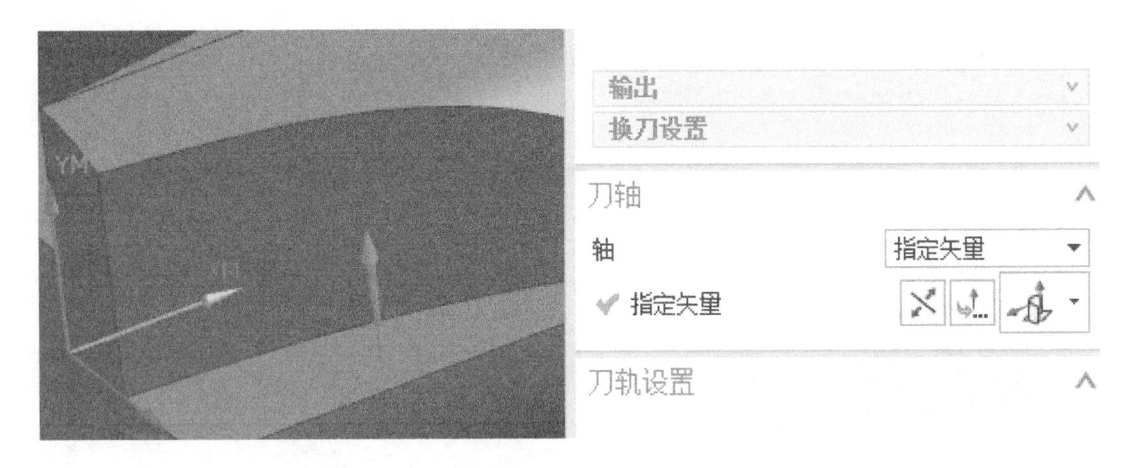

图 3-34　指定刀轴矢量

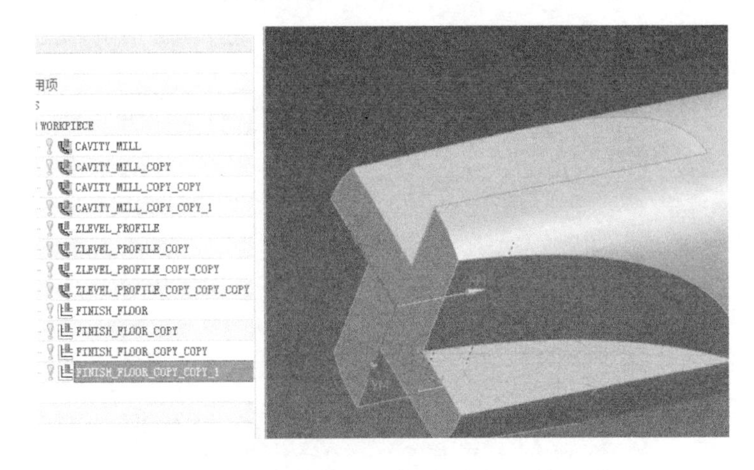

图 3-35　生成的深度轮廓精加工铣刀路

5. 生成后处理程序

选择型腔铣 4 个粗加工程序生成一个程序，选择深度轮廓精加工 4 个精加工程序生成一个程序，选择底面精加工 4 个程序生成一个程序，如图 3-36 所示。

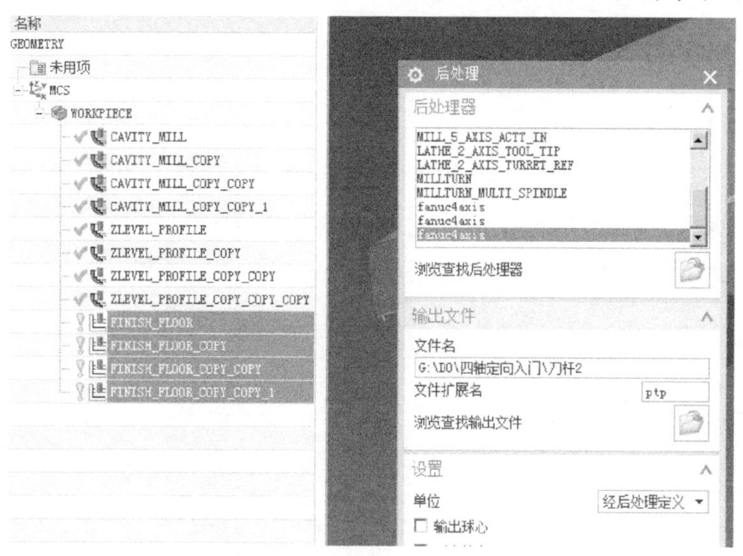

图 3-36　生成后处理程序

3.6 Vericut 仿真加工

零件四轴定向加工编程——仿真加工

Vericut 软件的主要功能是进行多轴机床加工仿真、碰撞检查、程序验证、切削模型尺寸分析、切削速度优化、模型输出和工艺文件生成。Vericut 软件既可以仿真刀路，也可以仿真 G 代码程序，甚至包括仿真子程序、宏程序、循环、跳转、变量等。

机床仿真和 G 代码仿真的区别：机床仿真可以检查机床在加工过程中或换刀时所发生的干涉和碰撞，而 G 代码仿真只是反映刀路的轨迹，所以机床仿真比 G 代码仿真更实际地反映了现实机床加工的情况。

本书中所用的 Vericut 软件版本是 7.4.1。

3.6.1 提出任务与分析任务

提出任务：用 Vericut 软件进行刀杆零件的仿真加工。

分析任务：刀杆零件的仿真加工过程包括选择控制系统、选择机床、定义毛坯、定义活动卡爪和回转顶尖、定义刀具、选择程序、定义坐标系及自动加工等。

3.6.2 任务实施

1. 选择控制系统

打开 Vericut 7.4.1 软件后，单击菜单栏上的“文件”→新项目，创建一个新项目，如图 3-37 所示，再单击菜单栏上的“文件”选择工作目录，指定好工作目录，然后双击“控制”图标，选择控制系统为“fanuc4axis. ctl”，如图 3-38 所示。

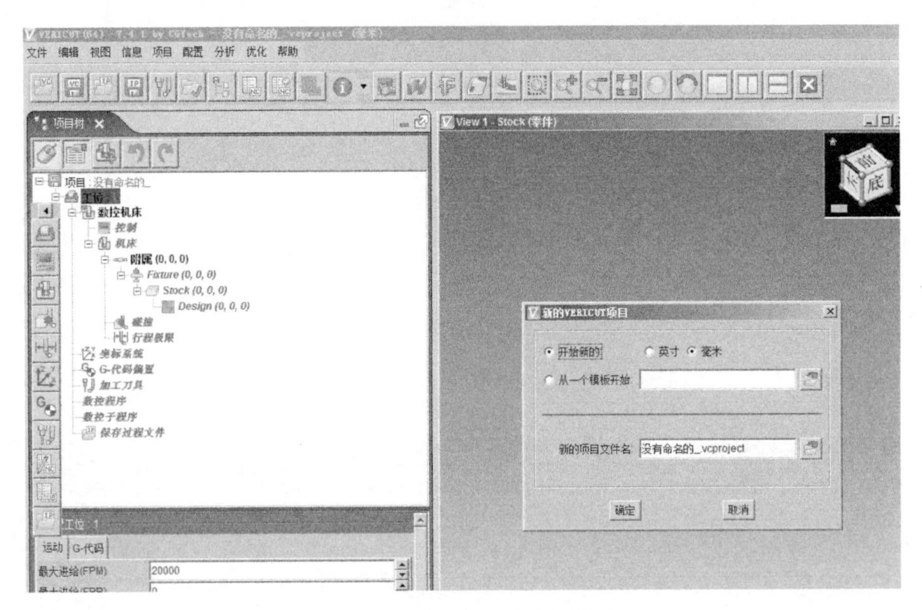

图 3-37 创建一个新项目

2. 选择机床

单击“机床”图标，选择机床模型为“fanuc 4axis. xmch”，如图 3-39 所示。

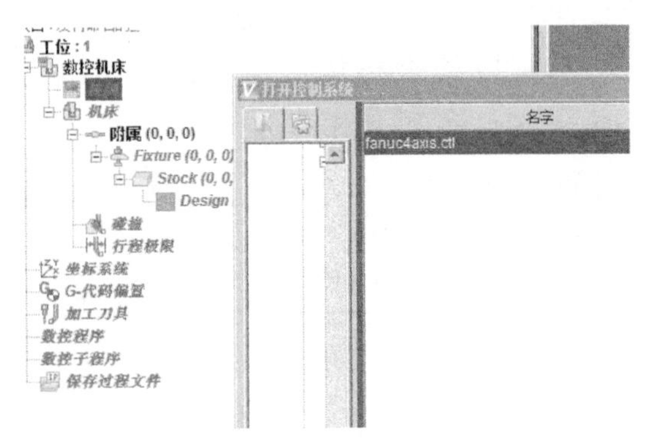

图 3-38 选择控制系统

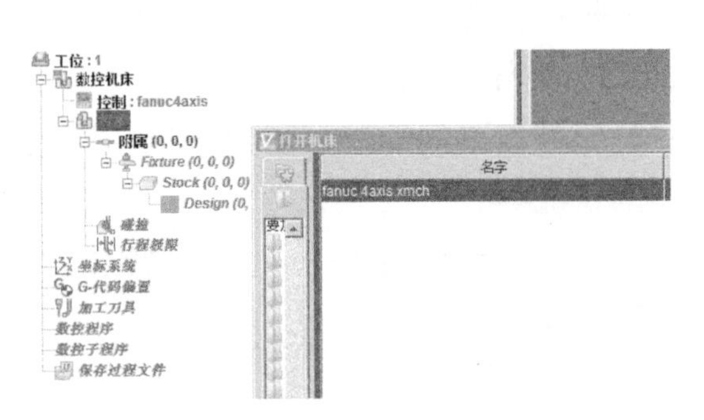

图 3-39 选择机床

3. 定义毛坯

单击“毛坯” Stock (0, 0, 0)图标，选择配置组件中“添加模型”为“圆柱”，设置毛坯形状：高 350mm，半径 49. 1094mm，如图 3-40 所示；如图 3-41 所示，单击配置模型中的“旋转”选项卡，在增量文本框中输入“90”，单击“Y-”按钮；再在“位置”文本框中输入“500 0 0”如图 3-42 所示；机床视图中的毛坯如图 3-43 所示。

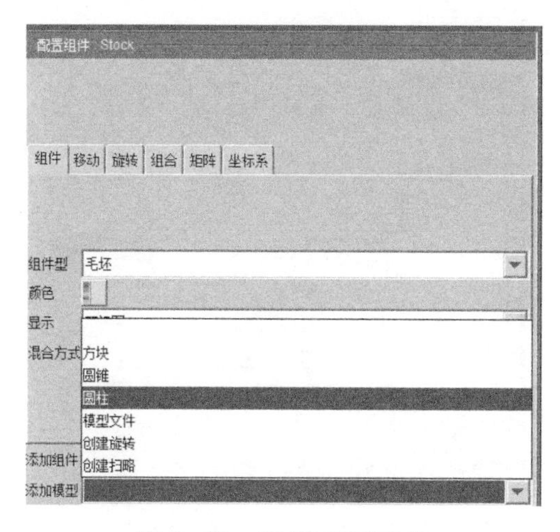

图 3-40 设置毛坯形状

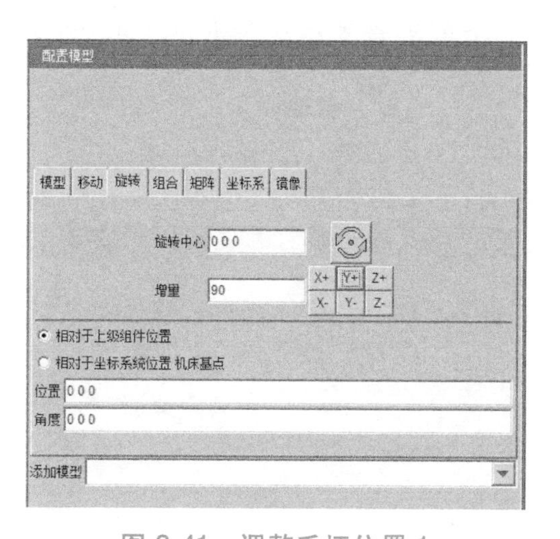

图 3-41 调整毛坯位置 1

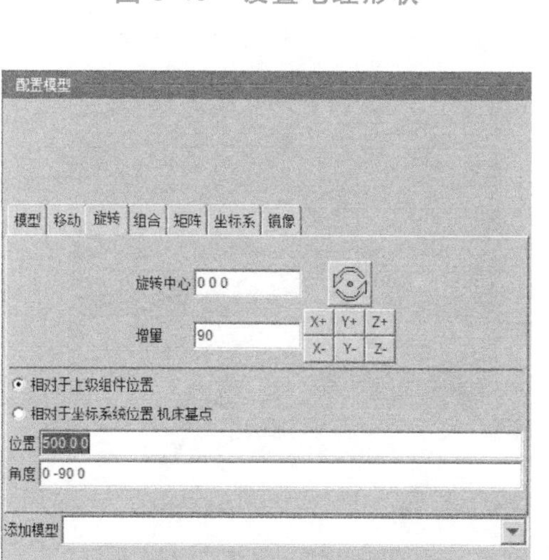

图 3-42 调整毛坯位置 2

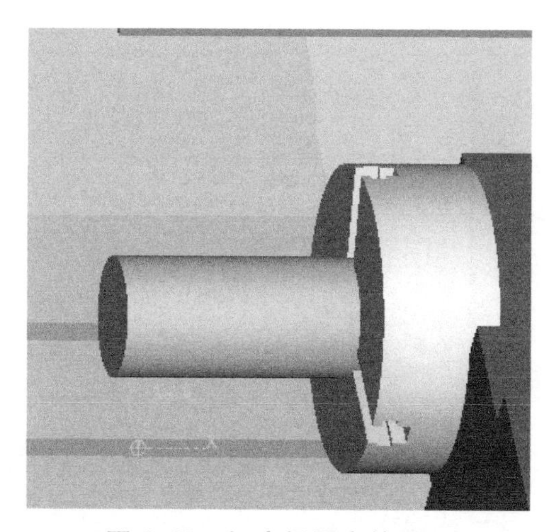

图 3-43 机床视图中的毛坯

4. 定义活动卡爪和回转顶尖

只有更加贴近实物的仿真才能精确检查出是否有碰撞，所以需要建立活动的自定心卡盘和活动顶尖。

单击项目树中的 Fixture 图标，选择配置组件中“添加模型”为“模型文件”，选择“卡爪 . ply”，在配置模型“移动”选项卡的“位置”文本框中输入

“-138 55 -160”，如图 3-44 所示；再右击 Fixture 图标依次选择“添加”→“更多”→“V 线性”，如图 3-45 所示。在配置组件中选择运动为“Y”，然后把卡爪拖到“线性 V”下面，会发现卡爪变成蓝色。然后把圆柱毛坯移动到卡盘前面，单击 Stock 调整好伸出长度位置（-350，0，0），然后单击卡爪调整位置到（-138，15，-160），卡爪夹紧面与圆柱毛坯面接触，现在一个卡爪设置好了，如图 3-46 所示。

下面准备复制这个卡爪生成第二个和第三个卡爪。

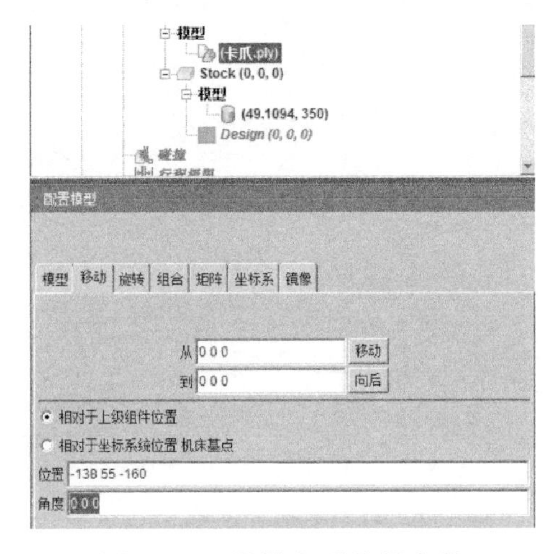

图 3-44　设置卡爪位置参数

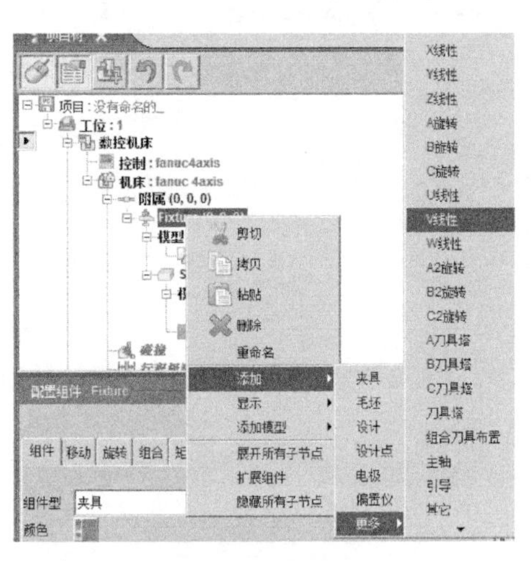

图 3-45　添加线性组件

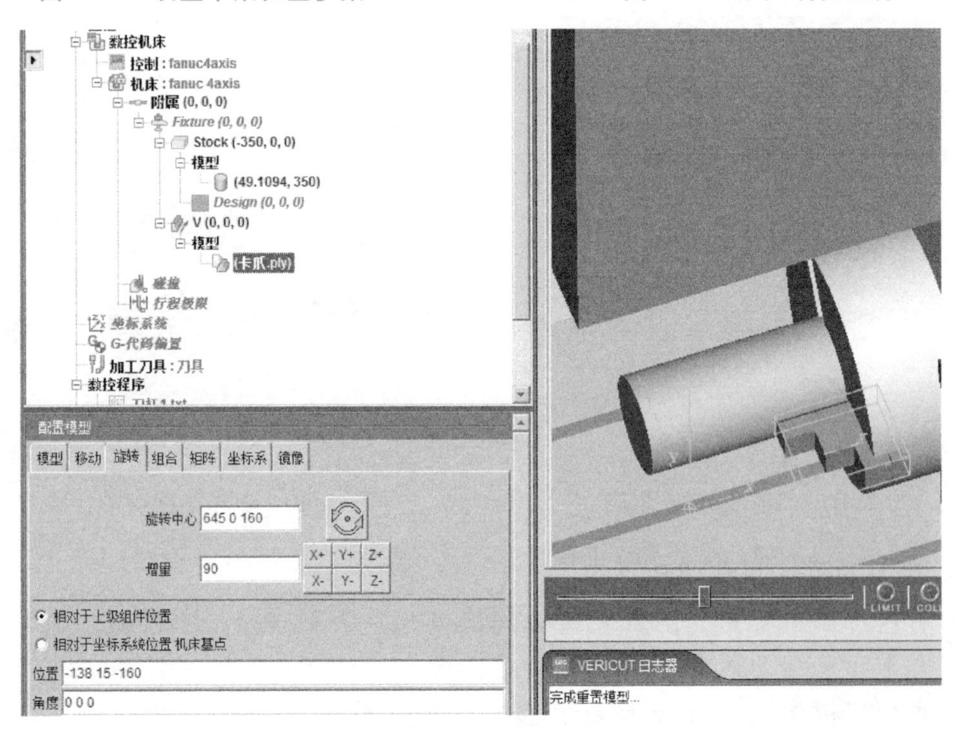

图 3-46　调整卡爪位置

右击“V线性”然后选择“复制”，再单击Fixture粘贴两次，分别生成卡爪2和卡爪3，再单击V（1）第二个卡爪，选择配置组件里的“旋转”，单击“旋转中心”，背景变成黄色，把光标移动到棒料的右端面中心，如图3-47所示，单击右端面中心，找到旋转中心，这时旋转中心的位置是（-55，0，160）；然后单击V（1）下的模型“卡爪.ply”，在配置模型中选择“旋转”，单击旋转中心按钮，在旋转中心（-55，0，160）下，增量改为120°，单击“X+”按钮，生成第二个卡爪，如图3-48所示。用同样的方法，把第三个卡爪也做好，不同的是单击“X-”按钮，生成第三个卡爪，如图3-49所示。

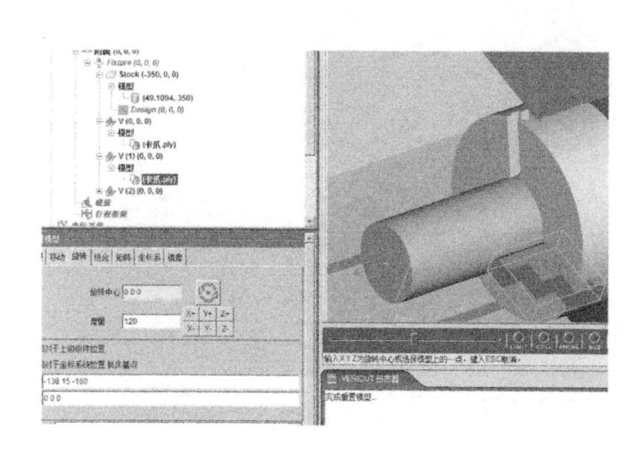

图3-47 设置旋转中心

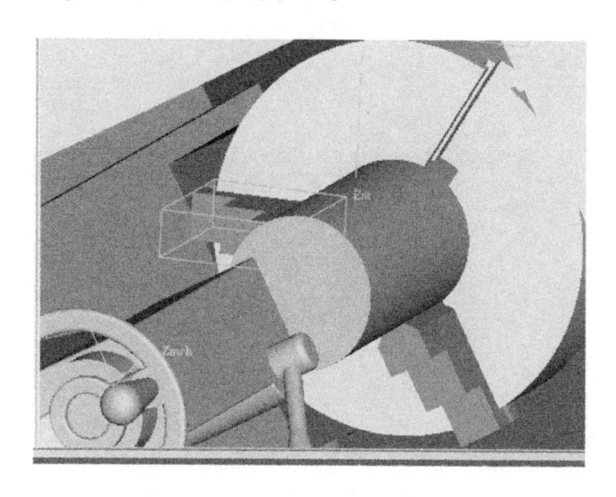

图3-48 调整第二个卡爪位置

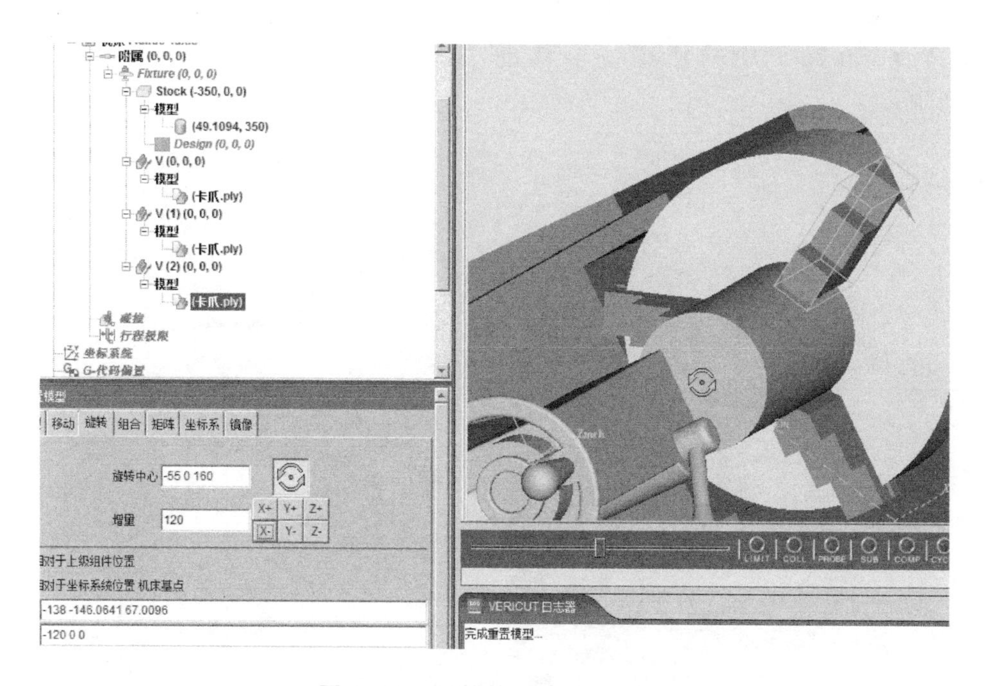

图3-49 调整第三个卡爪位置

然后把卡爪 2 和卡爪 3 中的位置值和角度值都放到对应的线性 V（1）和 V（2）中，如图 3-50 所示。

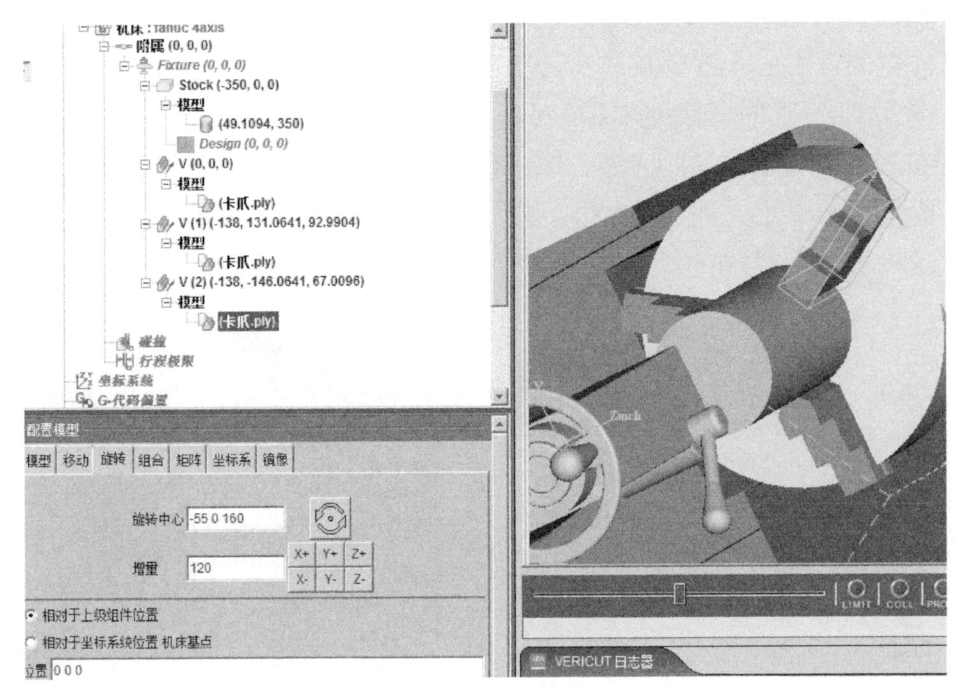

图 3-50　生成的三个卡爪

全都设置好后，可以在“手工数据输入”对话框中，选择 V（V）、V［V（1）］、V［V（2）］中的任意一个移动，查看另外两个卡爪会不会联动，如图 3-51 所示。

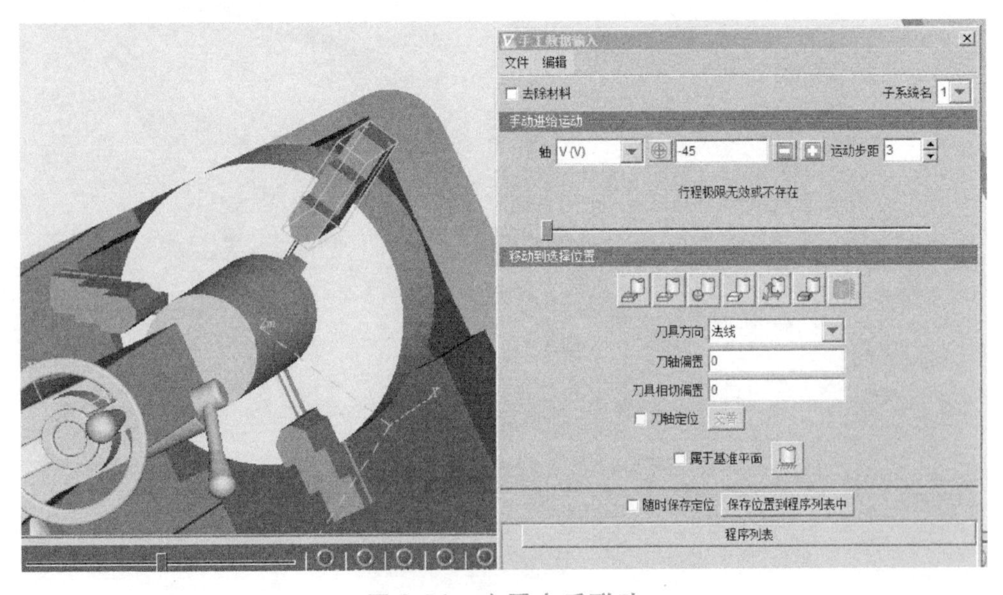

图 3-51　查看卡爪联动

下面建立回转顶尖。单击项目树中的 Fixture 图标，选择配置组件中“添加模型”为“模型文件”，选择“顶尖 . stl”，单击配置模型中的“旋转”选项卡，单击旋转中心按钮，在旋转中心（-55，0，160）下，增量改为 90°，单击“Y-”按钮，在位置文本框中输入“500 0 0”，如图 3-52 所示；然后单击配置模型中的“组合”选项卡，单击顶尖的背面端面，如图 3-53 所示；再单击机床尾座套筒端面，如图 3-54 所示；顶尖就配对到机床尾座套筒里，如图 3-55 所示。

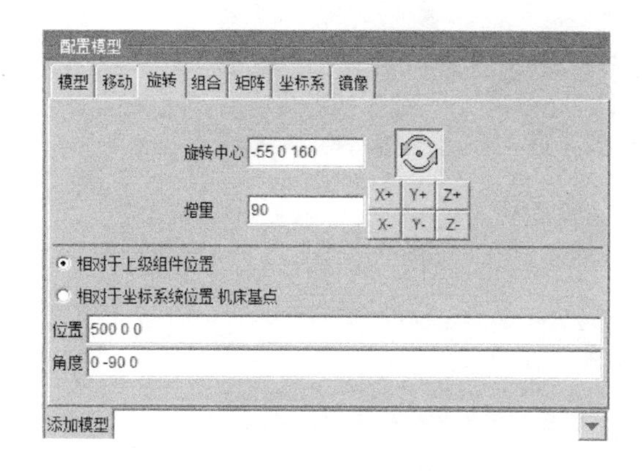

图 3-52 设置旋转中心参数

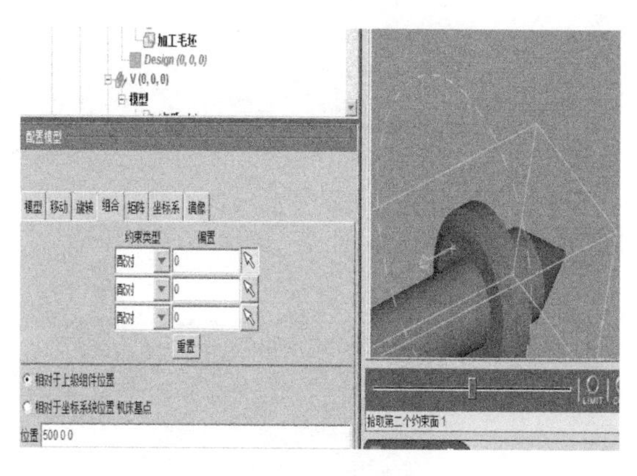

图 3-53 装配顶尖（一）

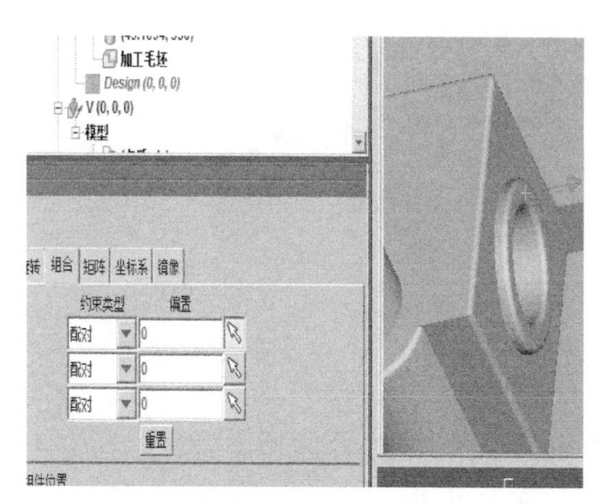

图 3-54 装配顶尖（二）

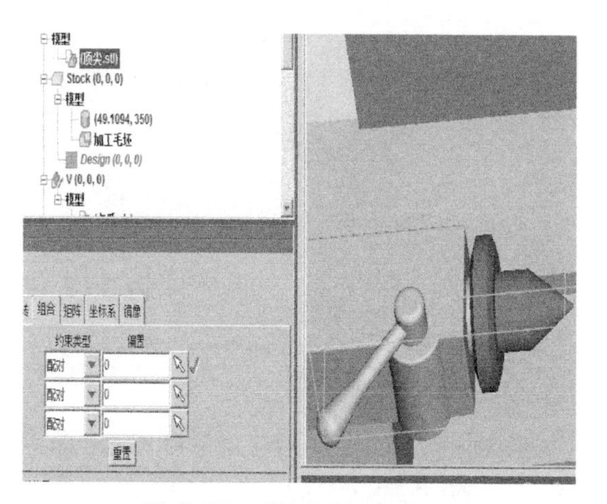

图 3-55 装配顶尖（三）

右击 Fixture 图标，依次选择“添加”→“更多”→“U 线性”，选择配置组件中的运动为“X”，然后把“顶尖 . stl”拖到“线性 U”下面，会发现顶尖变成蓝色，如图 3-56 所示。

设置好后，可以在“手工数据输入”对话框中，选择 U（U），查看顶尖是否向前或向后移动，如图 3-57 所示。

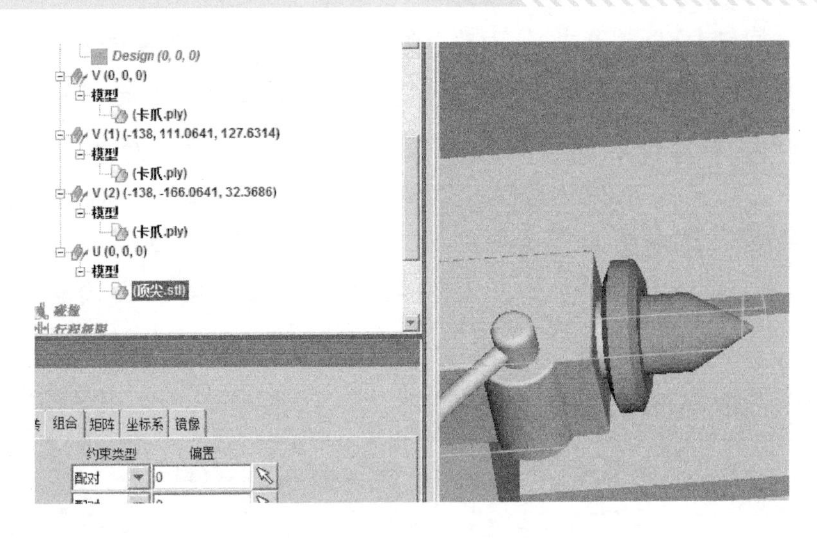

图 3-56　添加线性组件

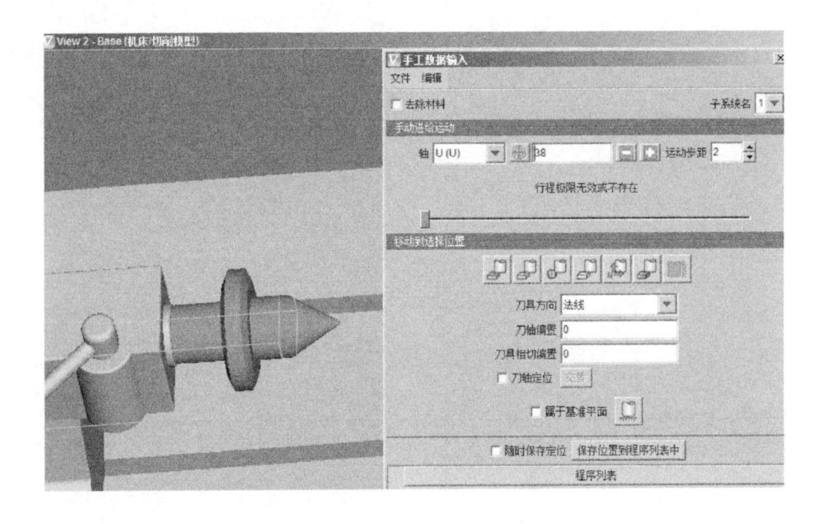

图 3-57　查看顶尖移动

5. 定义刀具

单击“加工刀具”图标，在配置刀具里选择打开刀具库文件“刀具.tls”，双击加工刀具，进入刀具管理器，在这里面可以根据实际刀柄尺寸建立刀柄数据库，这样可以更加贴近实际加工，仿真得更加真实，如图 3-58 所示。

6. 选择程序

单击“数控程序”命令，选择加工程序刀杆 1. txt、刀杆 2. txt、刀杆 3. txt，如图 3-59 所示，在选择程序时过滤器可以选择各种类型的程序，可以导入各种 CAM 软件生成的加工程序，如图 3-60 所示。

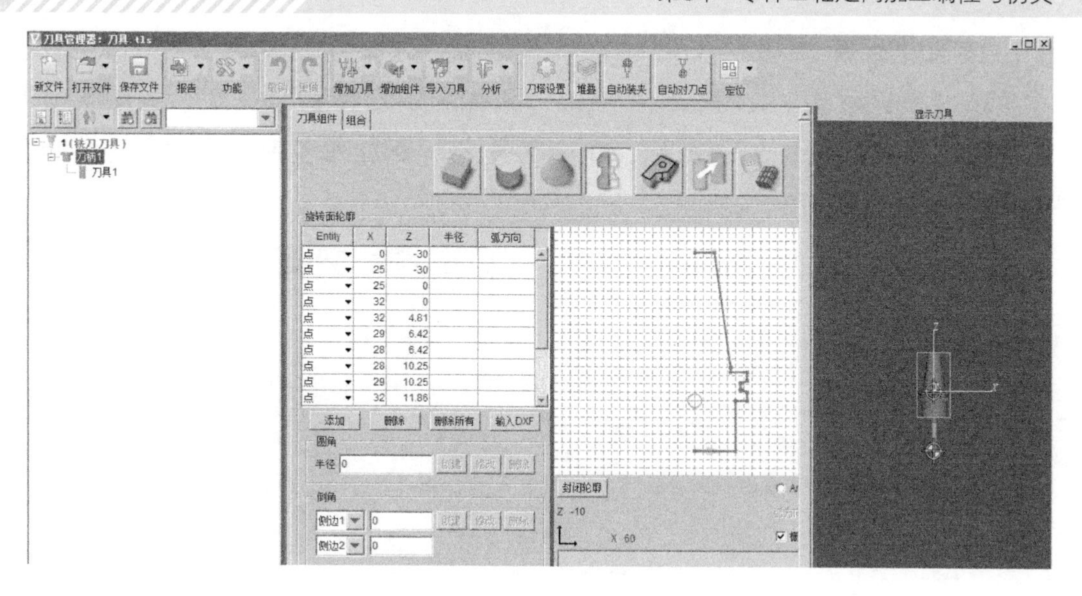

图 3-58 建立刀柄数据库

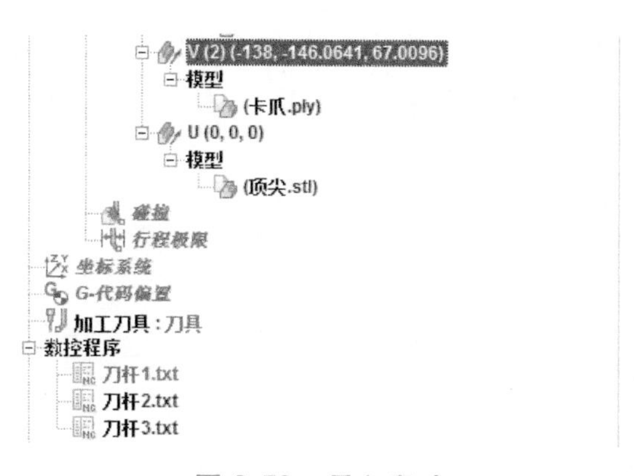

图 3-59 导入程序

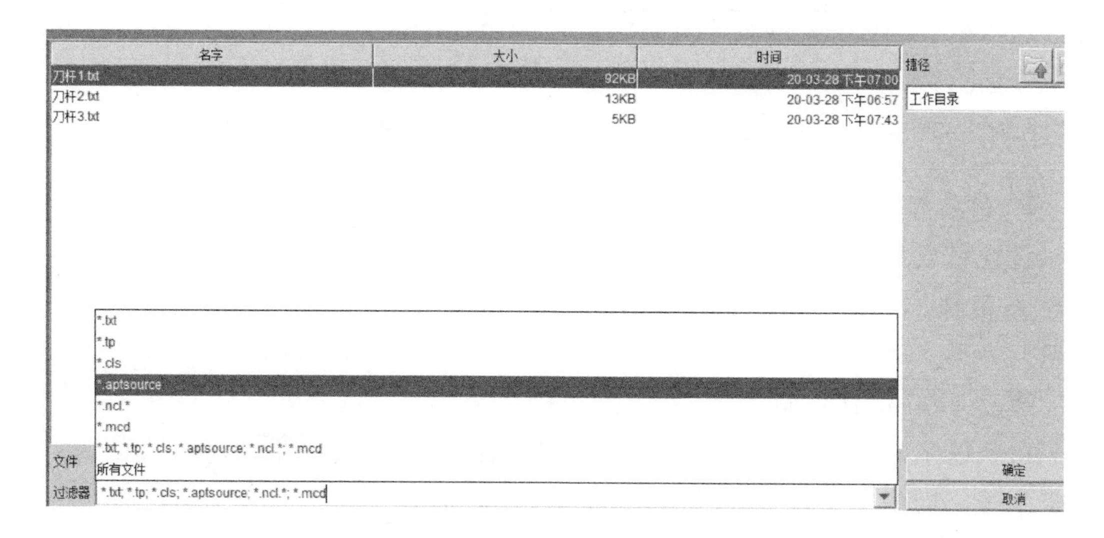

图 3-60 选择程序类型

7. 定义坐标系

单击“坐标系统”图标，再单击“添加新的坐标系”按钮，如图 3-61 所示；单击“G-代码偏置”图标，在“偏置名”下拉列表中选择“程序零点”，如图 3-62 所示，添加坐标系。

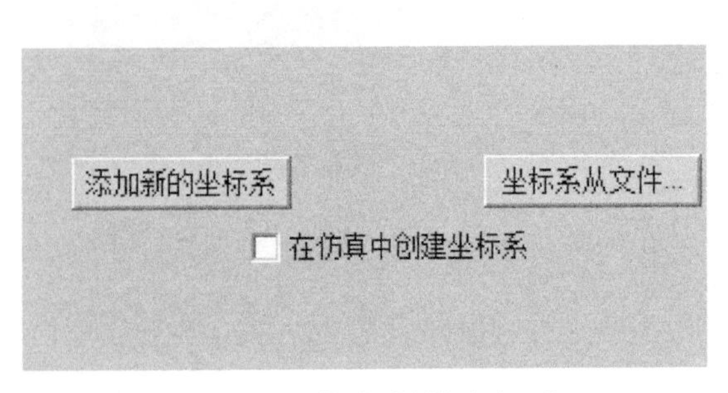

图 3-61 添加新的坐标系

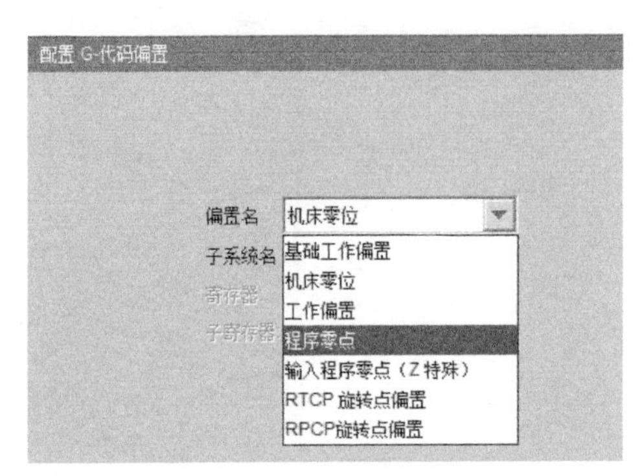

图 3-62 选择“程序零点”选项

选择从“组件”→“Stock”调整到位置右边的箭头，选择毛杯棒料的左端面中心，如图 3-63 所示，再把“调整到位置”由（150，0，0）改成（150，0，107），如图 3-64 所示。

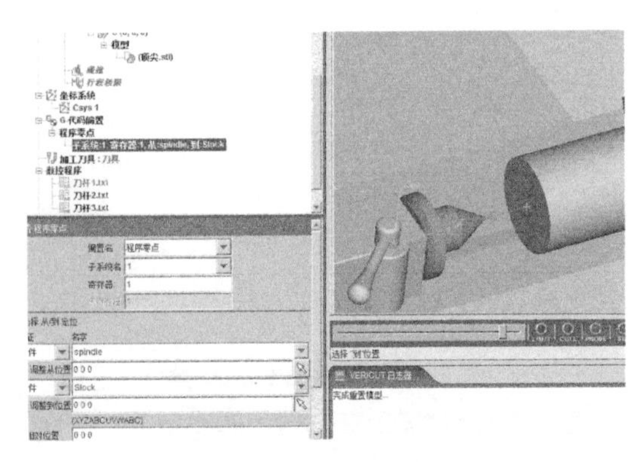

图 3-63 选择毛坯左端面中心

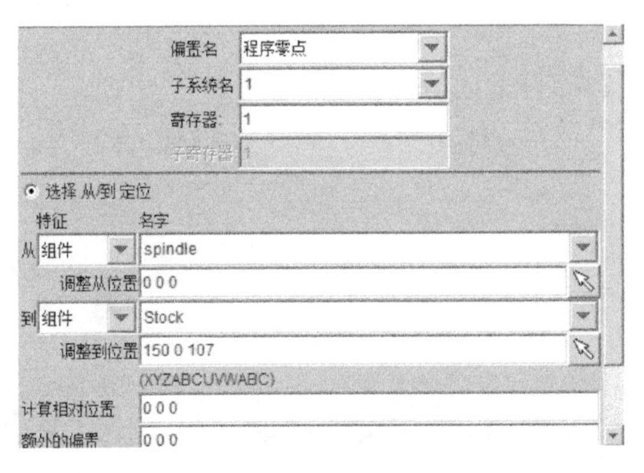

图 3-64 移动毛坯

8. 自动加工

设置完成后，单击“循环启动”图标，启动数控机床自动加工。仿真加工结果如图 3-65 所示。

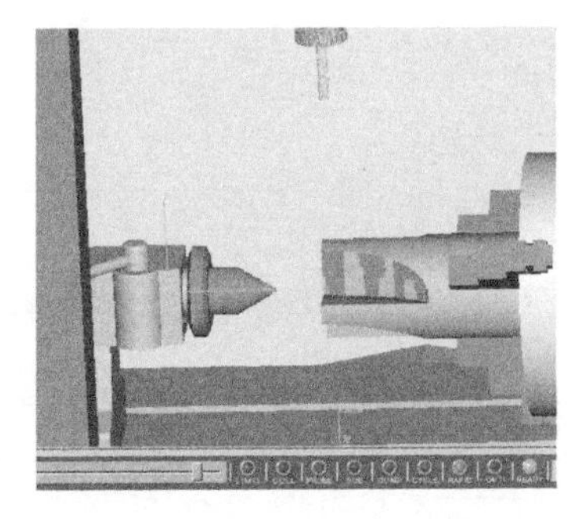

图 3-65 仿真加工结果

通过 Vericut 软件进行程序验证和机床仿真，避免由于程序错误而发生的机床碰撞、超行程、刀具折断等，同时避免空运行试切程序的时间和成本，而且能够确定零件各个加工尺寸的正确性。在程序已经验证无误的情况下，还可以通过优化程序更进一步地提高加工效率，保证加工质量更加稳定。

3.7 学习评价

本章学习完成后，依据表 3-2 考核评价表，采取自评、互评、师评三方进行评价。

表 3-2　考核评价表

评价项目	考核内容	考核标准	配分	自评	互评	师评	总评
任务完成情况评定（80 分）	四轴定向加工方法的理解	正确率 100%　20 分 正确率 80%　16 分 正确率 60%　12 分 正确率<60%　0 分	20				
	加工工艺	正确率 100%　10 分 正确率 80%　8 分 正确率 60%　6 分 正确率<60%　0 分	10				
	生成刀路	正确率 100%　30 分 正确率 80%　24 分 正确率 60%　18 分 正确率<60%　0 分	30				
	仿真加工	规范、熟练　20 分 规范、不熟练　10 分 不规范　0 分	20				
职业素养（20 分）	知识	是否复习	每违反一次，扣 5 分，扣完为止				
	纪律	不迟到、不早退、不旷课、不游戏					
	表现	积极、主动、互助、负责、有改进精神等					
总分							
学生签名			教师签名				

第4章　雕刻柱面图案零件四轴加工实例

【学习目标】

知识目标：

1. 了解四轴加工中心雕刻的用途及方法。
2. 了解多轴加工的常用策略。
3. 掌握 NX 编程软件加工模块的基本操作。
4. 掌握 NX 编程软件中基本参数的设置。

技能目标：

1. 能根据零件加工要求合理安排加工工艺。
2. 能根据零件加工要求合理安排加工刀具。
3. 能根据机床类型正确设置加工原点与安全平面。
4. 会使用 NX 后处理生成程序。
5. 会使用四轴加工中心加工零件。

素质目标：

1. 培养学生具备良好的科学精神和态度。
2. 培养学生自主学习的良好习惯、爱好和能力。
3. 培养学生适宜的受挫折能力，提高学生心理成熟度和提升基本品质。
4. 培养学生依法规范自己行为的意识和习惯。

本章将学习四轴加工中心的联动加工，通过雕刻柱面图案零件加工实例来掌握四轴联动加工的方法。

4.1 加工预览

打开教学资源包文件中的“四轴雕刻 . prt”模型。

在本实例中，将通过图 4-1 所示的零件外圆柱表面图案雕刻加工，来说明 NX10 四轴联动铣削加工的步骤，使读者对四轴联动铣削加工的创建和应用有更深刻的理解，并进一步掌握多轴联动加工参数的意义、设置方法，以及实际应用的技巧。

图 4-1 零件外圆柱表面图案雕刻加工

4.2 模型分析

在本实例中将运用多轴加工中的可变轮廓铣加工操作来完成零件的加工。由模型分析可知，该零件加工的是圆柱外表面的图案，这些图案的加工形状不规则且有多个封闭的轮廓，在每个封闭的轮廓加工完成后都需要抬刀并移动到下个轮廓起始点，直到所有图案加工完成。

4.3 柱面图案加工工艺分析

1. 零件特性分析

零件外圆柱表面图案是在一个圆柱外表面上雕刻龙形的图案，利用四轴加工中心进行加工，本例中零件的具体尺寸：圆柱直径为 80mm，轴向长度是 180mm，图案深度是 0. 1mm。

2. 编程特点和难点分析

1）NX 加工策略的选择。

2）加工图形的选择方法。

3. 加工方案

采用 ϕ1mm 的雕刻刀加工图案。

4.4 利用 NX 软件生成加工刀路

1. 启动 NX 导入雕刻柱面图案零件

启动 NX 软件，单击工具栏“打开文件”按钮，在系统弹出的“打开部件”对话框中定位到“long. prt”文件，单击对话框中的“OK”按钮，雕刻圆柱外表面图案零件被导入 NX，如图 4-1 所示。单击“标准”工具栏“起始”按钮，在弹出的下拉菜单中选择“建模（M）”，进入 NX 的设计环境。

2. 进入加工环境

单击“标准”工具栏“起始”按钮，在弹出的下拉菜单中选择“加工（N）”，进入 NX 的加工环境，系统弹出“加工环境”对话框。在“CAM 会话配置”下拉列表中选择“cam_general”，在“要创建的 CAM 设置”下拉列表中选择“mill_multi-axis”，单击“确定”按钮，完成加工的初始化设置。

3. 确定加工坐标系、工件和安全设置

图 4-2 所示为雕刻柱面图案零件的坐标系。

图 4-2 确定加工坐标系

从图形窗口右边的资源条中选择“工序导航器”，并锁定在图形窗口右边，在工序导航区空白处右击，在弹出的快捷菜单中选择“几何视图”，在几何视图中选择“MCS MILL”，右击并选择“编辑”，系统弹出“Mill Orient”对话框，如图 4-3 所示，把加工坐标系原点移到圆柱零件外表面图案的右端面中心（轴线与端面的交点），*ZM*、*XM*、*YM* 方向均与机床三坐标轴方向一致。

XM 轴指向轴线方向，如图 4-2 所示，NX 加工坐标系初始位置是和零件坐标系重合的，故本例的加工坐标系不用做任何改变就能满足要求。如果加工坐标系不在零件的右端面中心就一定要移到该点。单击“Mill Orient”对话框中的“确定”按钮，完成加工坐标系和安全平面的设置。右击“MCS_MILL”下的

“WORKPIECE（工件）”，并选择“Edit”，系统弹出“铣削几何体”对话框，如图4-4所示，单击“指定部件”按钮，系统弹出“部件几何体”对话框，过滤方法选择“体”，用光标选择图形区的圆柱外表面，如图4-5所示，单击“确定”按钮完成部件的选择；在“铣削几何体”对话框中单击“指定毛坯”按钮，再次选择ϕ80mm×180mm的圆柱体，单击“确定”按钮，完成毛坯的选择。系统回到“铣削几何体”对话框，单击“确定”按钮，完成“WORKPIECE”的设置工作。

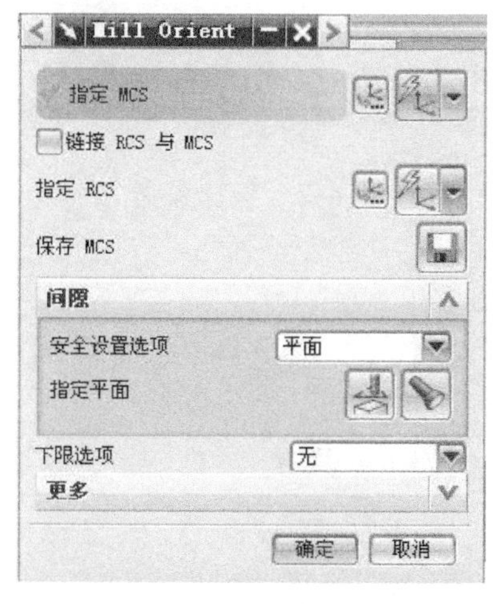

图4-3 “Mill Orient”对话框

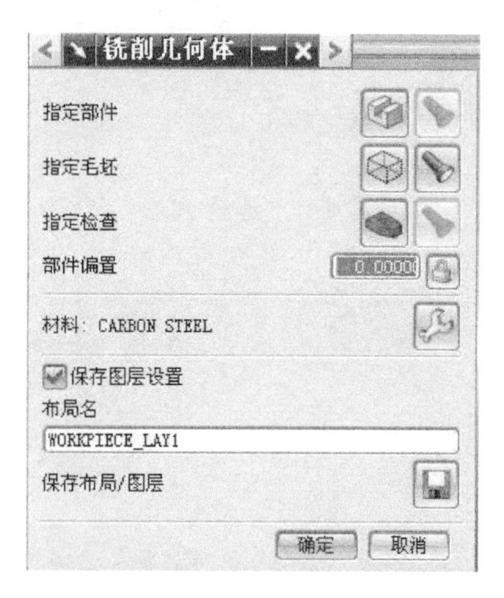

图4-4 “铣削几何体”对话框

图4-5 选择图形区圆柱外表面为部件

建立安全平面，在“MCS”对话框中的“安全设置选项”下拉列表框中选择“圆柱”，指定点选择端面圆心，如图4-6所示；指定矢量选择X轴，如图4-7所示；半径文本框中输入“50”，形成一个包裹住模型的圆柱，如图4-8所示。

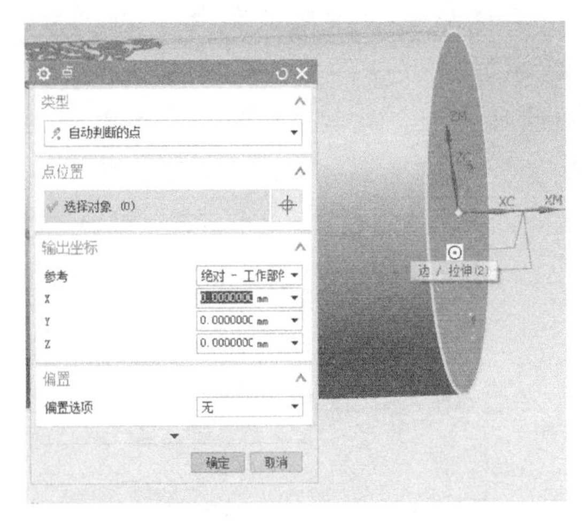

图 4-6　选择圆心

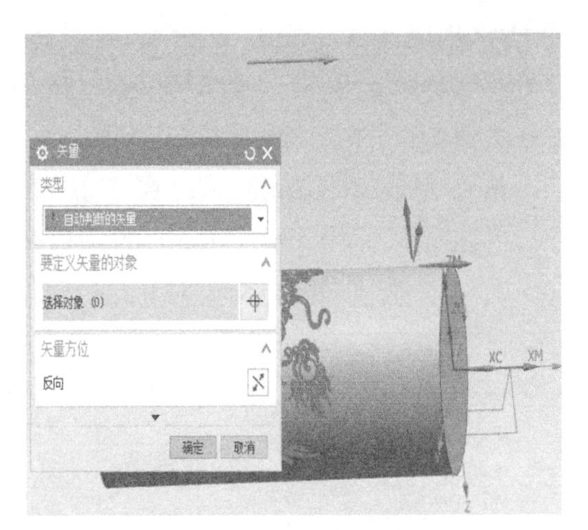

图 4-7　选择矢量

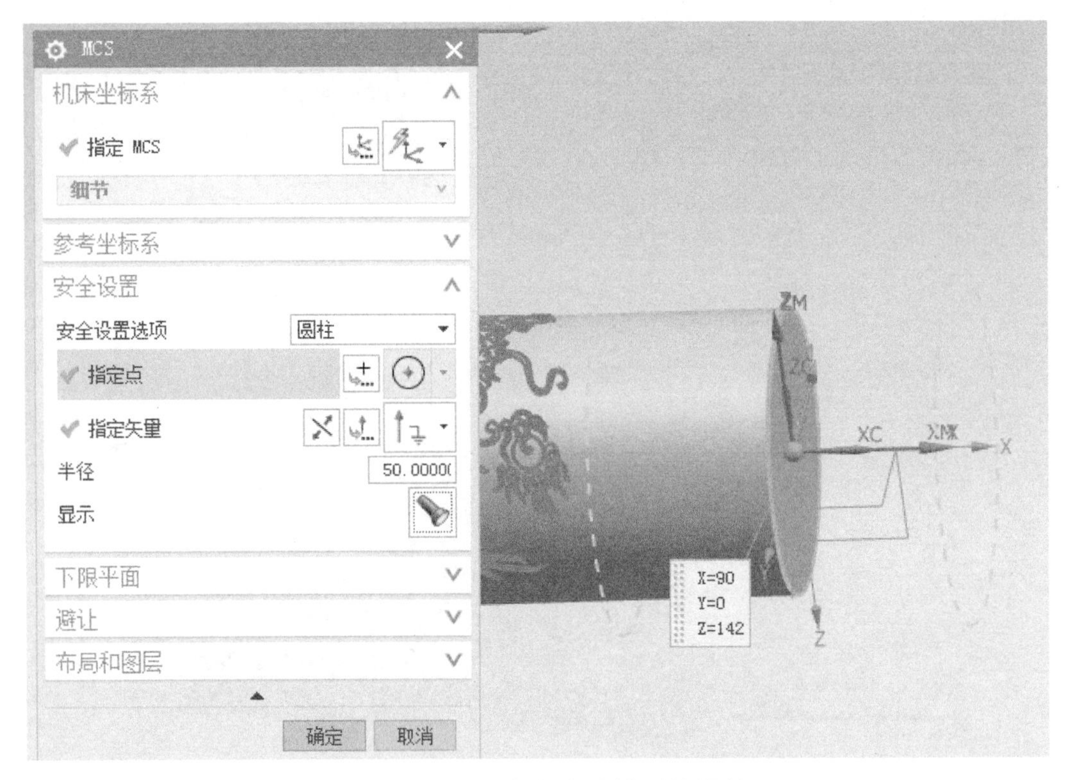

图 4-8　形成一个包裹住模型的圆柱

4. 创建刀具

单击“加工创建”工具栏的“创建刀具”按钮，系统弹出“创建刀具”对话框，选择键槽铣刀，在名称文本框中输入“MILL_1”，如图 4-9 所示，单击“确定”按钮，系统弹出“铣刀参数”对话框，设置刀具直径为 1mm，其他参数按图 4-10 所示设置。

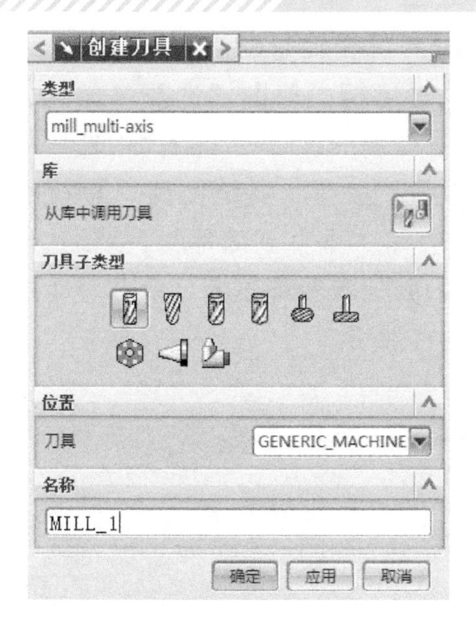

图 4-9 “创建刀具”对话框

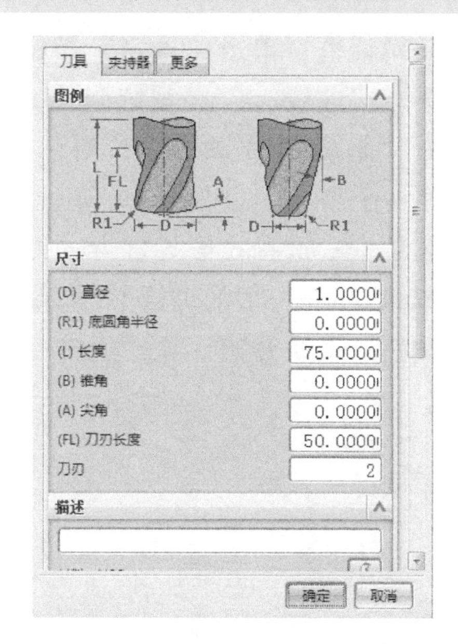

图 4-10 ϕ1mm 键槽铣刀参数设置

5. 创建程序组

在操作导航区空白处右击，在弹出的快捷菜单中选择“程序视图”，单击“加工创建”工具栏的“创建程序”按钮，系统弹出“创建程序”对话框，如图 4-11 所示，类型选择“mill_multi-axis”，程序选择“NC_PROGRAM”，在名称文本框中输入“finish”，单击“应用”按钮，系统生成了一个“FINISH”程序组，单击“确定”按钮，如图 4-12 所示。

图 4-11 “创建程序”对话框

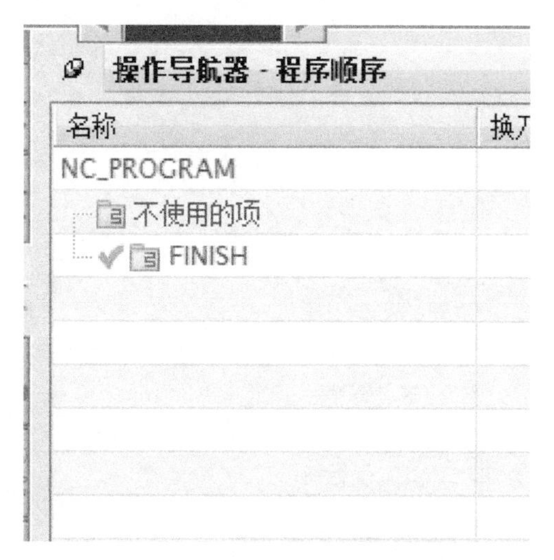

图 4-12 生成的程序组

6. 创建可变轮廓铣（曲线/点）刀路

单击“加工创建”工具栏的“创建操作”按钮，按图 4-13 所示设置“创建操作”对话框；单击“确定”按钮，系统弹出“可变轴轮廓铣”对话框，驱动方式选择“曲线/点”，系统弹出“曲线/点”对话框，单击“选择”按钮，系统弹出“曲线/点驱动方法”对话框，用光标选取曲线，每一个封闭的曲线轮廓要添加一个新集，如图 4-14 所示，单击“确定”按钮，系统回到“可变轮廓铣”对话框；选择投影矢量为“刀轴”，刀轴选择“垂直于部件”。主轴速度设置为 8000r/min，切削进给率改为 100mm/min，其他参数都不变，单击“生成刀路”按钮，系统开始计算并生成刀路，如图 4-15 所示。

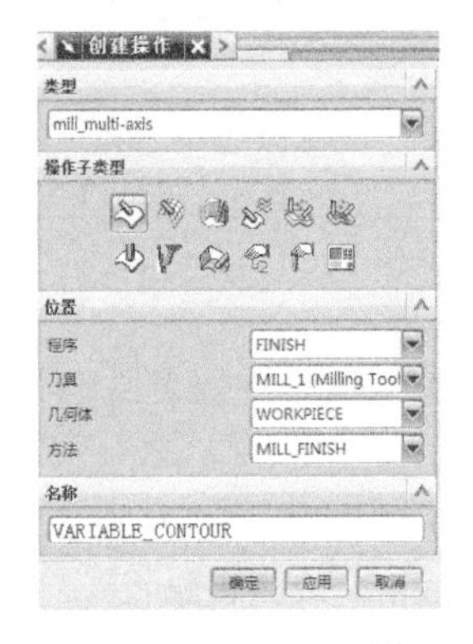

图 4-13 “创建操作”对话框

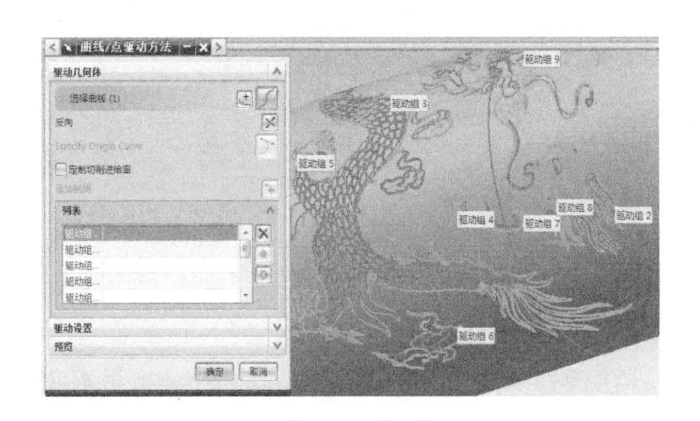

图 4-14 添加驱动组

图 4-15 生成刀路

4.5 柱面图案实际加工过程

1. 毛坯准备

毛坯为 ϕ80mm×180mm 的圆柱，圆柱面和两端面都已经加工到尺寸，不需要再加工。

2. 刀具准备

ϕ10mm 90°数控中心钻。

3. 装夹工件到机床上

装夹时，圆柱体的一端装夹在第四轴的自定心卡盘上，另一端用顶尖顶住，保证圆柱轴线方向与 X 轴方向一致，并且圆柱的轴线与第四轴的回转轴线重合。

4. 加工

（1）启动机床　启动机床电气系统，再启动数控系统，导入由 NX 软件生成的加工程序到系统。

（2）建立工件坐标系　通过对刀，把工件坐标系建立在圆柱的左端面中心，即左端面与第四轴回转轴线的交点，再把 X 轴坐标原点移动到右端面上。

（3）加工　装上 ϕ10mm 90°数控中心钻到刀柄上，把刀柄装到机床主轴上，导入加工程序，按“机床自动循环”按钮，机床进入加工。注意机床的进给倍率，如果需要适当调整；程序加工结束后观察工件，如果有问题，查找原因；如果没有问题，就可以加工了。

（4）检查柱面图案深度　如果深度过浅，则在坐标系中把 Z 轴向下平移一点（在 0.05mm 之内）；如果有问题，需要查找原因。

图 4-16 所示为实际加工的零件。

图 4-16　实际加工的零件

感兴趣的读者可以用 Vericut 软件对零件进行仿真加工。

4.6 学习评价

本章学习完成后，依据表 4-1 考核评价表，采取自评、互评、师评三方进行评价。

表 4-1 考核评价表

评价项目	考核内容	考核标准	配分	自评	互评	师评	总评
任务完成情况评定（80 分）	四轴加工中心的联动加工策略的理解	正确率 100% 20 分 正确率 80% 16 分 正确率 60% 12 分 正确率<60% 0 分	20				
	加工工艺	正确率 100% 10 分 正确率 80% 8 分 正确率 60% 6 分 正确率<60% 0 分	10				
	生成刀路	正确率 100% 30 分 正确率 80% 24 分 正确率 60% 18 分 正确率<60% 0 分	30				
	仿真加工	规范、熟练 20 分 规范、不熟练 10 分 不规范 0 分	20				
职业素养（20 分）	知识	是否复习	每违反一次，扣 5 分，扣完为止				
	纪律	不迟到、不早退、不旷课、不游戏					
	表现	积极、主动、互助、负责、有改进精神等					
总分							
学生签名			教师签名				

第5章 手指开瓶器的四轴加工与仿真

【学习目标】

知识目标：

1. 了解手指开瓶器的用途。
2. 掌握编程软件的建模模块。
3. 掌握多轴编程的加工策略。
4. 掌握 NX 编程软件加工模块的基本操作。
5. 掌握 NX 加工模块中的基本参数设置。

技能目标：

1. 能根据零件加工要求合理安排加工工艺。
2. 能根据零件加工要求合理安排加工刀具。
3. 能根据机床类型正确设置加工原点与安全平面。
4. 会使用 NX 后处理生成程序。
5. 会使用 Vericut 仿真软件对零件进行仿真加工。

素质目标：

1. 培养学生具备良好的科学精神和态度。
2. 培养学生自我学习的良好习惯、爱好和能力。
3. 培养学生适宜的受挫折能力，提高学生心理成熟度和提升基本品质。
4. 培养学生依法规范自己行为的意识和习惯。

本章将通过一个实用零件的加工来介绍可变轮廓铣加工方法。

5.1 加工预览

打开教学资源包文件中的“手指开瓶器 . prt”模型。

在本实例中，将通过图 5-1 所示的手指开瓶器的加工，来说明 NX10 四轴联动加工的方法，使读者对四轴加工的多种方法有更深刻的理解，并进一步掌握多轴定向加工参数的意义、设置方法，以及实际应用的技巧。图 5-2 所示为手指开瓶器的实际应用。

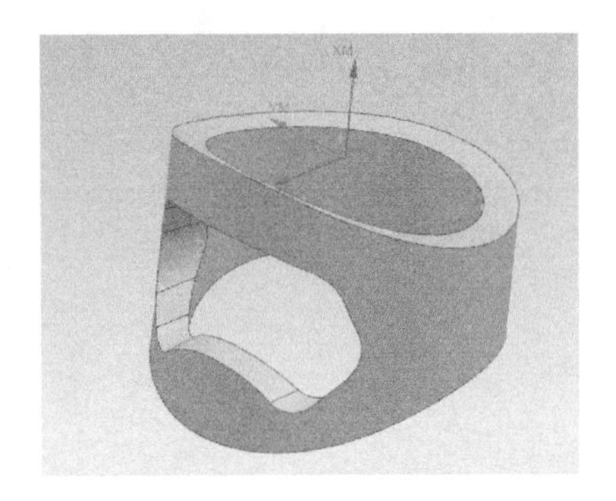

图 5-1 手指开瓶器

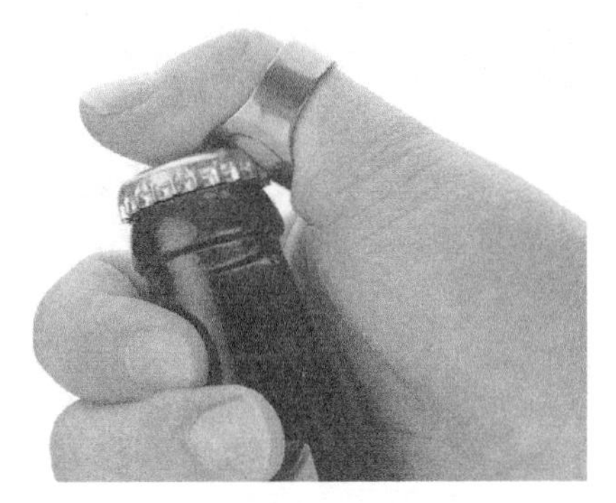

图 5-2 手指开瓶器的实际应用

5.2 模型分析

在本实例中将运用可变轮廓铣加工方法来完成零件的加工。由模型分析可知，该零件有型腔内轮廓和外轮廓需要加工，在加工这些轮廓时需要四轴联动加工。

5.3 加工工艺规划

1. 零件特性分析

该手指开瓶器是三维立体图，利用四轴加工中心加工，本例中零件的具体尺寸：圆柱直径为25mm，内孔直径为20mm，轴向长度为150mm，材料是不锈钢。

2. 编程特点和难点分析

1）NX加工策略、刀轴和投影矢量的选择。

2）加工图形的选择方法。

3. 加工方案

1）用ϕ4mm的球头铣刀从左端向右端粗加工。

2）用ϕ4mm的球头铣刀精加工。

5.4 NX加工步骤

手指开瓶器的四轴加工——生成刀路

1. 启动NX导入手指开瓶器零件

启动NX程序，单击工具栏上的“打开文件”按钮，在系统弹出的“打开部件”对话框中定位到“手指开瓶器.prt”文件，单击对话框中的“OK”按钮，手指开瓶器零件被导入NX，如图5-1所示。单击“标准”工具栏“起始”按钮，在弹出的下拉菜单中选择“建模（M）”，进入NX的设计环境。

建立毛坯，如图5-3所示，然后单击毛坯并右击在快捷菜单中选择“隐藏”。

2. 进入加工环境

单击“标准”工具栏“起始”按钮，在弹出的下拉菜单中选择“加工（N）”，进入NX的加工环境，系统弹出“加工环境”对话框。在“CAM会话配置”下拉列表中选择“cam_general”，在“要创建的CAM设置”下拉列表中选择“mill_multi-axis”，单击“确定”按钮，完成加工的初始化设置。

3. 确定加工坐标系、工件和安全平面

图5-4所示为手指开瓶器零件加工坐标系，以左端面中心为坐标系原点。

在四轴分度头上夹持后，工件伸出太长铣削时刚性不好，工件伸出太短铣削时刀柄会和卡爪发生干涉，所以工件伸出长度定在70mm左右。

*ZM*轴、*XM*轴、*YM*轴轴线方向与机床坐标系*X*轴、*Y*轴、*Z*轴方向一致，如图5-4所示。

建立安全平面，在“MCS铣削”对话框中“安全设置选项”下拉列表框中选择“圆柱”，指定点选择端面圆心，指定矢量选择X轴，半径文本框中输入“15”，形成一个包裹模型的圆柱，如图5-5所示。

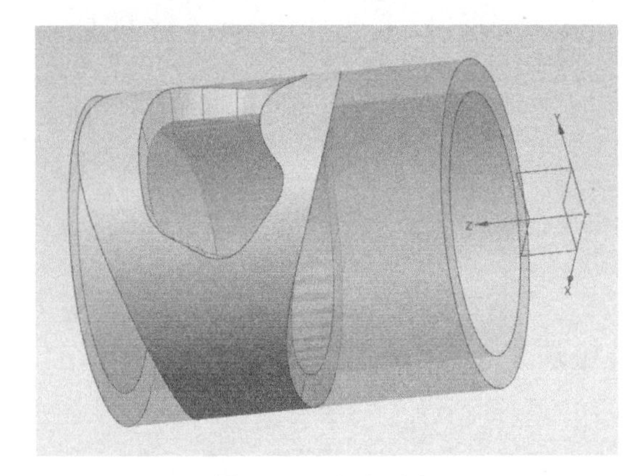

图 5-3 建立毛坯

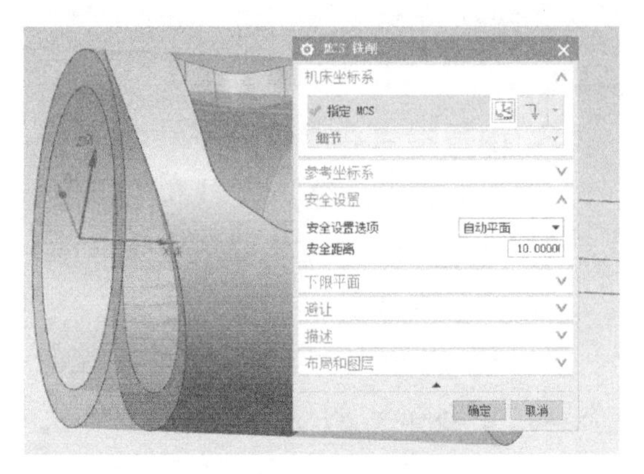

图 5-4 建立加工坐标系

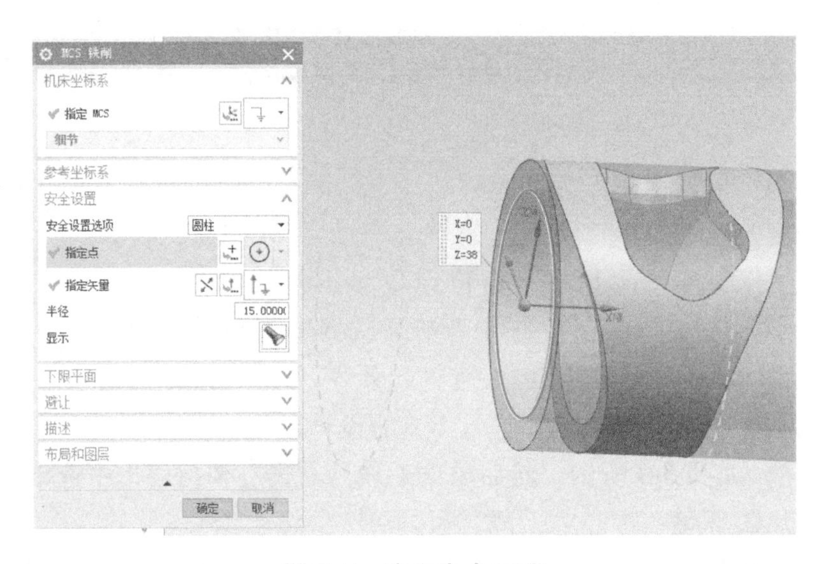

图 5-5 建立安全平面

4. 创建刀具

单击“加工创建”工具栏的“创建刀具”按钮，系统弹出“创建刀具”对话框，选择键槽铣刀，在名称文本框中输入“4”，单击“确定”按钮，系统弹出“铣刀-5 参数”对话框，设置刀具直径为 4mm，其他参数按图 5-6 所示设置。

5. 创建程序组

在操作导航区空白处右击，在弹出的快捷菜单中选择“程序视图”，单击“加工创建”工具栏的“创建程序”按钮，系统弹出“创建程序”对话框，如图 5-7 所示，类型选择“mill_multi-axis”，程序选择“NC_PROGRAM”，在名称文本框中输入“finish”，单击“应用”按钮，系统生成了一个“FINISH”程序组，单击“确定”按钮，如图 5-8 所示。

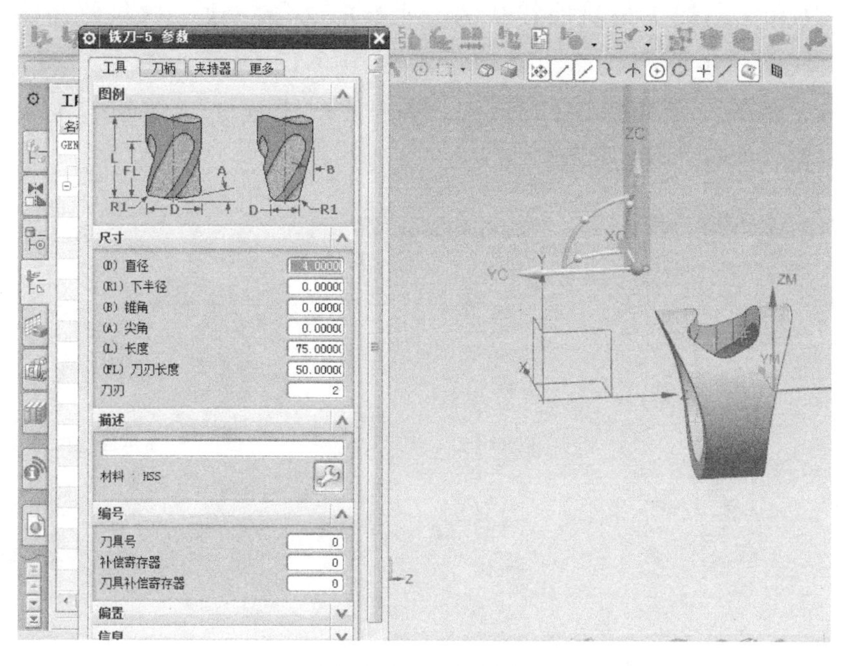

图 5-6 创建刀具

图 5-7 “创建程序”对话框

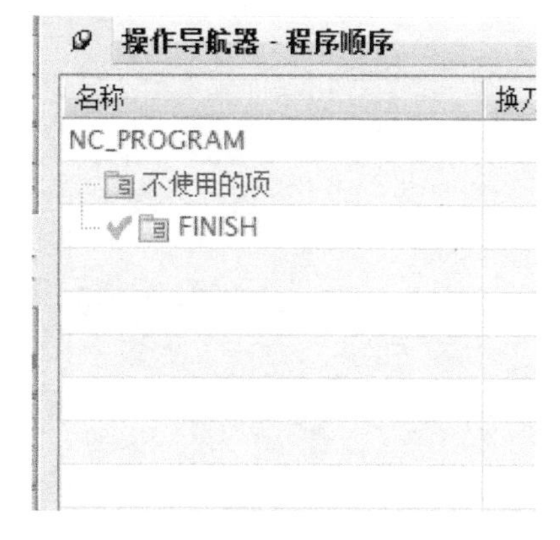

图 5-8 生成的程序组

6. 创建可变轮廓铣（流线）刀路

由于这个零件左右端和中间内轮廓都是要加工的，所以加工顺序应该是从左到右加工，最后零件从棒料上切下来。

首先创建左侧加工刀路，单击“加工创建”工具栏的“创建工序”按钮。

按图 5-9 所示设置“创建工序”对话框；单击“确定”按钮，系统弹出“可变轮廓铣”对话框，其中几何体选择“MCS_MILL”，方法选择“MILL-FINISH”，指定部件选择左端面，驱动方法选择“流线”，如图 5-10 所示，系统弹出“ 流线”对话框，选择左端面外圆曲线作为流曲线 1，左端面内孔曲线作为流曲线 2，注意流曲线 1 与流曲线 2 的箭头指向必须一致，材料侧箭头向外，切削方向从上往下，步距数为 8，驱动设置如图 5-11 所示，单击“确定”按钮。投影矢量与刀轴的设置如图 5-12 所示。单击“生成程序”按钮，生成左侧端面程序及其刀路，如图 5-12 所示。

图 5-9 “创建工序”对话框

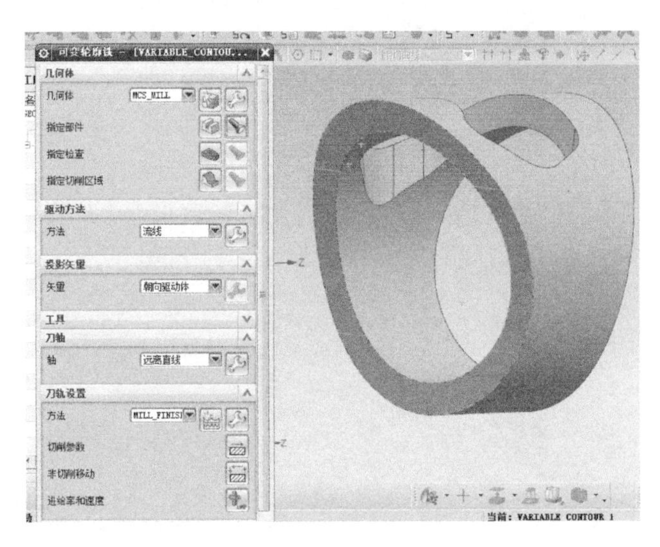

图 5-10 “可变轮廓铣”对话框设置

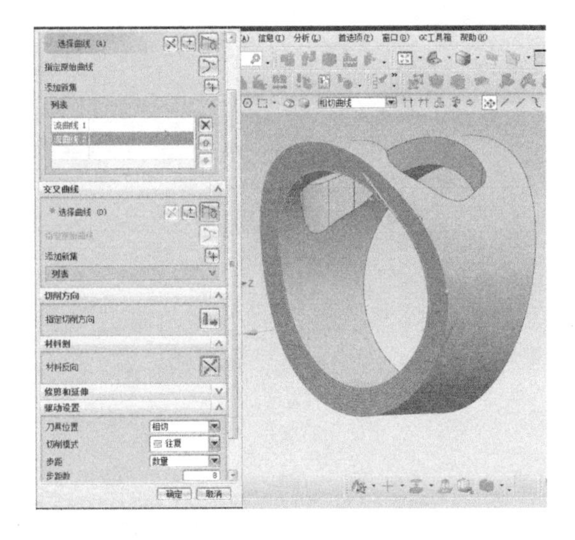

图 5-11 流线方法中的驱动设置

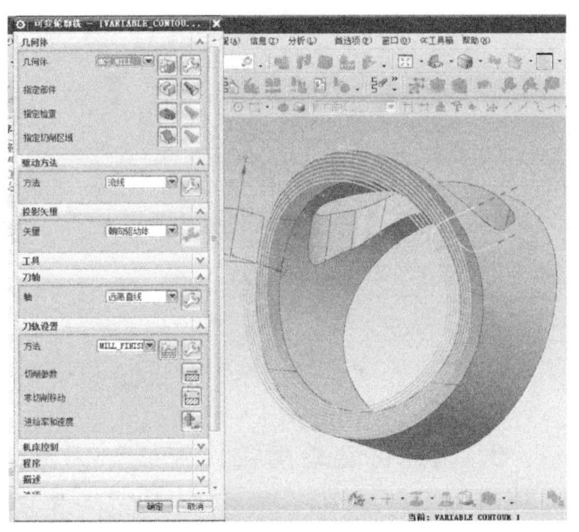

图 5-12 投影矢量与刀轴的设置

右侧端面程序用相同的方法生成，生成的刀路如图 5-13 所示。

最后生成中间内轮廓刀路。创建可变轮廓铣刀路，驱动方法选择“流线”，系统弹出“流线”对话框，选择顶层内轮廓作为流曲线 1，添加新集选择底层内轮廓作为流曲线 2，注意流曲线 1 与流曲线 2 的箭头指向必须一致，材料侧箭头向外，切削方向从上往下，步距数为 10，单击“确定”按钮返回上级对话框，设置投影矢量，选择刀轴，设置刀轴选择“远离直线”，直线选择 *XM* 轴，如图 5-14 所示，最后单击“生成刀路”按钮，生成的内轮廓刀路如图 5-15 所示。

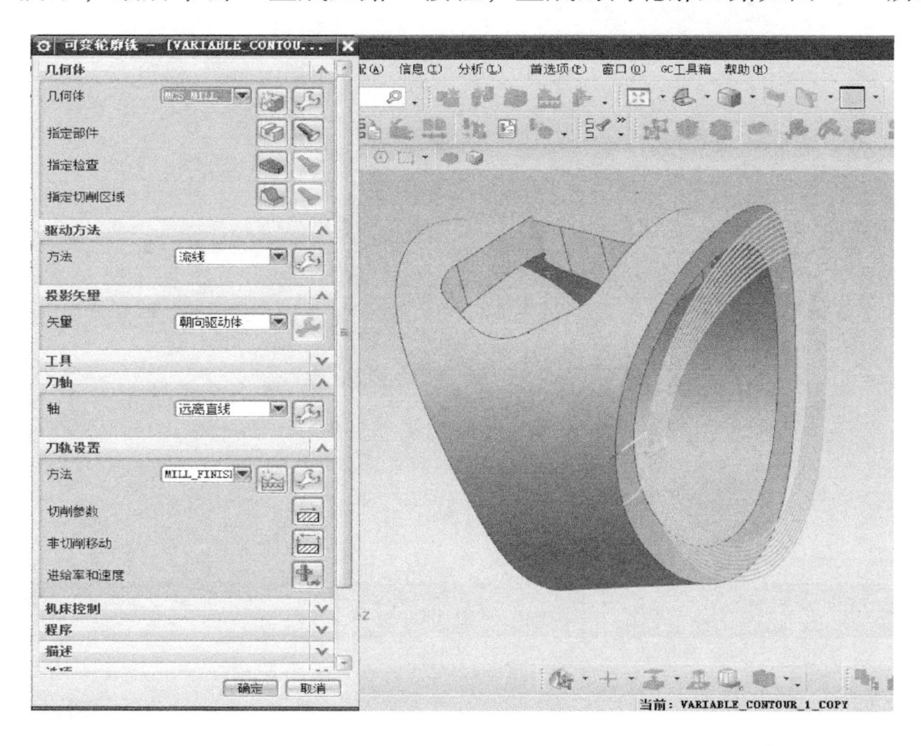

图 5-13　右侧端面刀路

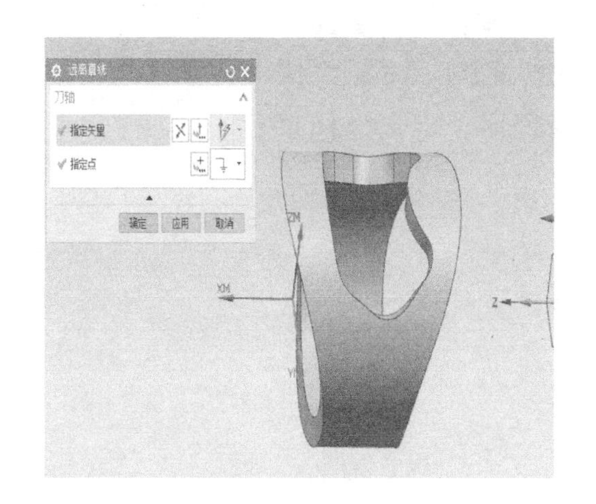

图 5-14　设置刀轴

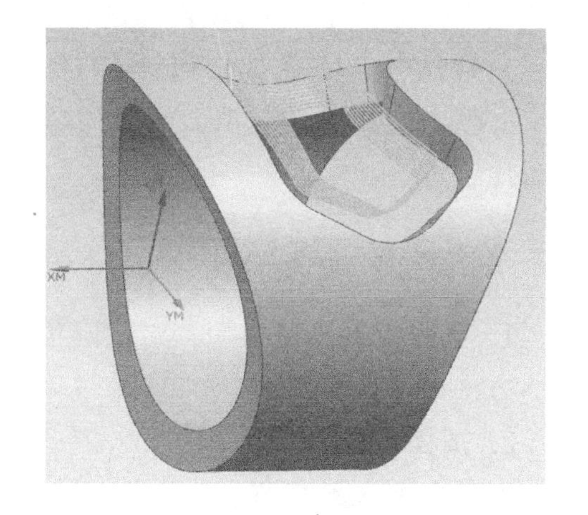

图 5-15　生成中间内轮廓刀路

7. 后处理生成程序

选择 3 个加工刀路后处理生成一个程序，如图 5-16 所示。

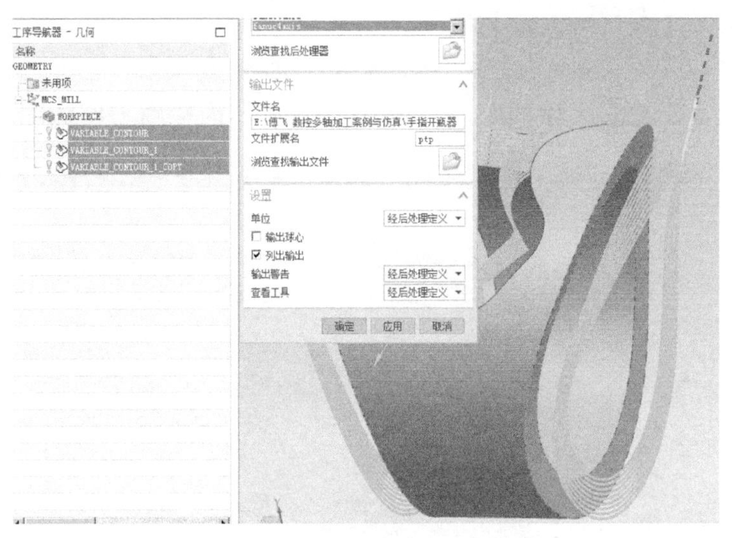

图 5-16　后处理生成程序

5.5 Vericut 仿真加工

5.5.1 提出任务与分析任务

手指开瓶器的四轴定向加工仿真——Vericut 仿真加工

提出任务：用 Vericut 软件进行手指开瓶器零件的仿真加工。

分析任务：仿真加工过程包括选择控制系统、选择机床、定义毛坯、定义活动卡爪、定义刀具、选择程序、定义坐标系、自动加工等。

5.5.2 任务实施

1. 选择控制系统

方法参考 3.6.2 节。

2. 选择机床

方法参考 3.6.2 节。

3. 定义毛坯

单击"毛坯" Stock (0, 0, 0)图标，选择配置组件中"添加模型"为"模型文件"，选择"finger. stl"，如图 5-17 所示；单击配置模型中的"旋转"标签如图 5-18 所示，在增量文本框中输入"90"，单击一下"Y-"按钮；再在位置文本框中输入“0 0 0”，如图 5-19 所示。机床视图中的毛坯如图 5-20 所示。

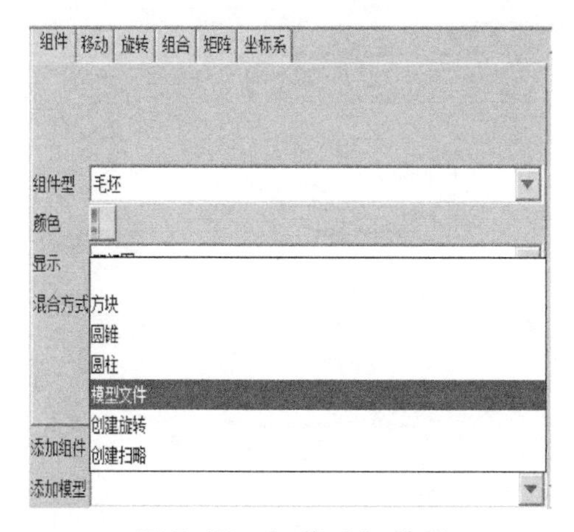

图 5-17　加载毛坯模型

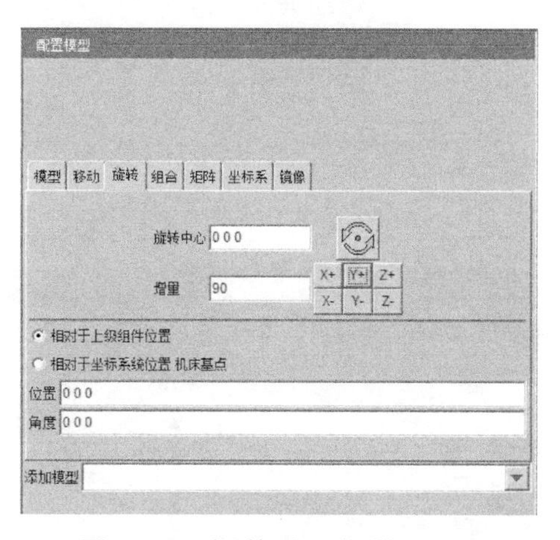

图 5-18　调整毛坯位置（一）

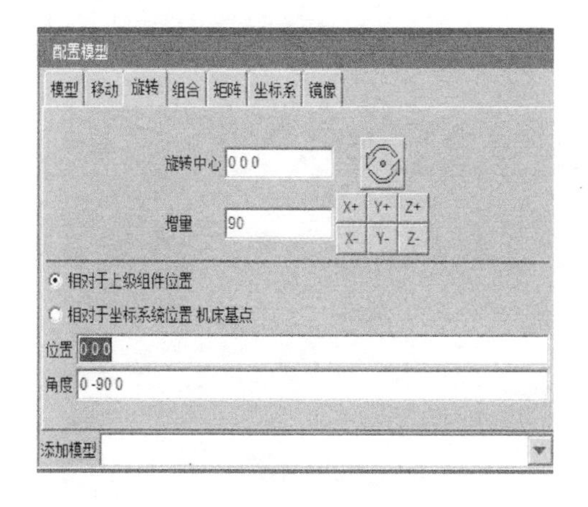

图 5-19　调整毛坯位置（二）

图 5-20　机床视图中的毛坯

4. 定义活动卡爪

只有更加贴近实物的仿真才能精确检查出是否有碰撞，所以需要建立活动的自定心卡盘。

单击项目树中的 Fixture 图标，选择配置组件中“添加模型”为“模型文件”，选择“卡爪 . ply”，在配置模型的“位置”文本框中输入“-138 55 -160”，如图 5-21 所示；再右击 Fixture 图标依次选择“添加”→“更多”→“V 线性”，如图 5-22 所示。在配置组件中选择运动为“Y”，然后把卡爪拖到“线性 V”下面，会发现卡爪变成蓝色了。然后把圆柱毛坯移动到卡盘前面，单击 Stock 调整好伸出长度位置（-40，0，0），然后单击卡爪调整位置到（-138，49，-160），卡爪夹紧面与圆柱毛坯面接触，现在一个卡爪设置好了，如图 5-23 所示。下面准备复制这个卡爪生成第二个和第三个卡爪。

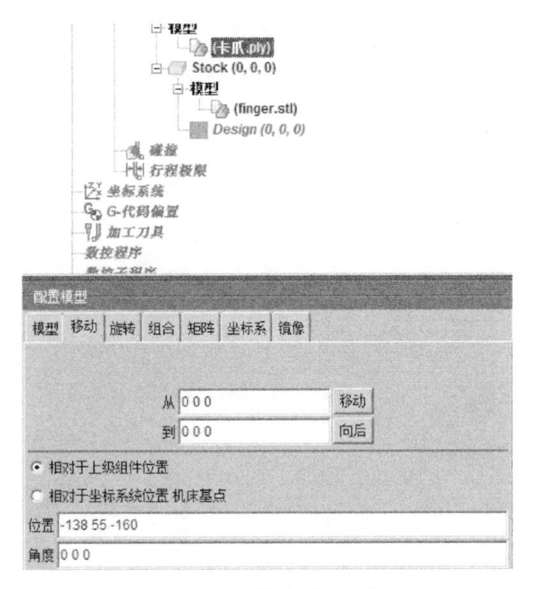

图 5-21　设置卡爪位置参数

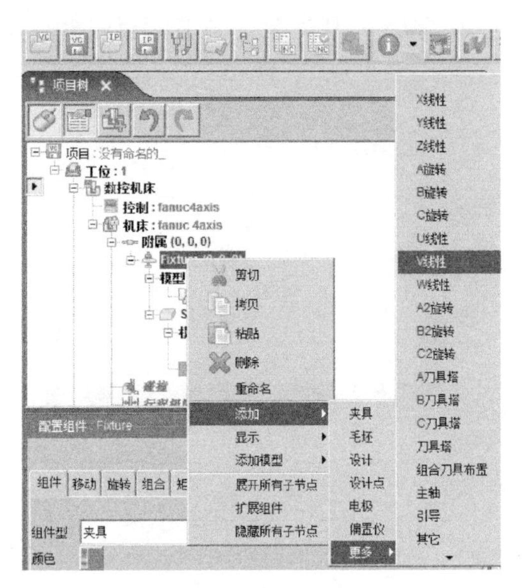

图 5-22　添加线性组件

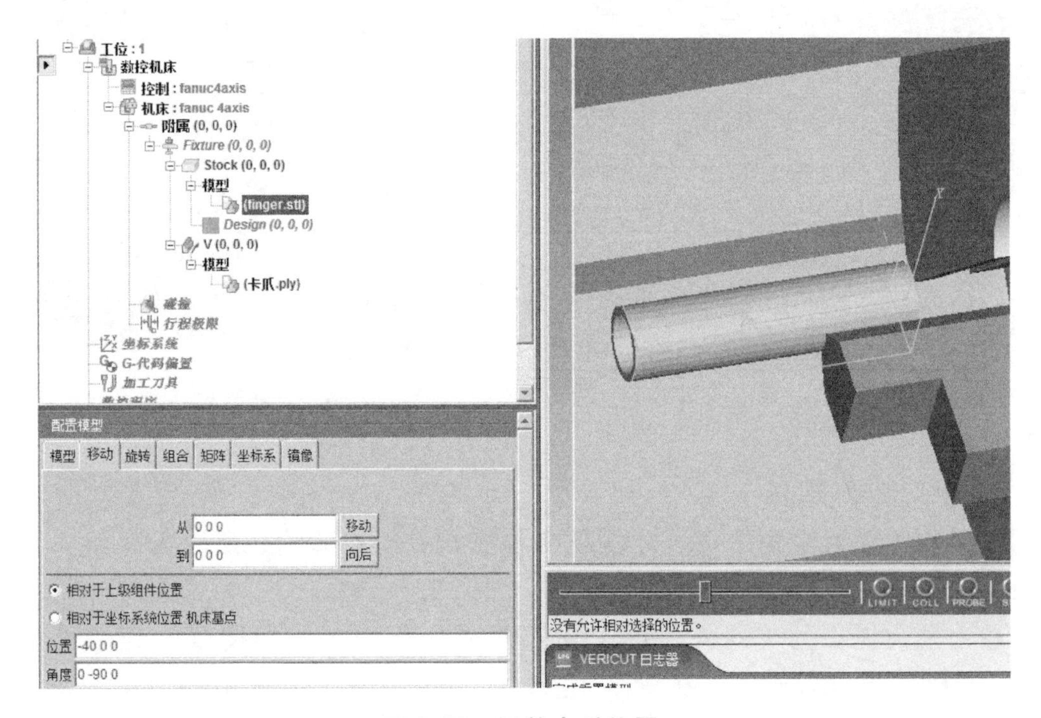

图 5-23　调整卡爪位置

右击“V 线性”然后选择“复制”，再单击 Fixture 粘贴两次，分别生成卡爪 2 和卡爪 3，再单击 V（1）第二个卡爪，选择配置组件里的“旋转”，在旋转中心文本框中输入“5 0 160”，然后单击“旋转中心”按钮，再单击 V（1）下的模型“卡爪 . ply”，在配置模型中选择“旋转”，单击“旋转中心”按钮，在旋转中心（5，0，160）下，增量改为“120”，单击“X+”按钮，生成第二个卡爪，如图 5-24 所示。用同样的方法，把第三个卡爪也设置好，不同的是单击“X-”按钮，生成第三个卡爪，如图 5-25 所示。

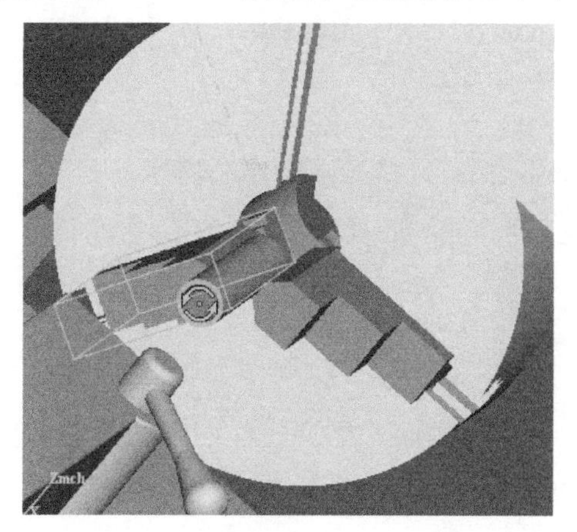

图 5-24 调整第二个卡爪位置

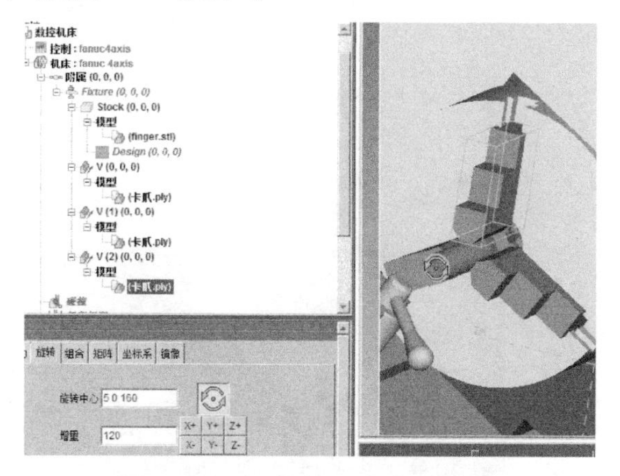

图 5-25 调整第三个卡爪位置

然后把卡爪 2 和卡爪 3 中的位置值和角度值都放到对应的线性 V（1）和 V（2）中，如图 5-26 所示。

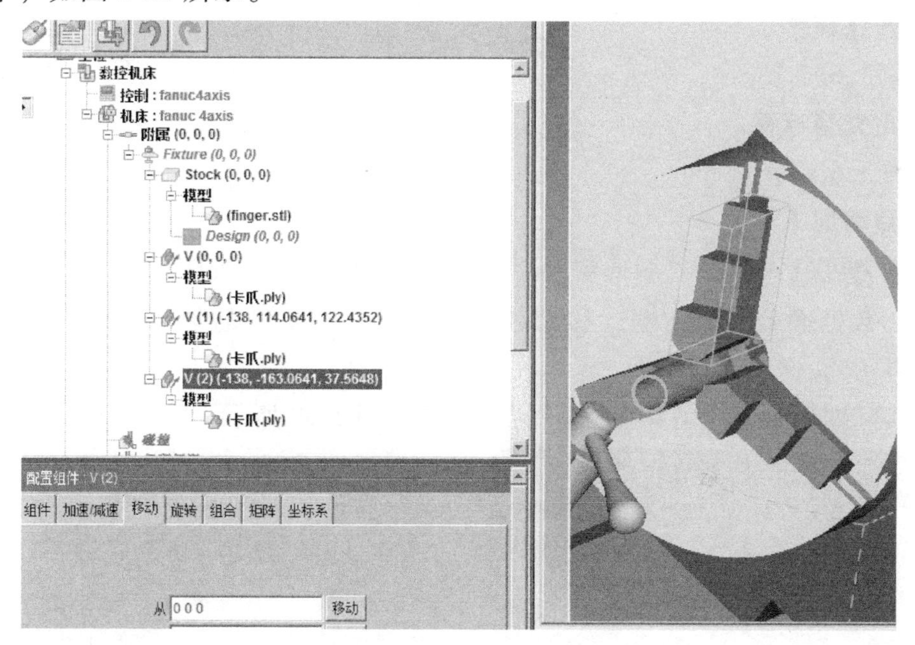

图 5-26 调整位置值和角度值

全都设置好后，可以在“手工数据输入”对话框中，选择 V(V)、V(V(1))、V(V(2)) 中的任意一个移动，查看另外两个卡爪会不会联动，如图 5-27 所示。

5. 定义刀具

参考 3.6.2 节。

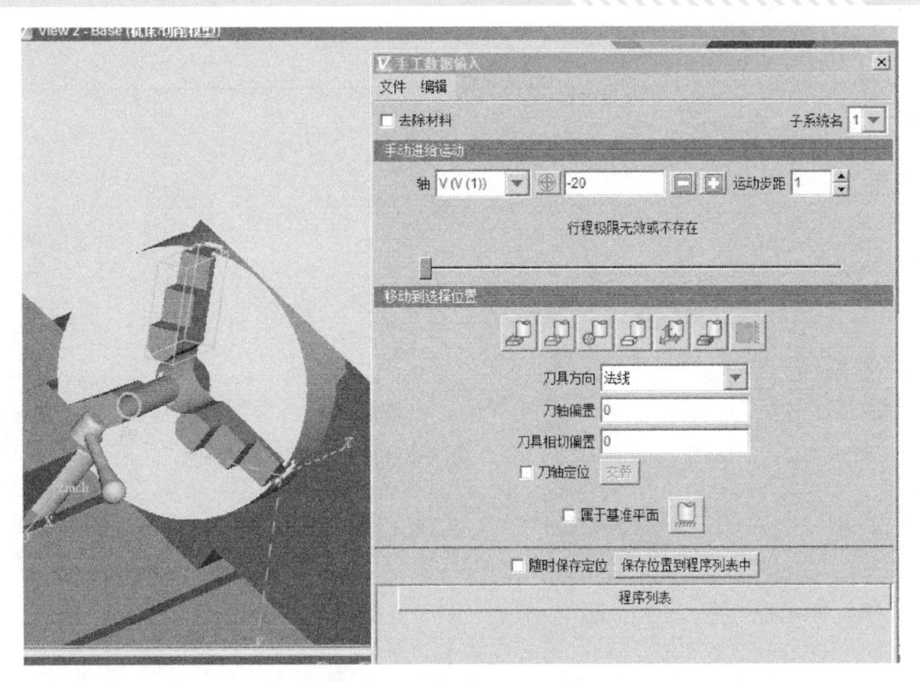

图 5-27　查看卡爪联动

6. 选择程序

参考 3.6.2 节。

7. 定义坐标系

参考 3.6.2 节。

8. 自动加工

设置完成后，单击“循环启动”图标，启动数控机床自动加工，然后进入“手工数据输入”对话框，移动 *A* 轴到视图比较清楚的地方。仿真加工结果如图 5-28 所示。

在实际四轴加工中心中加工好的实物图如图 5-29 所示。

图 5-28　仿真加工结果

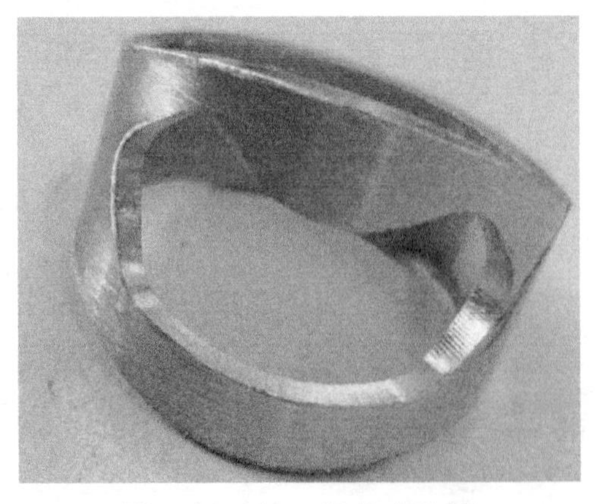

图 5-29　加工好的实物图

5.6 学习评价

本章学习完成后，依据表 5-1 考核评价表，采取自评、互评、师评三方进行评价。

表 5-1 考核评价表

评价项目	考核内容	考核标准	配分	自评	互评	师评	总评
任务完成情况评定（80 分）	四轴加工中心的联动加工策略的理解	正确率 100% 20 分 正确率 80% 16 分 正确率 60% 12 分 正确率<60% 0 分	20				
	加工工艺	正确率 100% 10 分 正确率 80% 8 分 正确率 60% 6 分 正确率<60% 0 分	10				
	生成刀路	正确率 100% 30 分 正确率 80% 24 分 正确率 60% 18 分 正确率<60% 0 分	30				
	仿真加工	规范、熟练 20 分 规范、不熟练 10 分 不规范 0 分	20				
职业素养（20 分）	知识	是否复习	每违反一次，扣 5 分，扣完为止				
	纪律	不迟到、不早退、不旷课、不游戏					
	表现	积极、主动、互助、负责、有改进精神等					
总分							
学生签名			教师签名				

第6章 花瓣轴的四轴加工与仿真

【学习目标】

知识目标：

1. 了解四轴加工中心的加工范围。
2. 掌握编程软件的建模模块。
3. 掌握多轴编程的加工策略。
4. 掌握 NX 编程软件加工模块的基本操作。
5. 掌握 NX 加工模块中基本参数的设置。

技能目标：

1. 能根据零件加工要求合理安排加工工艺。
2. 能根据零件加工要求合理安排加工刀具。
3. 能根据机床类型正确设置加工原点与安全平面。
4. 会使用 NX 后处理生成程序。
5. 会使用 Vericut 仿真软件对零件进行仿真加工。

素质目标：

1. 培养学生具备良好的科学精神和态度。
2. 培养学生自主学习的良好习惯、爱好和能力。
3. 培养学生适宜的受挫折能力，提高学生心理成熟度和提升基本品质。
4. 培养学生依法规范自己行为的意识和习惯。

6.1 加工预览

在本实例中，将通过图 6-1 所示花瓣轴零件的加工，来说明 NX10 可变轴轮廓铣加工的步骤，使读者对可变轴曲面轮廓铣加工的创建和应用有更深刻的理解，并进一步掌握可变轴轮廓铣加工参数的意义、设置方法，以及实际应用的技巧。

图 6-1　花瓣轴零件

6.2 模型分析

在本实例中将运用可变轴曲面轮廓铣加工操作完成零件曲面部分的精加工。由模型分析可知，该零件由四部分扭曲对称的曲面组成，这些曲面的加工精度要求较高，在加工时这些曲面无法用固定刀轴的加工完成，因此采用可变轴曲面轮廓铣操作完成加工。

6.3 加工工艺规划

加工工艺的规划包括加工工艺路线的制订、加工方法的选择和加工工序的划分。根据该零件的特征和 NX10 的加工特点，整个零件的加工分成以下工序：

（1）粗加工零件各个叶面部分　该零件具有旋转对称的特性，因此首先运用可变轴曲面轮廓铣粗加工一个叶面曲面，根据零件的尺寸和要加工的曲面特点，选择刀具 D12。

（2）精加工零件的整体曲面　运用可变轴曲面轮廓铣精加工完成曲面的加工。根据零件的尺寸和要加工的曲面特点，选择刀具 D10R5。

各工序具体的加工对象、加工方式、驱动方法和加工刀具见表 6-1。

表 6-1　加工对象、加工方式、驱动方法和加工刀具

工序	加工对象	加工方式	驱动方法	加工刀具
1	粗加工零件叶面部分曲面	可变轴曲面轮廓铣	曲线/点	D12
2	精加工零件其他叶面	可变轴曲面轮廓铣	曲面	D10R5

6.4 进入 NX 设计环境

1. 生成粗加工辅助线

首先单击“标准”工具栏“起始”按钮，在弹出的下拉菜单中选择“建模（M）”，进入 NX 的设计环境。

先在右端台阶面创建草图，如图 6-2 所示，然后单击“投影曲线”图标，把端面外轮廓曲线投射到草图上，如图 6-3 所示。

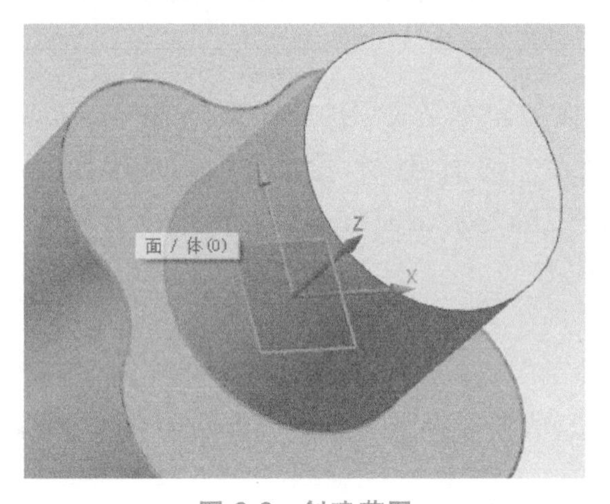

图 6-2　创建草图

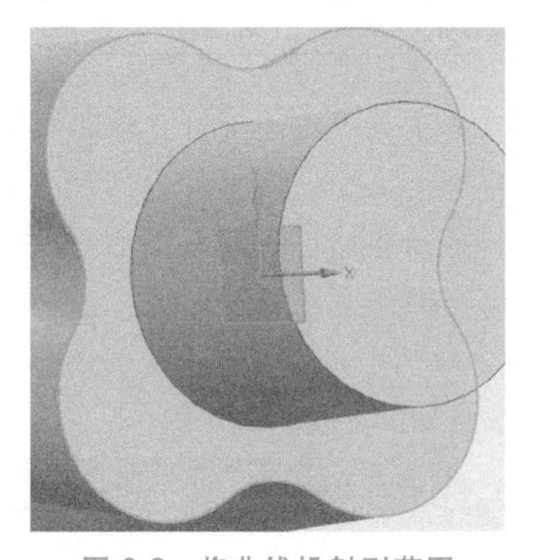
图 6-3　将曲线投射到草图

在 X 轴负方向创建一条直线，并双向偏置两条直线，距离是 8.6mm，如图 6-4 所示，然后修剪一下，并隐藏掉其他的曲线，只留下当中一段圆弧，如图 6-5 所示。

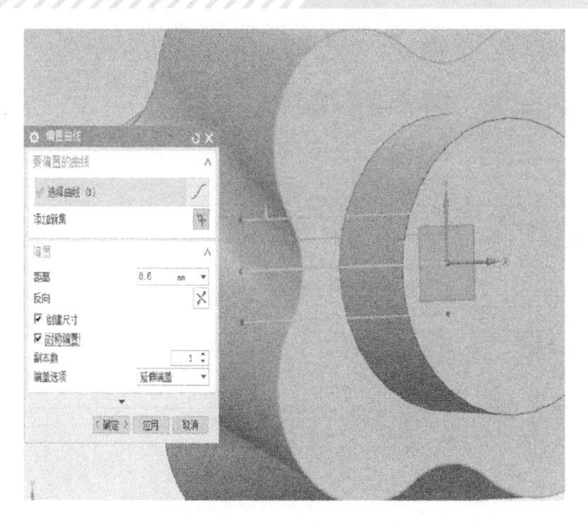

图 6-4 偏置两条直线

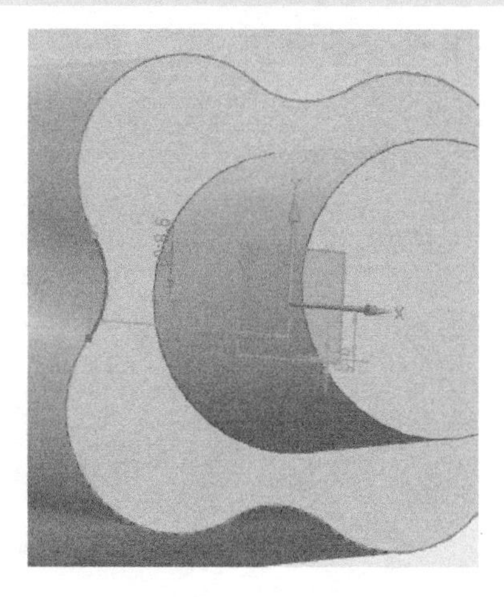

图 6-5 修剪曲线

用相同的方法在左端台阶面也生成这样一条相对应的圆弧，如图 6-6 所示。

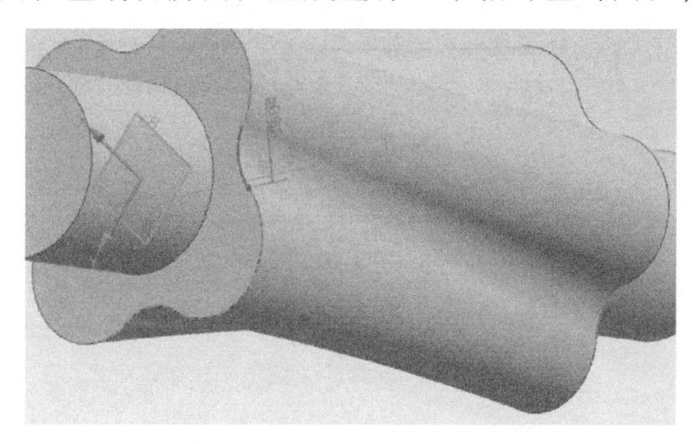

图 6-6 左端台阶面生成圆弧

单击“直纹曲面”直纹图标，截面线串 1 与截面线串 2 分别选择前面生成的两条圆弧，并且箭头方向必须一致，如图 6-7 所示，单击“确定”按钮。

单击“投影曲线”投影曲线图标，分别选择曲面的两条长边曲线投射到这个曲面

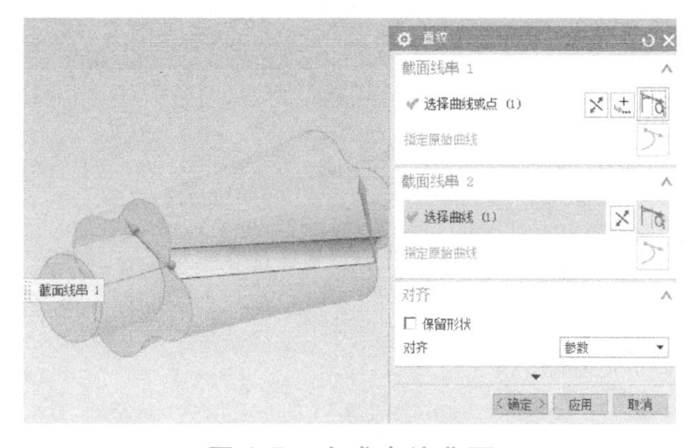

图 6-7 生成直纹曲面

上，其他参数默认设置，如图 6-8 所示，单击“确定”按钮。

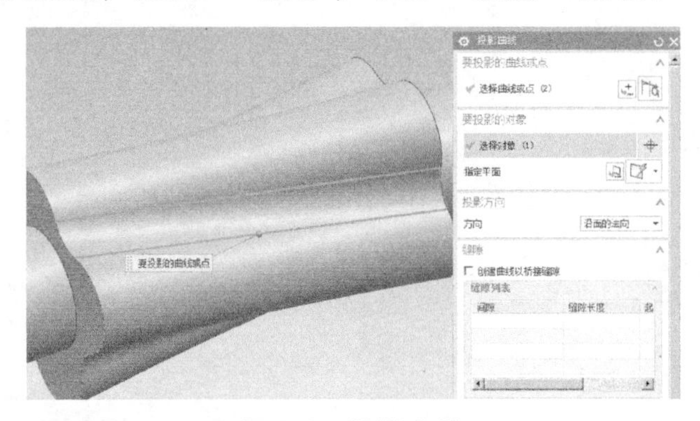

图 6-8　投影曲线

单击“在面上偏置曲线” 在面上偏置曲线 图标，创建这两条投影曲线的一条中线，偏置距离是 8.6mm，如图 6-9 所示。

图 6-9　偏置曲线（一）

再单击“在面上偏置曲线” 在面上偏置曲线 图标，创建第二条和第三条粗加工辅助线，分别单击上、下两条投影曲线，向外侧偏置，偏置距离是 2mm，如图 6-10 所示。

图 6-10　偏置曲线（二）

2. 创建毛坯

在零件左端面或右端面创建草图，绘制一个圆，直径是 100mm，拉伸距离是 160mm，如图 6-11 所示，单击“确定”按钮。

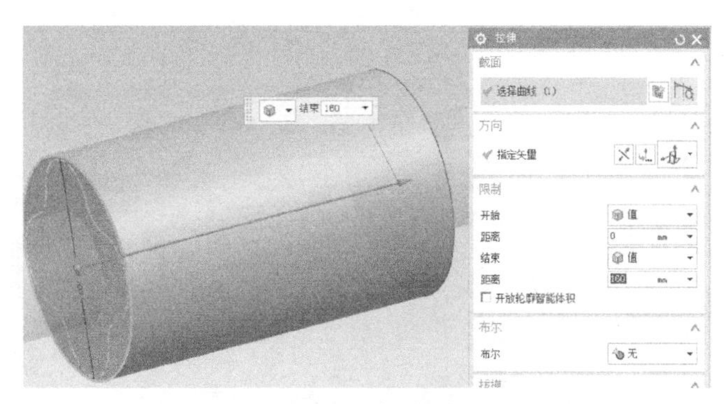

图 6-11　创建毛坯

单击创建的毛坯体，按<Ctrl+J>键设置毛坯体的透明度，这样可以方便观察模型，如图 6-12 所示，右击选择“隐藏”。

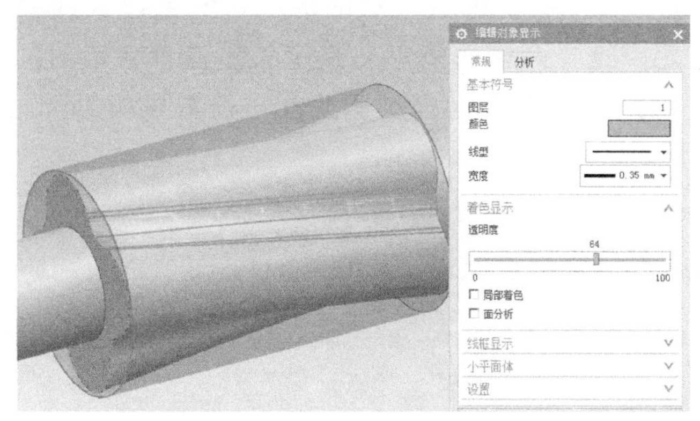

图 6-12　设置毛坯体的透明度

6.5 NX 加工步骤

1. 进入加工环境

在“开始”菜单选择“加工”命令，或使用快捷键<Ctrl+Alt+M>，进入加工模块，系统弹出“加工环境”对话框。在“要创建的 CAM 设置”列表框中选择“mill_multi-axis”模块，单击“确定”按钮，完成加工的初始化设置。

2. 设置父节点组

（1）设置加工坐标系　在“导航器”工具栏中，单击“几何视图”按钮，将工序导航器切换到“几何视图”。双击“MCS_MILL”，系统弹出“MCS 铣削”对话框，单击“指定 CSYS”按钮，然后在左端面圆心创建加工坐标系原点，各个轴的方向与机床坐标轴方向一致，如图 6-13 所示，单击“确定”按钮，完成加工坐标系的设置。

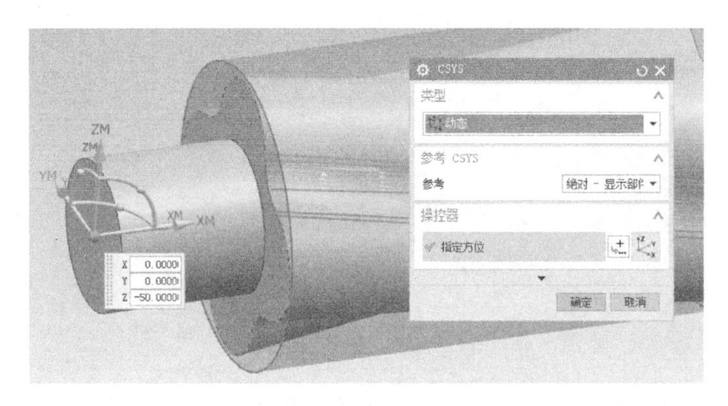

图 6-13　设置加工坐标系

(2) 安全设置　在“MCS 铣削”对话框中，安全设置选项选择下拉列表框中的“圆柱”，指定点选择左端面中心，指定矢量选择 *XM* 轴，半径文本框中输入“60”，单击“确定”按钮，完成安全设置，如图 6-14 所示。

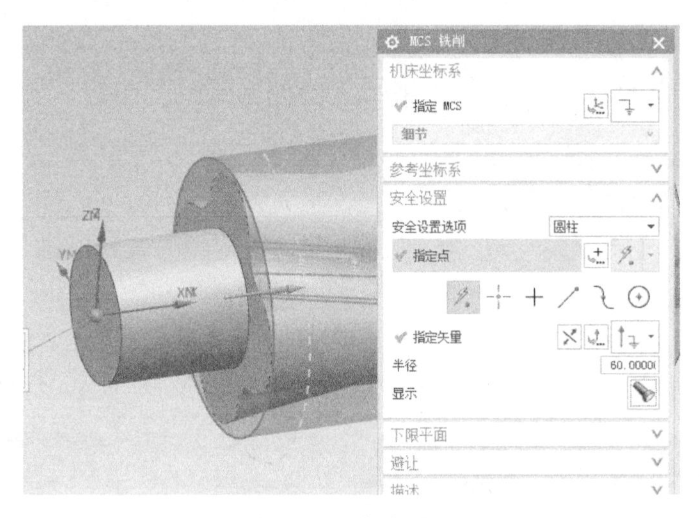

图 6-14　安全设置

(3) 创建工件几何体　双击 MCS_MILL 下的 Workpiece，系统弹出“工件”对话框。单击“指定部件”按钮，弹出“部件几何体”对话框。框选模型，单击“确定”按钮，完成工件几何体的创建。

(4) 创建毛坯几何体　在“铣削几何体”对话框中，单击“指定毛坯”按钮，系统弹出“毛坯几何体”对话框，按快捷键<Ctrl+Shift+B>，把刚才隐藏的毛坯显示出来。单击毛坯，如图 6-15 所示，再单击“确定”按钮，完成毛坯几何体的创建。

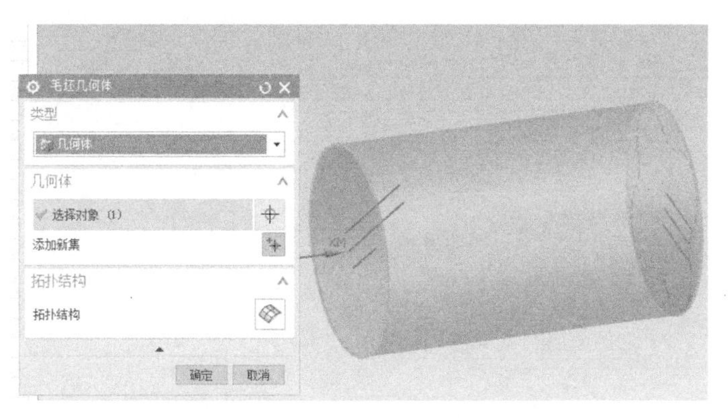

图 6-15　创建毛坯几何体

（5）创建刀具节点组　在“导航器”工具栏中，单击“机床视图”按钮，将工序导航器切换到“机床视图”。单击“加工创建”工具栏中的“创建刀具”按钮，弹出“创建刀具”对话框，分别创建“D12”和“D10R5”两把刀具。

（6）设置加工方法　双击粗加工“MILL_ROUGH”，部件余量设为 0. 5mm，内、外公差均设为 0. 03mm，如图 6-16 所示；双击精加工“MILL_FINISH”，部件余量设为 0，内、外公差均设为 0. 01mm，如图 6-17 所示，单击“确定”按钮，完成加工方法的设置。

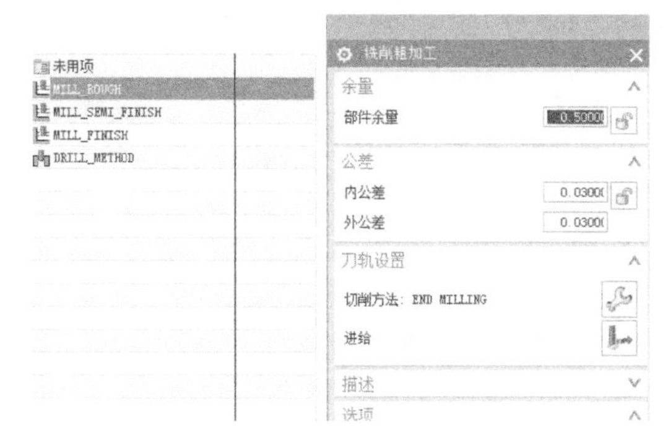

图 6-16　设置粗加工

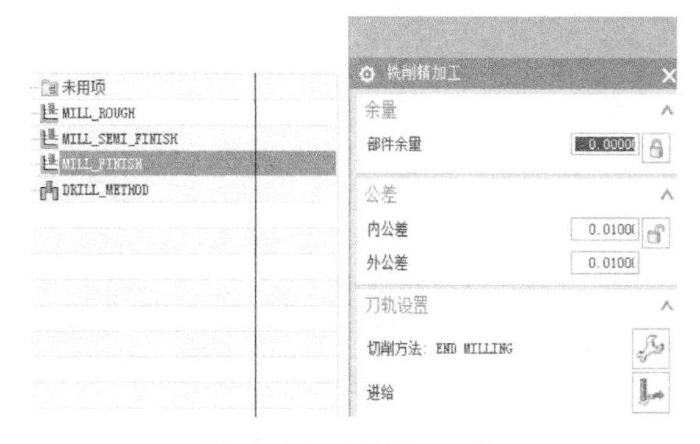

图 6-17　设置精加工

3. 创建可变轴粗加工轮廓铣工序

（1）将工序导航器切换到“程序顺序视图”　在“工序导航器”工具栏中，单击“程序顺序视图”按钮，将工序导航器切换到“程序顺序视图”。

（2）创建粗加工可变轴曲面轮廓铣工序　在“插入”工具栏，单击“创建工序”按钮，系统弹出“创建工序”对话框，设置如图 6-18 所示的参数，单击“确定”按钮。系统弹出“可变轮廓铣”对话框，如图 6-19 所示。

图 6-18 “创建工序”对话框

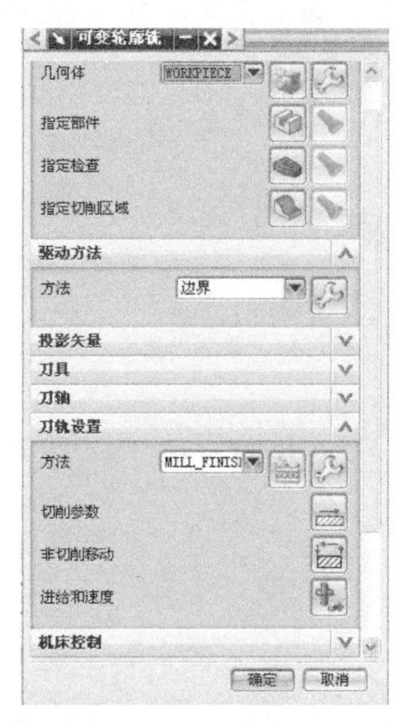

图 6-19 “可变轮廓铣”对话框

（3）设置驱动方法　在“可变轮廓铣”对话框中的“方法”下拉列表框中，选择“曲线/点”选项，弹出“曲线/点驱动方法”对话框。

（4）选择驱动几何体　在系统弹出的“曲线/点驱动方法”对话框中，单击模型分中的这条曲线，如图 6-20 所示。单击“确定”按钮，完成“曲线/点驱动方法”对话框的选择。

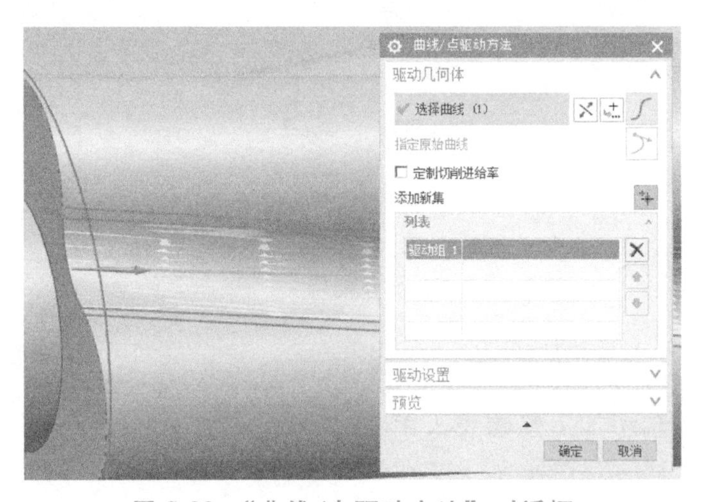

图 6-20 “曲线/点驱动方法”对话框

（5）设置投影矢量和刀轴等参数　在“可变轮廓铣”对话框的“矢量”下拉列表框中选择“刀轴”选项，在“刀轴”下拉列表中选择“远离直线”选项，如图 6-21 所示，弹出“矢量”对话框，选择“两点”，如图 6-22 所示，然后依次选择两端的圆心，如图 6-23 所示，单击“确定”按钮，完成矢量的定义。

图 6-21　设置投影矢量和刀轴

图 6-22　“矢量”对话框

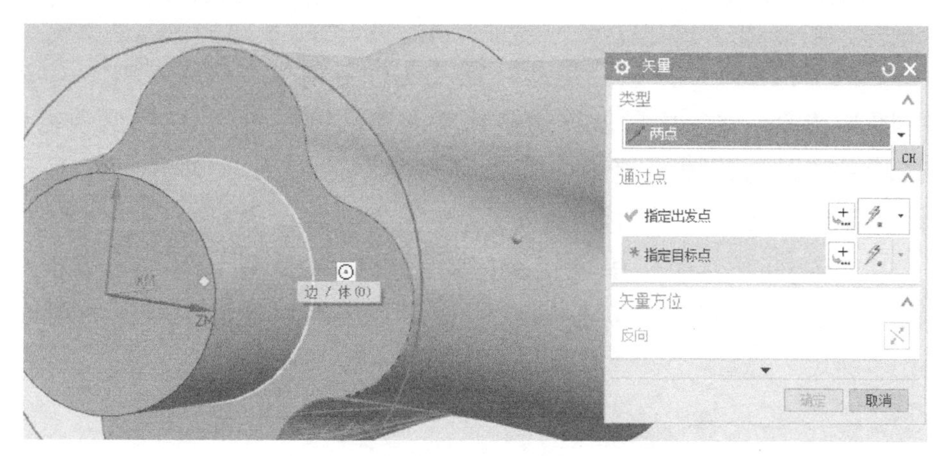

图 6-23　定义两点

（6）设置切削参数　由于切削量比较大，要分层切削。单击“切削参数”对话框中的“多刀路”标签，设置多条刀路，部件余量偏置为 16mm，勾选“多重深度切削”复选框，步进方法选择“增量”，增量为 2mm，设置如图 6-24 所示。再单击“进给和速度”按钮，在系统弹出的“进给和速度”对话框中设置速度界面中主轴速度为 2500r/min，进给界面中切削进给率为 500mm/min。

图 6-24　设置多刀路

（7）生成刀路　在“可变轮廓铣”对话框中，单击“生成刀路”按钮，系统生成刀路，单击“确定”按钮，如图 6-25 所示。

用相同的方法，再生成两组上下向外偏置的粗加工曲线，设置多条刀路，部件余量偏置为 8mm，勾选“多重深度切削”复选框，步进方法选择“增量”，增量为 2mm，其他设置均相同，并生成刀路，如图 6-26 所示。

图 6-25　生成的刀路

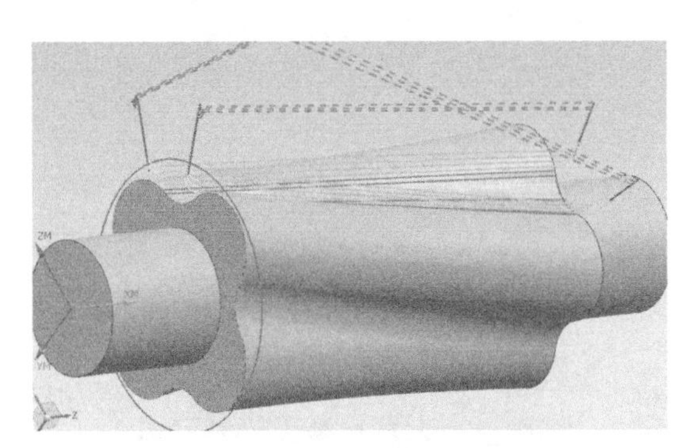

图 6-26　生成上下向外偏置的粗加工刀路

（8）对两组粗加工刀路进行变换　在“工序导航器”工具栏中，单击“程序顺序视图”按钮，将工序导航器切换到“程序顺序视图”。选择两条粗加工节点，右击，在弹出的快捷菜单中，选择“对象”→“变换”命令，如图 6-27 所示，系统将弹出“变换”对话框。

（9）指定旋转中心点　在“变换”对话框的“类型”下拉列表框中选择“绕点旋转”选项，单击“指定枢轴点”按钮，选择左端面中心，如图 6-28 所示，单击“确定”按钮。

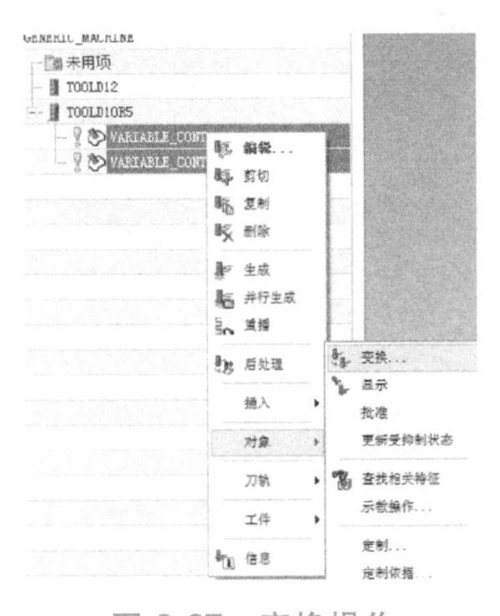

图 6-27　变换操作

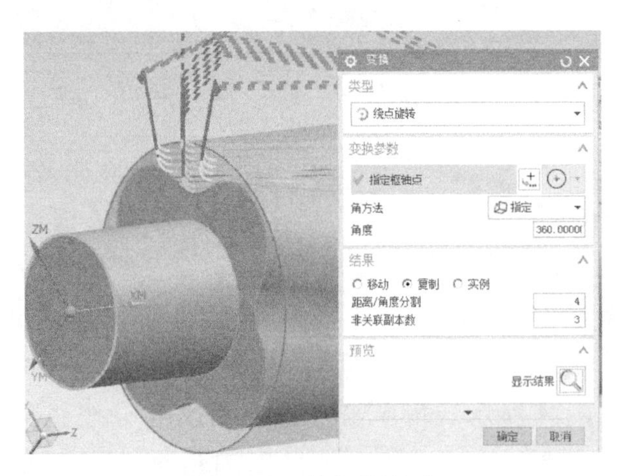

图 6-28　选择枢轴点

（10）设置变换参数　在“变换”对话框中设置图 6-28 所示的参数，其他参数采用系统默认值，单击“显示结果”按钮，系统将生成图 6-29 所示的刀路。

4. 创建可变轴精加工曲面轮廓铣工序

(1) 将工序导航器切换到“程序顺序视图” 在“工序导航器”工具栏中，单击“程序顺序视图”按钮，将工序导航器切换到“程序顺序视图”。

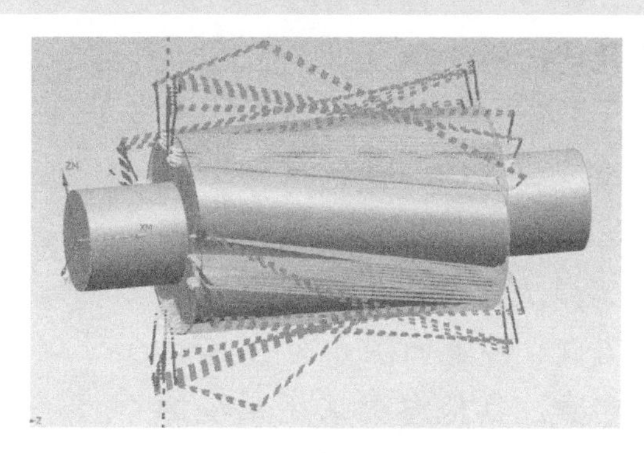

图 6-29 生成所有面的粗加工刀路

(2) 创建精加工可变轴曲面轮廓铣工序 在“插入”工具栏，单击“创建工序”按钮，系统弹出“创建工序”对话框，设置如图 6-30 所示的参数，单击“确定”按钮。系统弹出“可变轮廓铣”对话框，如图 6-31 所示。

图 6-30 “创建工序”对话框

图 6-31 “可变轮廓铣”对话框

(3) 设置驱动方法 在“可变轮廓铣”对话框中的“方法”下拉列表框中，选择“曲面”选项，弹出“曲面区域驱动方法”对话框。

(4) 选择驱动几何体 在系统弹出的“曲面区域驱动方法”对话框中，单击“指定驱动几何体”按钮，弹出“驱动几何体”对话框，如图 6-32 所示。然后按快捷键<Ctrl+Shift+B>将毛坯显示出来，选择毛坯圆柱外表面，如图 6-33 所示，单击“确定”按钮，完成驱动

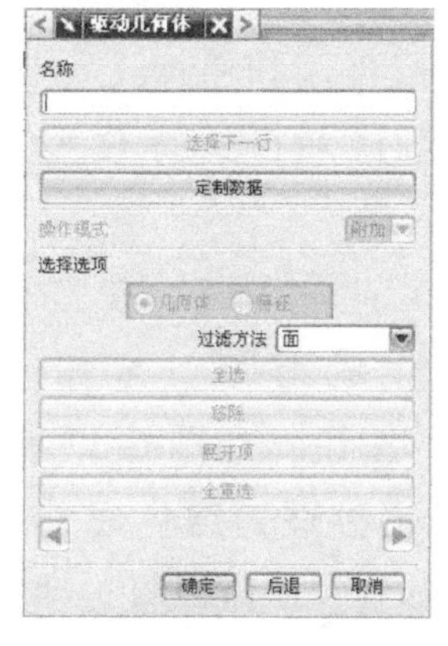

图 6-32 “驱动几何体”对话框

几何体的选择。

（5）设置驱动参数　在系统弹出的“曲面区域驱动方法”对话框中，切削方向选择从左至右，箭头为 Y 轴方向，设置如图 6-34 所示的参数，其他参数采用系统的默认参数，单击“确定”按钮，完成驱动参数的设置。

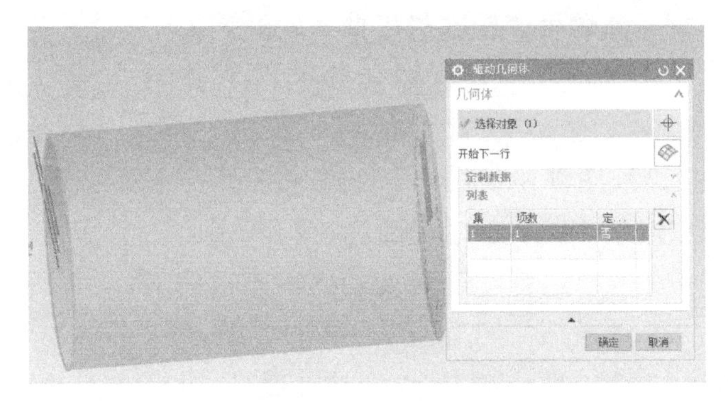

图 6-33　选择毛坯圆柱外表面作为驱动表面

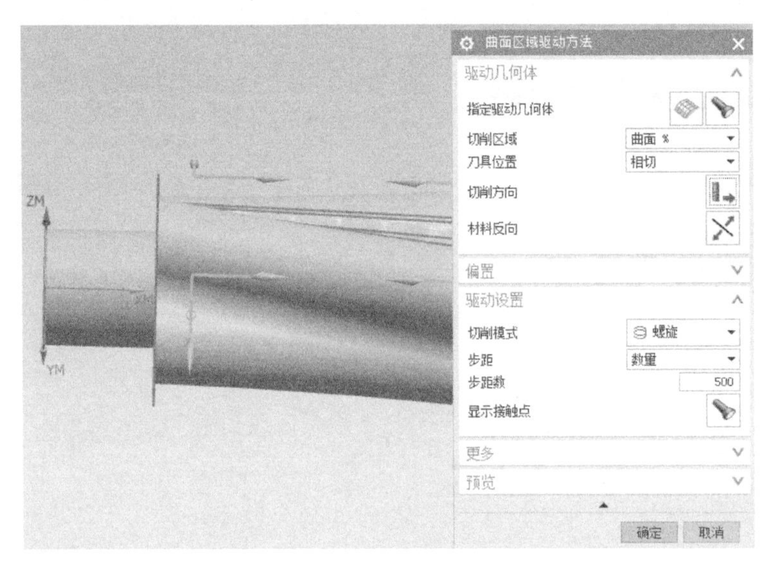

图 6-34　设置驱动参数

（6）设置投影矢量和刀轴等参数　在“可变轮廓铣”对话框的“矢量”下拉列表框中选择“刀轴”选项，在“轴”下拉列表框中选择“远离直线”选项，和粗加工一样设置，如图 6-35 所示；指定切削区域，选择模型曲面外表面，如图 6-36 所示。

（7）生成刀路　在“可变轮廓铣”对话框中，单击“生成刀路”按钮，系统生成刀路，单击“确定”按钮，如图 6-37 所示。

5. 后处理刀路生成 G 代码

切换到“机床视图”，把所有的粗加工刀路生成一个程序，精加工刀路生成一个程序，如图 6-38 所示。

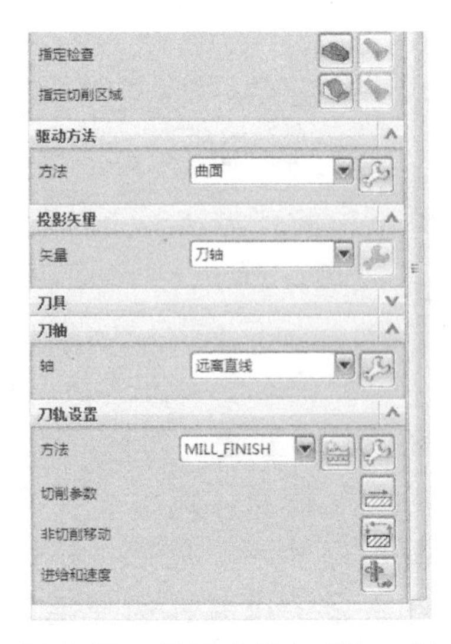

图 6-35　设置投影矢量和刀轴

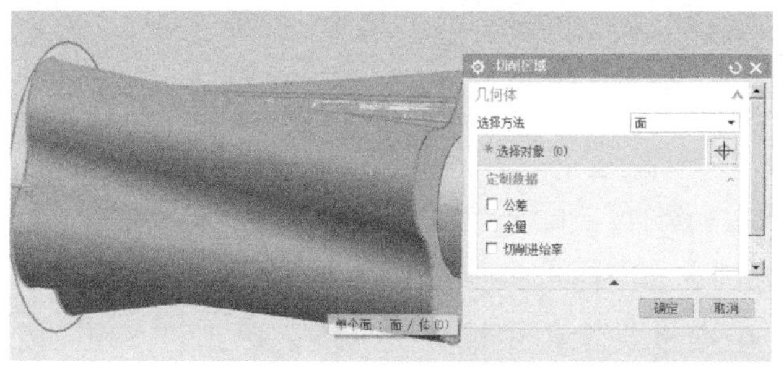

图 6-36 指定切削区域

图 6-37 生成的精加工刀路

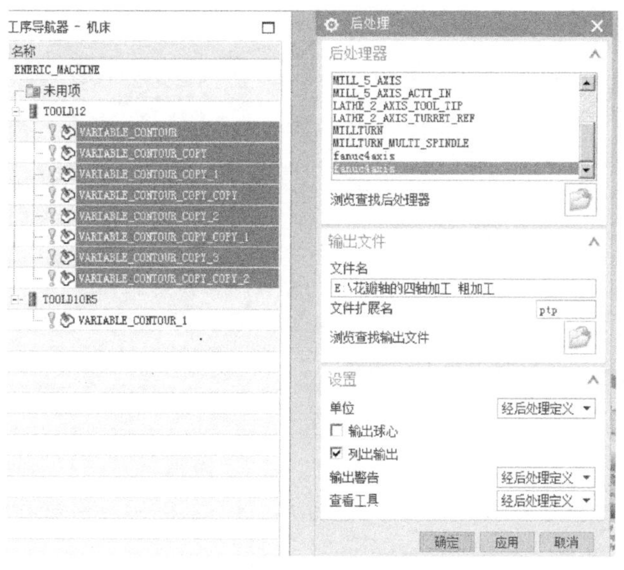

图 6-38 后处理刀路生成 G 代码

6.6 Vericut 仿真加工

6.6.1 提出任务与分析任务

提出任务：用 Vericut 仿真软件进行花瓣轴零件的仿真加工。

分析任务：仿真加工过程包括选择控制系统、选择机床、定义毛坯、定义活动卡爪与回转顶尖、定义刀具、选择程序、定义坐标系及自动加工等。

6.6.2 任务实施

1. 选择控制系统

方法参考 3.6.2 节。

2. 选择机床

方法参考 3.6.2 节。

3. 定义毛坯

单击“毛坯” Stock (0, 0, 0) 图标，选择“配置组件”中“添加模型”为“模型文件”，选择“花瓣轴毛坯 .stl”，如图 6-39 所示；单击“配置模型”中的“旋转”标签，如图 6-40 所示，在增量文本框中输入“90”，单击“Y-”按钮，再在位置文本框中输入“-80 0 0”，如图 6-41 所示；机床视图中的毛坯如图 6-42 所示。

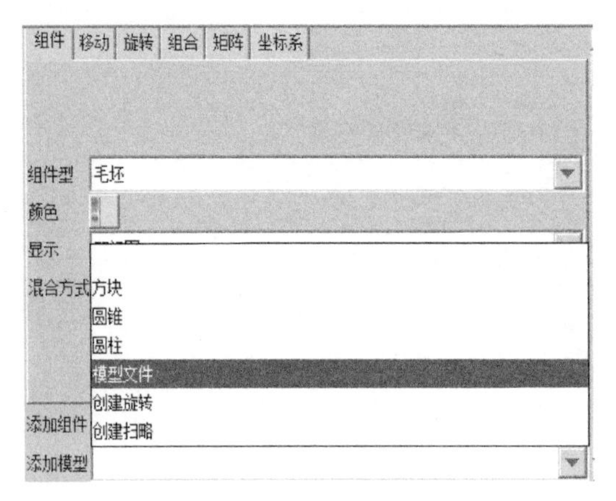

图 6-39 设置毛坯形状

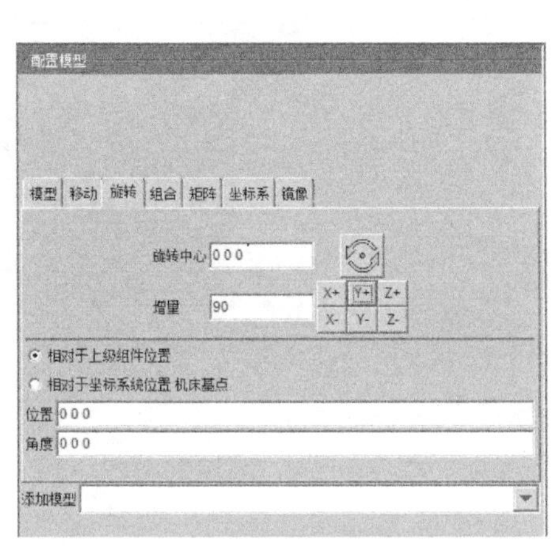

图 6-40 调整毛坯位置（一）

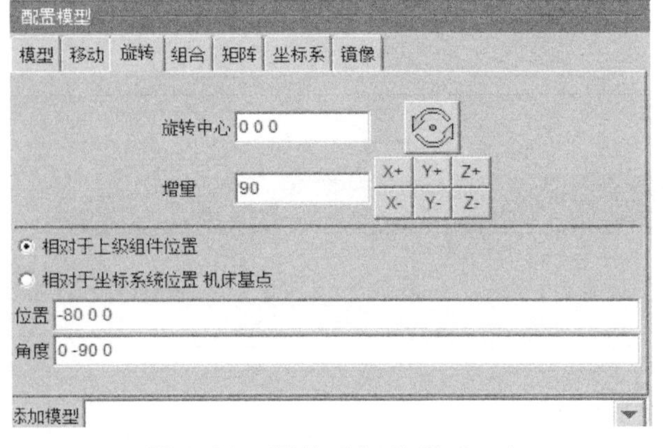

图 6-41 调整毛坯位置（二）

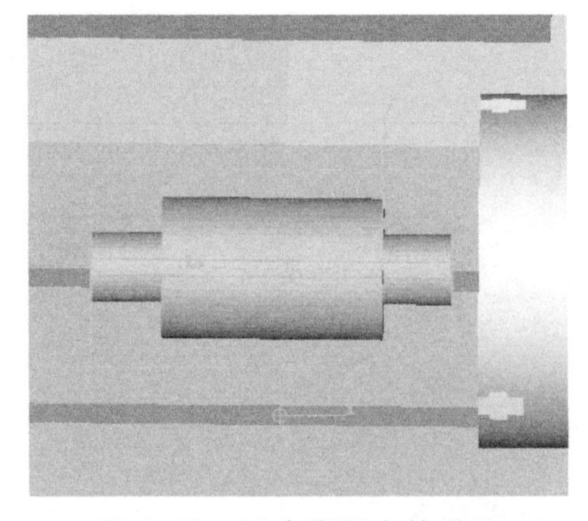

图 6-42 机床视图中的毛坯

4. 定义活动卡爪与回转顶尖

由于此零件实物加工是一夹一顶的，只有更加贴近实物的仿真才能精确检查出是否有碰撞，所以需要建立活动的自定心卡盘与回转顶尖。

单击项目树中的 Fixture 图标，选择配置组件中“添加模型”为“模型文件”，选择“卡爪 . ply”，在配置模型“移动”选项卡的“位置”文本框中输入

“-138 55 -160”，如图 6-43 所示，右击 Fixture 图标依次选择“添加”→“更多”→“V 线性”，如图 6-44 所示。在配置组件中选择运动为“Y”，然后把卡爪拖到“线性 V”下面，会发现卡爪变成蓝色。然后把圆柱毛坯移动到卡盘前面，单击 Stock 图标调整好伸出长度位置（-100，0，0），然后单击卡爪调整位置到（-138，55，-160），卡爪夹紧面与圆柱毛坯面接触，现在一个卡爪设置好了，如图 6-45 所示。

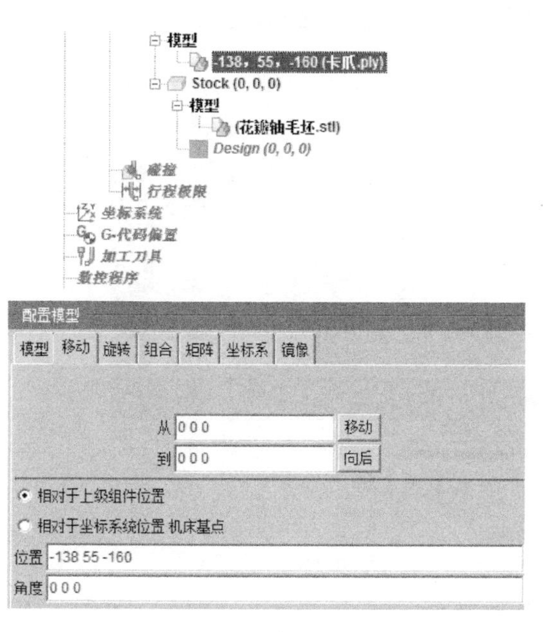

图 6-43 设置卡爪位置参数

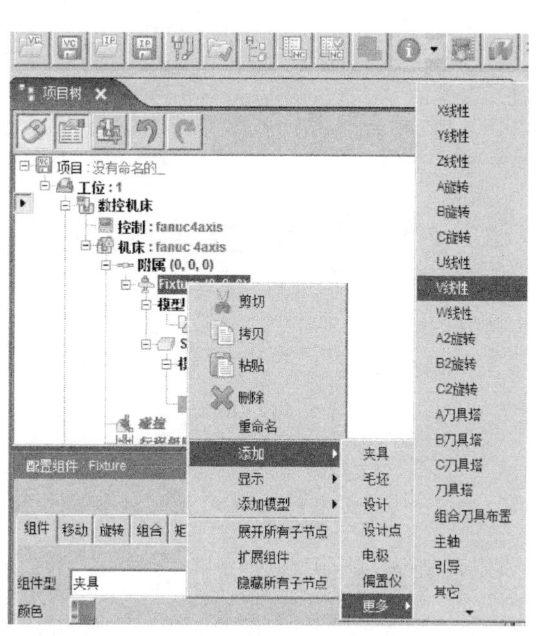

图 6-44 添加线性组件

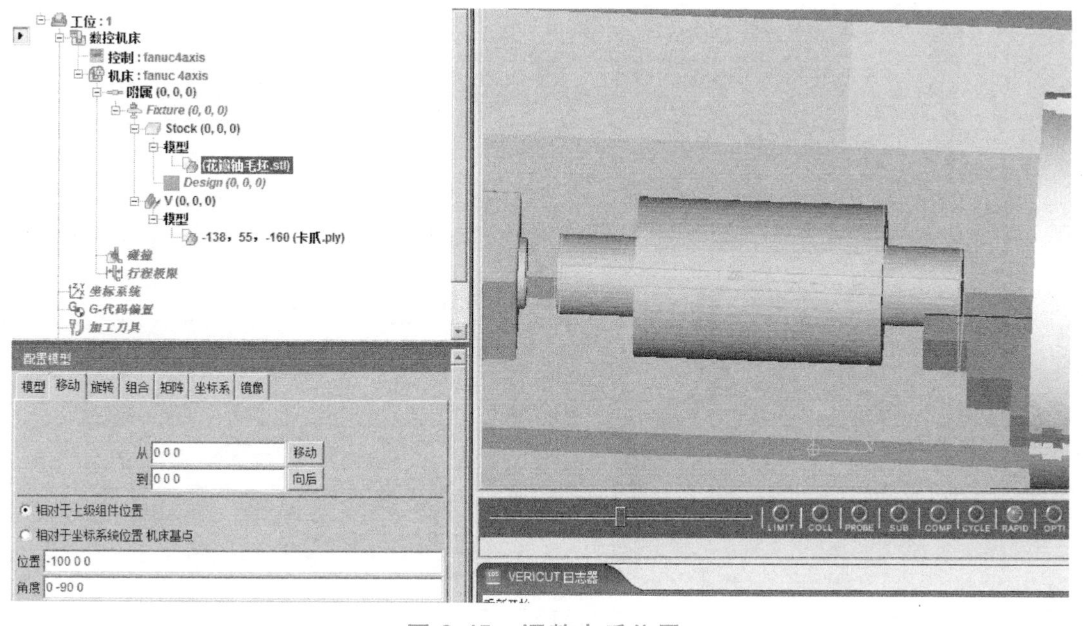

图 6-45 调整卡爪位置

下面准备复制这个卡爪生成第二个和第三个卡爪，复制方法与之前一样，结果如图 6-46 所示。

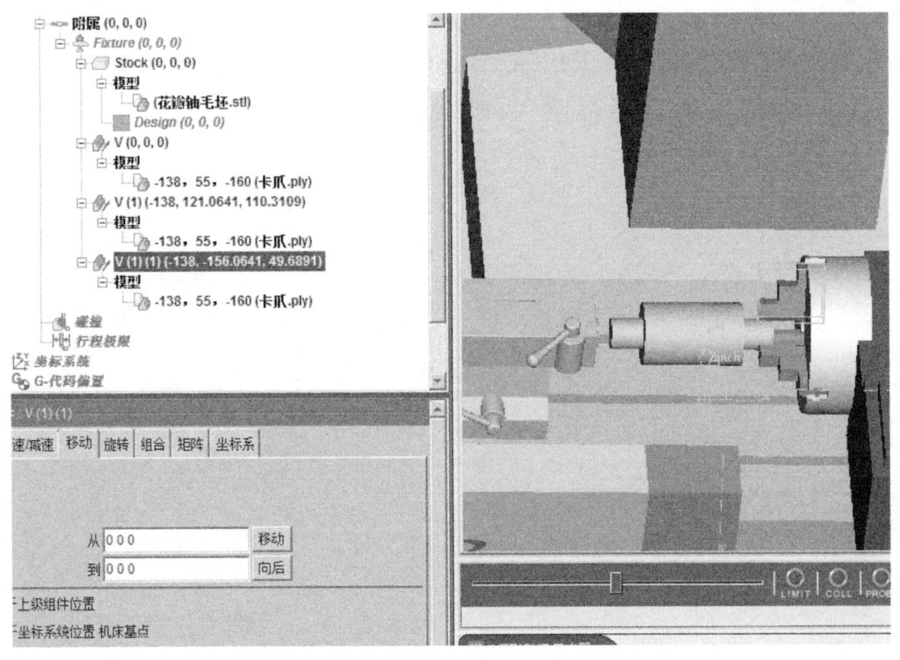

图 6-46　生成的三个卡爪

全都设置好后，可以在“手工数据输入”对话框中，选择 V(V)、V(V(1))、V(V(2)) 中的任意一个移动，查看另外两个卡爪会不会联动，如图 6-47 所示。

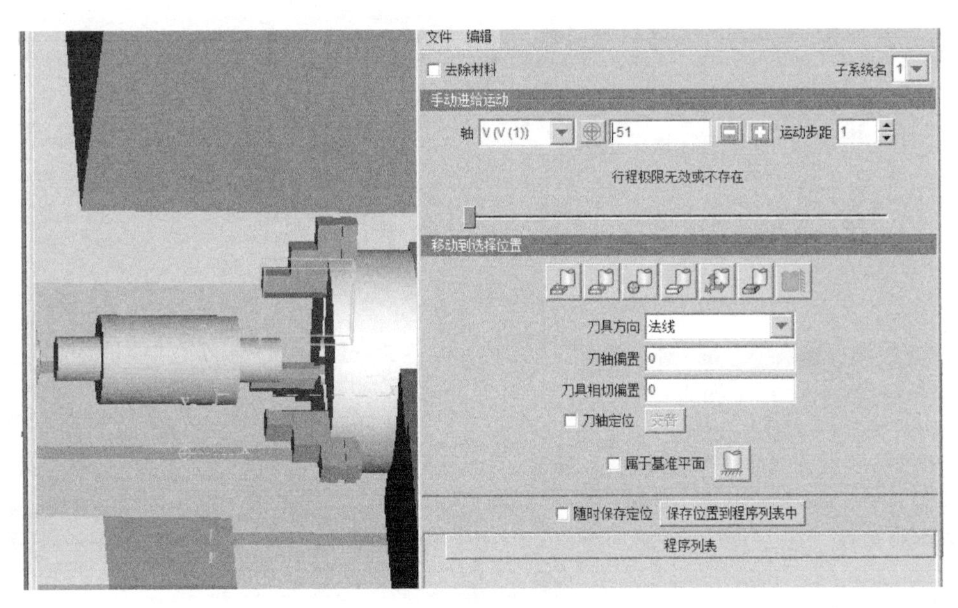

图 6-47　查看卡爪联动

下面建立回转顶尖。单击项目树中的 Fixture 图标，选择配置组件中“添加模型”为“模型文件”，选择“顶尖 . stl”，然后单击配置模型中的“旋转”标签，单击“旋转中心” 按钮，在旋转中心（-165，0，160）下，增量改为“90”，单击“Y-”按钮，在位置文本框中输入“500 0 0”，如图 6-48 所示；然后单击配置模型中的“组合”标签，单击顶尖的背面端面，如图 6-49 所示；再单击机床尾座套筒端面，如图 6-50 所示；然后顶尖就配对到机床尾座套筒里了，如图 6-51 所示。

右击 Fixture 图标依次选择“添加”→“更多”→“U 线性”。选择配置组件中的运动为“X”，然后把“顶尖 . stl”拖到“线性 U”下面，会发现顶尖变成蓝色，并在位置文本框中输入“1985 0 0”，如图 6-52 所示。

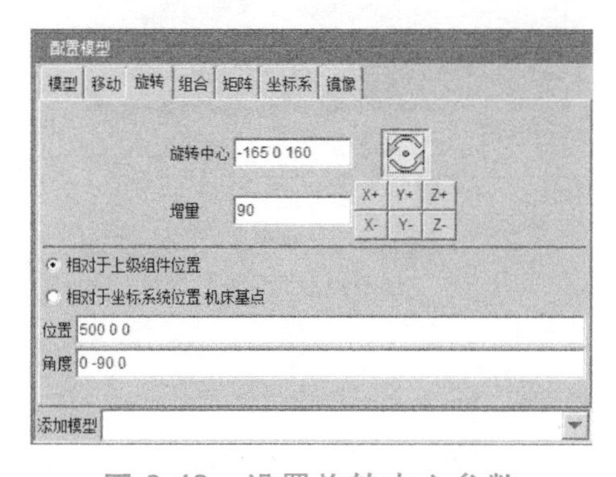

图 6-48 设置旋转中心参数

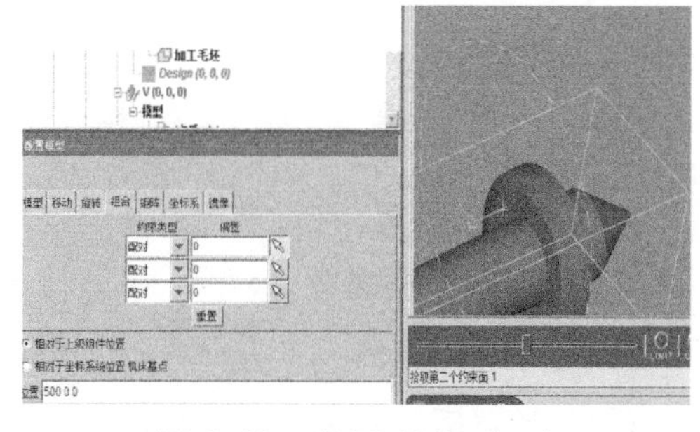

图 6-49 装配顶尖（一）

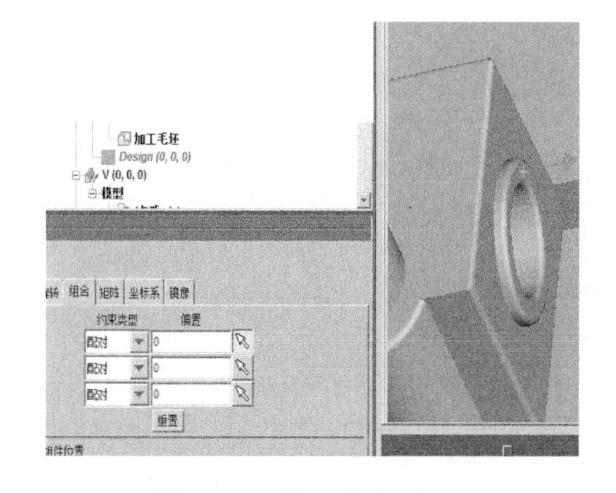

图 6-50 装配顶尖（二）

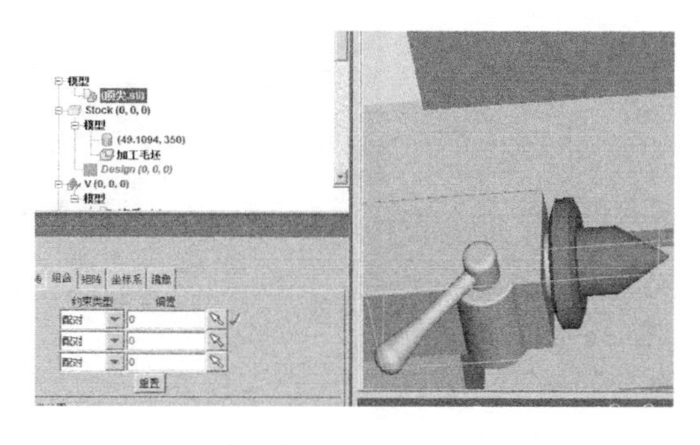

图 6-51 装配顶尖（三）

5. 定义刀具

方法参考 3. 6. 2 节。

6. 选择程序

方法参考 3. 6. 2 节。

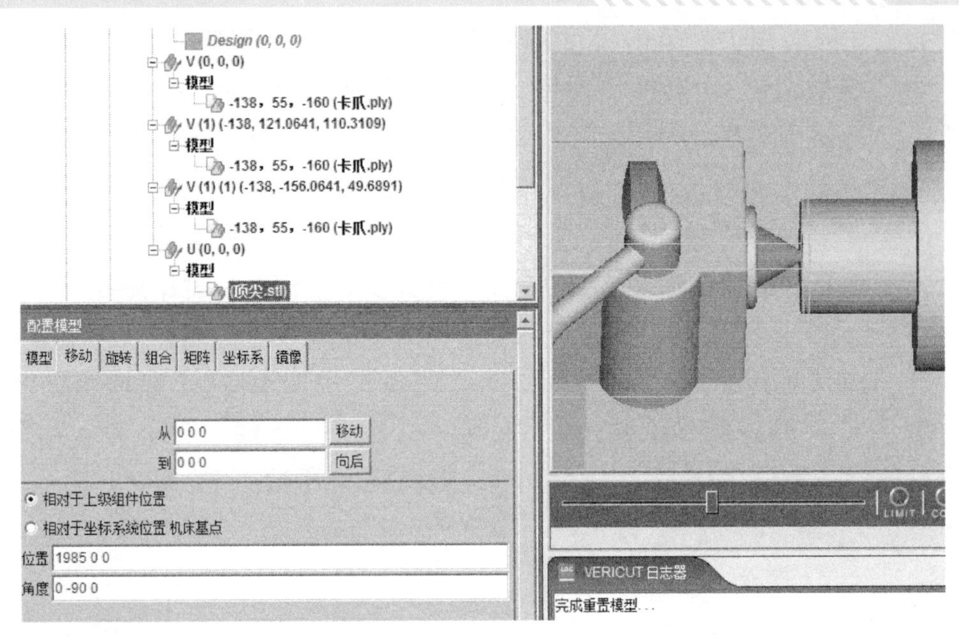

图 6-52 移动顶尖

7. 定义坐标系

方法参考 3.6.2 节。

8. 自动加工

设置完成后，单击“循环启动”图标，启动数控机床自动加工。仿真加工结果如图 6-53 所示。

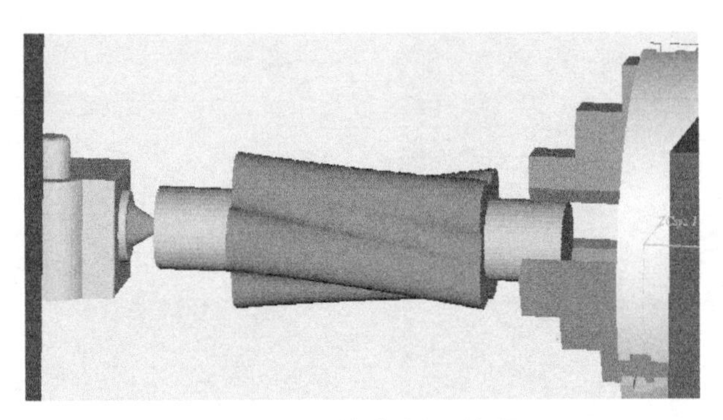

图 6-53 仿真加工结果

6.7 学习评价

本章学习完成后，依据表 6-2 考核评价表，采取自评、互评、师评三方进行评价。

表 6-2 考核评价表

评价项目	考核内容	考核标准	配分	自评	互评	师评	总评
任务完成情况评定（80分）	四轴加工中心曲面加工方法的理解	正确率 100% 20 分 正确率 80% 16 分 正确率 60% 12 分 正确率<60% 0 分	20				
	加工工艺	正确率 100% 10 分 正确率 80% 8 分 正确率 60% 6 分 正确率<60% 0 分	10				
	生成刀路	正确率 100% 30 分 正确率 80% 24 分 正确率 60% 18 分 正确率<60% 0 分	30				
	仿真加工	规范、熟练 20 分 规范、不熟练 10 分 不规范 0 分	20				
职业素养（20分）	知识	是否复习	每违反一次，扣5分，扣完为止				
	纪律	不迟到、不早退、不旷课、不游戏					
	表现	积极、主动、互助、负责、有改进精神等					
总分							
学生签名			教师签名				

第7章　零件五轴定向加工编程与仿真

【学习目标】

知识目标：

1. 了解五轴加工中心定向加工范围。
2. 掌握编程软件的建模模块。
3. 掌握多轴编程的加工策略。
4. 掌握 NX 编程软件加工模块的基本操作。
5. 掌握 NX 加工模块中的基本参数设置。

技能目标：

1. 能根据零件加工要求合理安排加工工艺。
2. 能根据零件加工要求合理安排加工刀具。
3. 能根据机床类型正确设置加工原点与安全平面。
4. 会使用 NX 后处理生成程序。
5. 会使用 Vericut 仿真软件对零件进行仿真加工。

素质目标：

1. 培养学生具备良好的科学精神和态度。
2. 培养学生自主学习的良好习惯、爱好和能力。
3. 培养学生适宜的受挫折能力，提高学生心理成熟度和提升基本品质。
4. 培养学生依法规范自己行为的意识和习惯。

本章通过加工一个包含多种轮廓要素的零件来介绍五轴定向加工操作。

7.1 加工预览

打开教学资源包文件中的“五轴定向 . prt”模型。

在本实例中，将通过如图 7-1 所示的零件的加工，来说明 NX10 五轴定向铣削加工的步骤，使读者对多轴定向铣削加工的创建和应用有更深刻的理解，并进一步掌握多轴定向加工参数的意义、设置方法，以及实际应用的技巧。

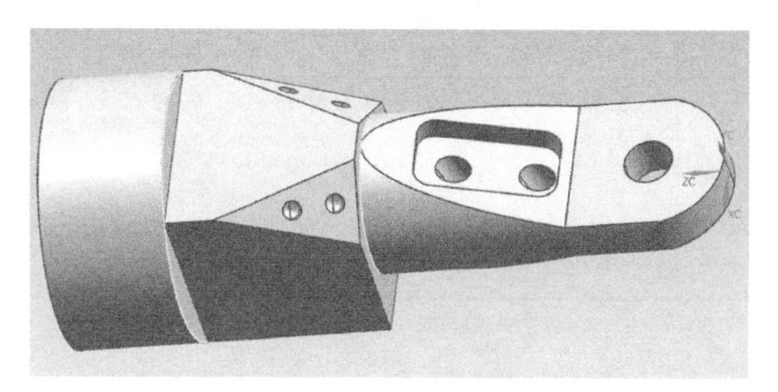

图 7-1　零件模型

7.2 模型分析

在本实例中将运用型腔铣粗加工与二维轮廓铣精加工操作来完成零件的加工。由模型分析可知，该零件由斜面、孔、曲面、内轮廓等特征组成，这些轮廓的位置和形状都不在一个坐标系，这些型腔轮廓无法一次加工完成，因此采用五轴定向铣削加工来完成。

7.3 加工工艺规划

加工工艺规划包括加工工艺路线的制订、加工方法的选择和加工工序的划分。根据该零件的特征和 NX10 的加工特点，整个零件的加工分成以下工序：

（1）粗加工带斜面的四边形　该零件具有旋转对称的特性，因此首先运用“底面加工”粗精加工这个带斜面的四边形的各个面，根据零件的尺寸和要加工的曲面特点，选择键槽铣刀 D10。

（2）粗精加工零件圆柱面的外形及内轮廓　运用“底面加工”“精加工底

面”和“可变轮廓铣”功能。

（3）钻孔　加工零件各个表面上的孔。

各工序具体的加工对象、加工方式和加工刀具见表 7-1。

表 7-1　加工对象、加工方式和加工刀具

工序	加工对象	加工方式	加工刀具
1	粗加工带斜面的四边形	底面加工	D10
2	粗精加工零件圆柱面的外形及内轮廓	底面加工、精加工底面和可变轮廓铣	D10、D8R4、D4
3	各个表面上的孔	钻孔	DRILLING_TOOL_3 DRILLING_TOOL_5 DRILLING_TOOL_8

7.4 进入 NX 设计环境

1）单击“标准”工具栏“文件”按钮，在弹出的下拉菜单中选择“建模（M）”，进入 NX 的设计环境。

2）建立零件毛坯，先测量最大外圆尺寸，单击“分析”菜单栏下的“局部半径”，单击模型最大外圆，得知最小半径为 21.213mm，如图 7-2 所示。

然后新建草图，创建一个直径为 42.426mm 的外圆，如图 7-3 所示。

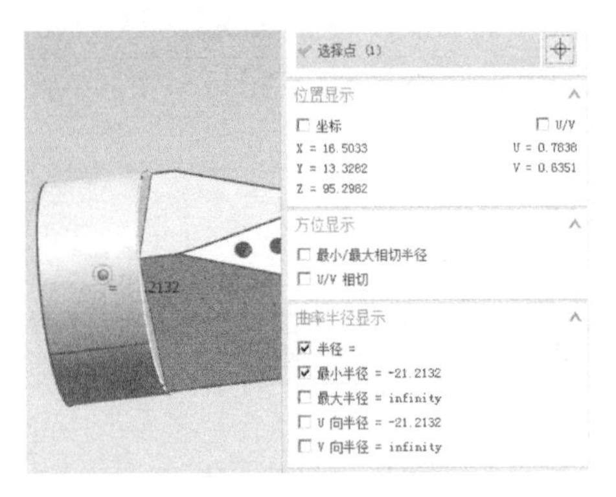

图 7-2　测量最大外圆尺寸

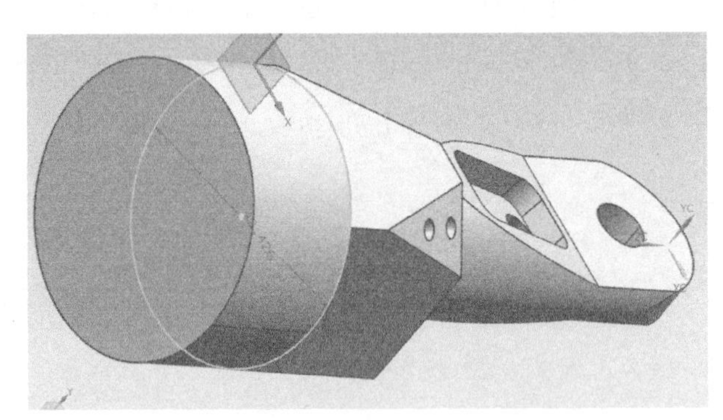

图 7-3　创建一个外圆草图

退出草图并拉伸此圆，结束处选择“值”，距离文本框中输入“90”，布尔运算选择“无”，如图 7-4 所示，右击选择“隐藏”。

用同样的方法在四边形顶面创建草图，创建一个直径为 25mm 的圆并拉伸，拉伸长度为 60mm，如图 7-5 所示，右击选择“隐藏”。

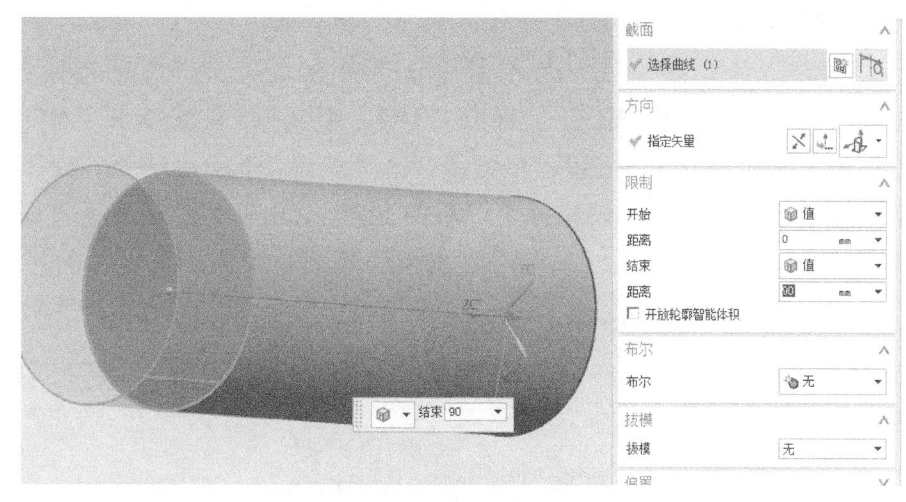

图 7-4 建立毛坯（一）

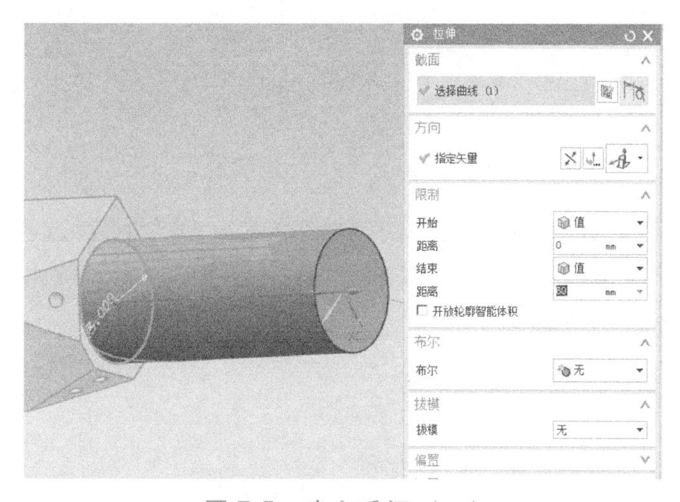

图 7-5 建立毛坯（二）

7.5 NX 加工步骤

零件五轴定向加工——生成刀路

1. 进入加工环境

在“开始”菜单选择“加工”命令，或使用快捷键<Ctrl+Alt+M>，进入加工模块，系统弹出“加工环境”对话框。在“要创建的 CAM 设置”列表框中选择“mill_planar”模块，单击“确定”按钮，完成加工的初始化设置。

2. 设置父节点组

（1）设置加工坐标系　在“导航器”工具栏中，单击“几何视图”按钮，将工序导航器切换到“几何视图”，双击“MCS_MILL”，系统弹出“MCS 铣削”对话框，单击“指定 CSYS”按钮，在绘图区选择如图 7-6 所示的点，在工件的右端面指定加工坐标系原点，并调整好坐标系的方向，*ZM* 轴与左端面垂直即可；展开对话框，装夹偏置设置为“1”，单击“确定”按钮，完成加工坐标系的设置。

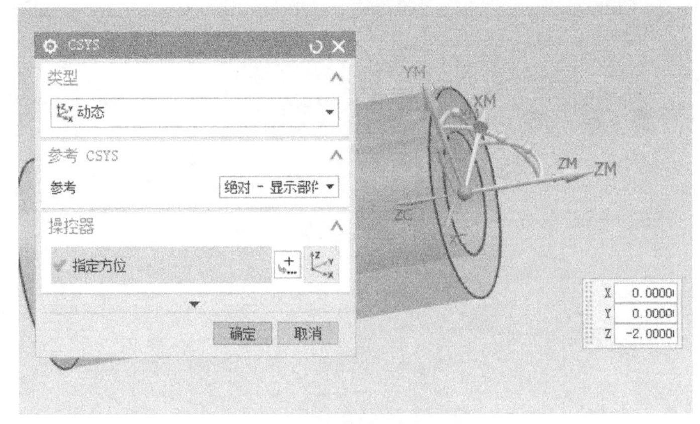

图 7-6　设置加工坐标系

（2）安全设置　在“MCS 铣削”对话框中，安全设置选项选择“圆柱”，选择指定点为圆心，指定矢量为 *ZM* 轴，半径值为 25mm，单击“确定”按钮，完成安全设置，如图 7-7 所示。

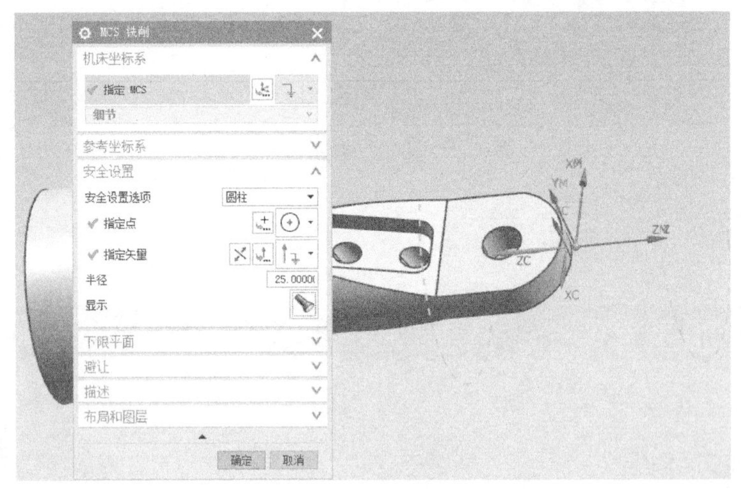

图 7-7　安全设置

（3）创建工件几何体　在工序导航器的几何视图中，双击节点，系统弹出“铣削几何体”对话框。单击“指定部件”按钮，弹出“部件几何体”对话框。单击模型，再单击“确定”按钮，完成工件几何体的创建。

（4）创建毛坯几何体 在“铣削几何体”对话框中，单击“指定毛坯”按钮，系统弹出“毛坯几何体”对话框，按快捷键<Ctrl+Shift+B>，把刚才隐藏的毛坯显示出来，单击已创建的毛坯圆柱体，再单击“确定”按钮，完成毛坯几何体的创建。

（5）创建刀具节点组 在“导航器”工具栏中，单击“机床视图”按钮，将工序导航器切换到机床视图。单击“加工创建”工具栏中的“创建刀具”按钮，弹出“创建刀具”对话框，分别创建五把刀具，在类型 drill 中创建麻花钻 ϕ3mm、ϕ5mm、ϕ8mm，如图 7-8 所示，创建键槽铣刀 ϕ10mm、ϕ4mm，创建球头铣刀 D8R4，刀具列表如图 7-9 所示，单击“确定”按钮。

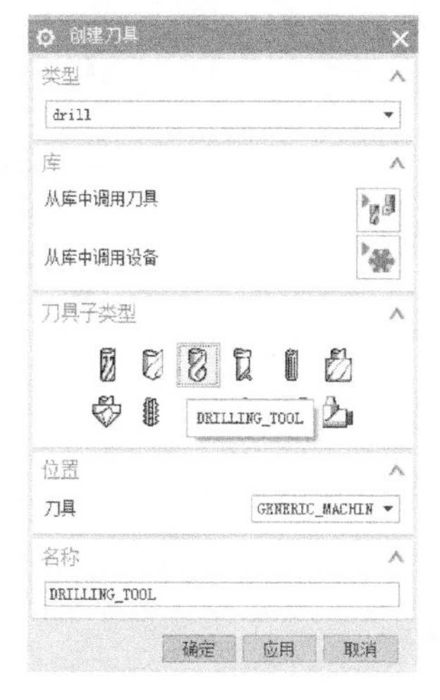

图 7-8 创建刀具

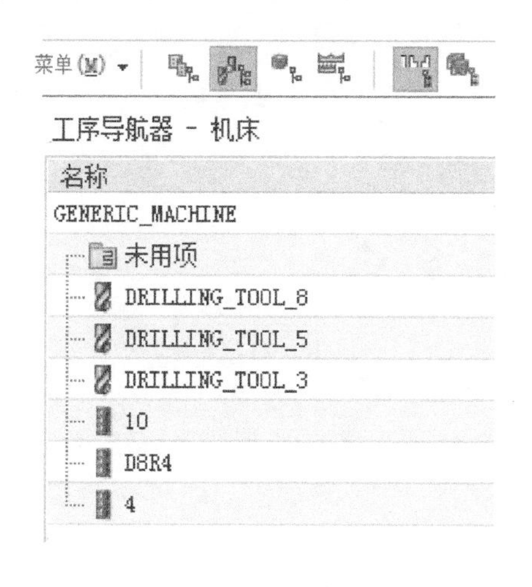

图 7-9 刀具列表

（6）设置加工方法 双击粗加工 MILL_ROUGH，部件余量设为 0.5mm，内外公差设为 0.03mm，如图 7-10 所示；双击精加工 MILL_FINISH，部件余量设为 0，内外公差设为 0.01mm，如图 7-11 所示，单击“确定”按钮，完成加工方法的设置。

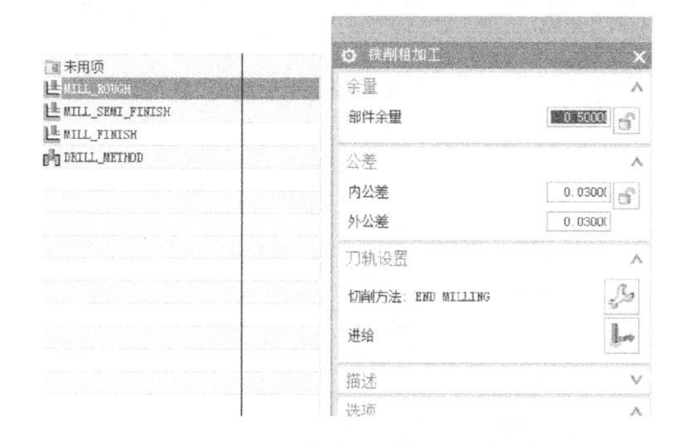

图 7-10 设置粗加工公差

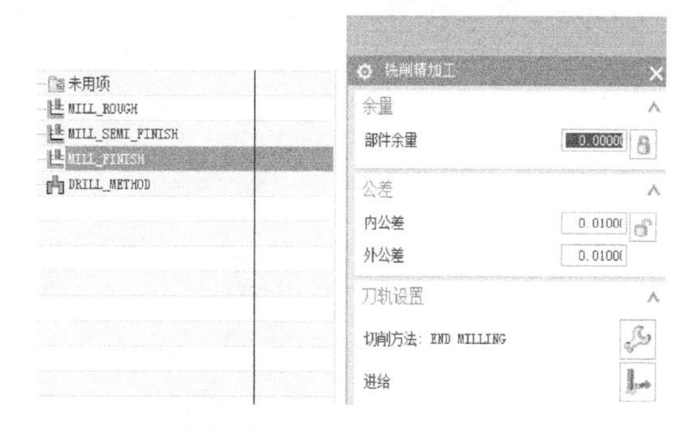

图 7-11 设置精加工公差

3. 创建底面加工铣工序

（1）将工序导航器切换到几何视图 在“工序导航器”工具栏中，单击

“几何视图”按钮，将工序导航器切换到“几何视图”。

(2) 创建底壁加工铣工序　在“插入”工具栏，单击“创建工序”按钮，系统弹出“创建工序”对话框，设置如图 7-12 所示的参数，单击“确定”按钮。系统弹出“底壁加工”对话框，如图 7-13 所示。

图 7-12　“创建工序”对话框

图 7-13　“底壁加工”对话框

(3) 指定切削区底面和刀轴等参数　单击“底壁加工”对话框中的“指定切削区底面”按钮，选择第一个四边形的侧面，如图 7-14 所示。指定刀轴矢量，

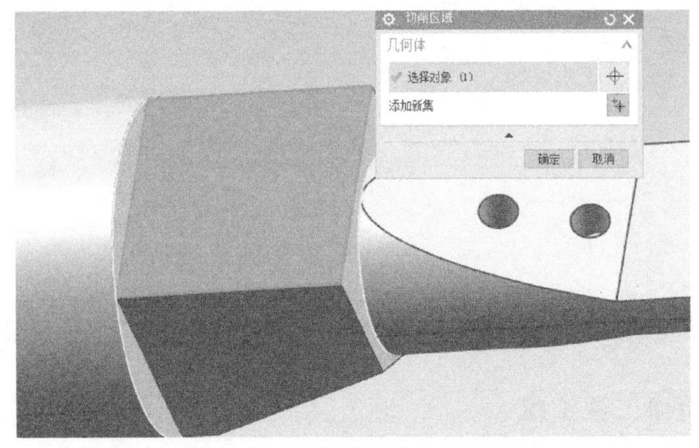

图 7-14　指定切削区底面

选择这个面的垂直方向，如图 7-15 所示。

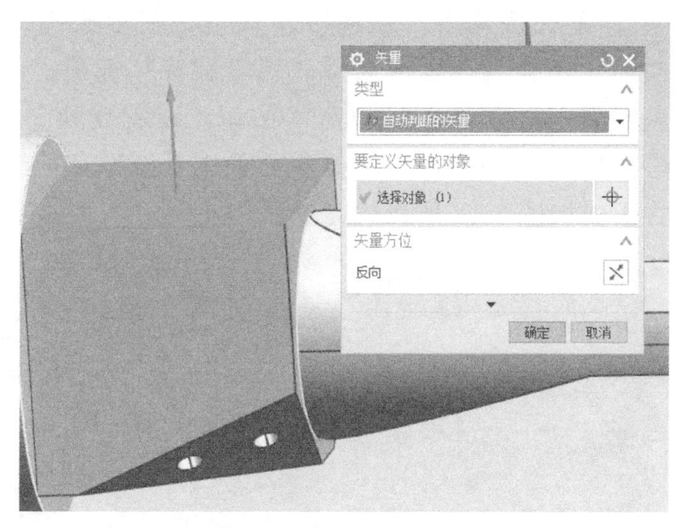

图 7-15 指定刀轴矢量

(4) 设置刀轨 切削模式选择“往复”，底面毛坯厚度改为 6mm，每刀切削深度改成 2mm。

(5) 设置切削参数 单击“进给率和速度”按钮，在系统弹出的“进给率和速度”对话框中，设置速度界面中主轴速度为 1000r/min，切削进给率改为 200mm/min。

(6) 生成刀路 在“底壁加工”对话框中，单击“生成刀路”按钮，系统生成刀路，如图 7-16 所示。

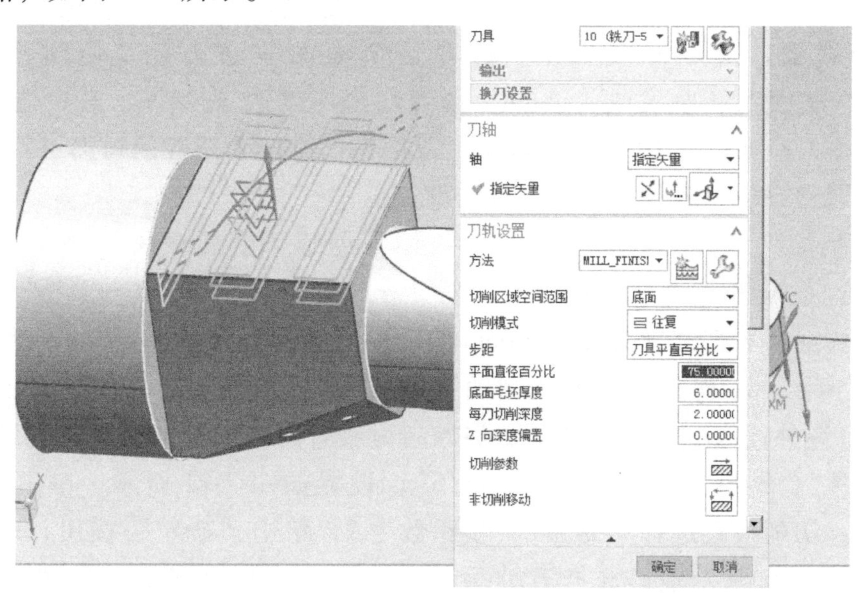

图 7-16 生成的刀路

(7) 生成另外三个相同面的刀路　右击，在弹出的快捷菜单中，选择“对象”→“变换”命令，系统将弹出“变换”对话框，指定旋转中心点。在“变换”对话框的“类型”下拉列表框中选择“绕点旋转”选项，单击“指定枢轴点”按钮，选择左端面中心，单击“确定”按钮，设置变换参数，在“变换”对话框中设置如图 7-17 所示的参数，其他参数采用系统默认值，单击“显示结果”按钮，系统将生成如图 7-18 所示的刀路。

图 7-17　刀路变换设置

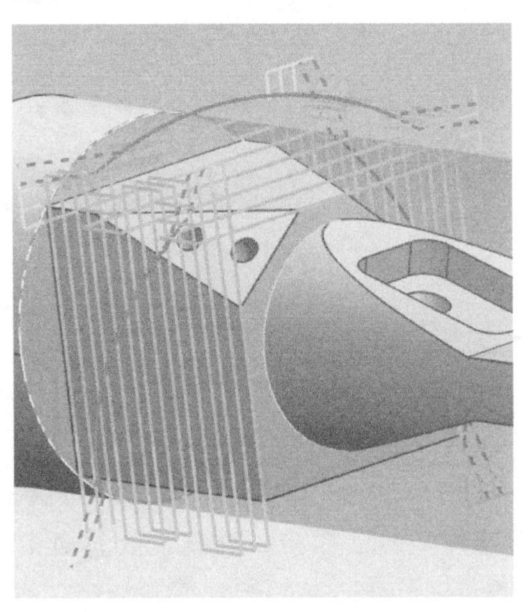

图 7-18　变换后的刀路

(8) 创建四边形中两个斜面的刀路　创建底壁加工工序，指定切削区底面为第一个斜面，指定刀轴矢量，选择这个面的垂直方向，切削模式改成“往复”，底面毛坯厚度改为 4mm，每刀切削深度改成 2mm，其余选项不变，生成的斜面刀路如图 7-19 所示。依次生成第三、第四个型腔的粗加工刀路。

用相同的方法生成另一边的斜面刀路。

(9) 粗加工两边有对称斜面的圆柱体　创建可变轮廓铣工序，单击“确定”按钮；系统弹出“可变轮廓铣”对话框，几何体选择 MCS_MILL，指定部件与指定切削区域都选择直径为 25mm 的毛坯外圆，刀具选择 ϕ10mm 键槽铣刀，如图 7-20 所示，驱动方法选择“曲面”，在曲面区域驱动方法中，指定直径为 25mm 的毛坯外圆为驱动几何体，切削方向为从右向左的径向，单击切削区域中的“曲面%”，结束步长%设置成“91.5”，设置如图 7-21 所示，单击“确定”按钮返回；切削模式选择“螺旋”，步距数为 7，单击“确定”按钮。

投影矢量选择刀轴，选择刀轴垂直于驱动体，切削参数中部件余量输入“0.2”，再选择“多刀路”，部件余量偏置中输入“9”，勾选“多重深度切削”

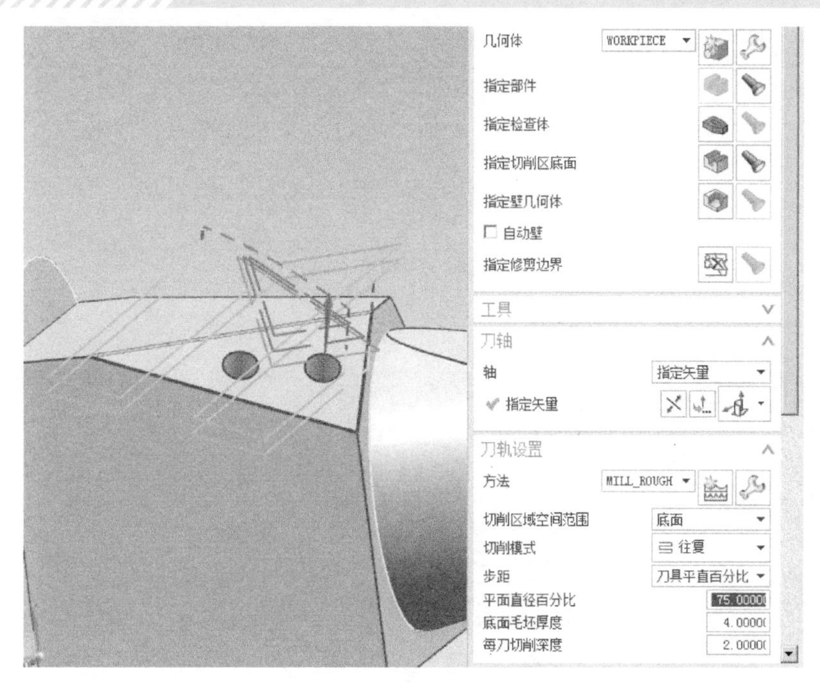

图 7-19 生成的斜面刀路

图 7-20 “可变轮廓铣”设置

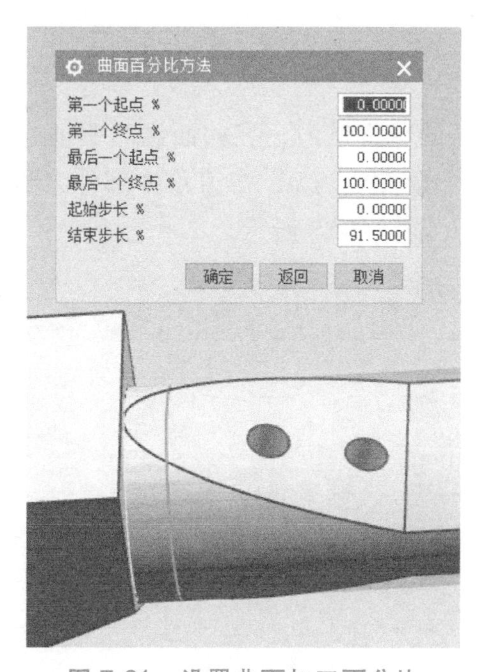

图 7-21 设置曲面加工百分比

复选框，增量为“3”，单击“确定”按钮返回；在“进给率和速度”选项中，转速设为1000r/min，切削进给率设为300mm/min，单击“确定”按钮返回，单击“生成刀路”按钮，系统生成外圆曲面粗加工刀路，如图 7-22 所示。

（10）生成精加工曲面刀路 设置与前面粗加工刀路一样，区别是刀具选择

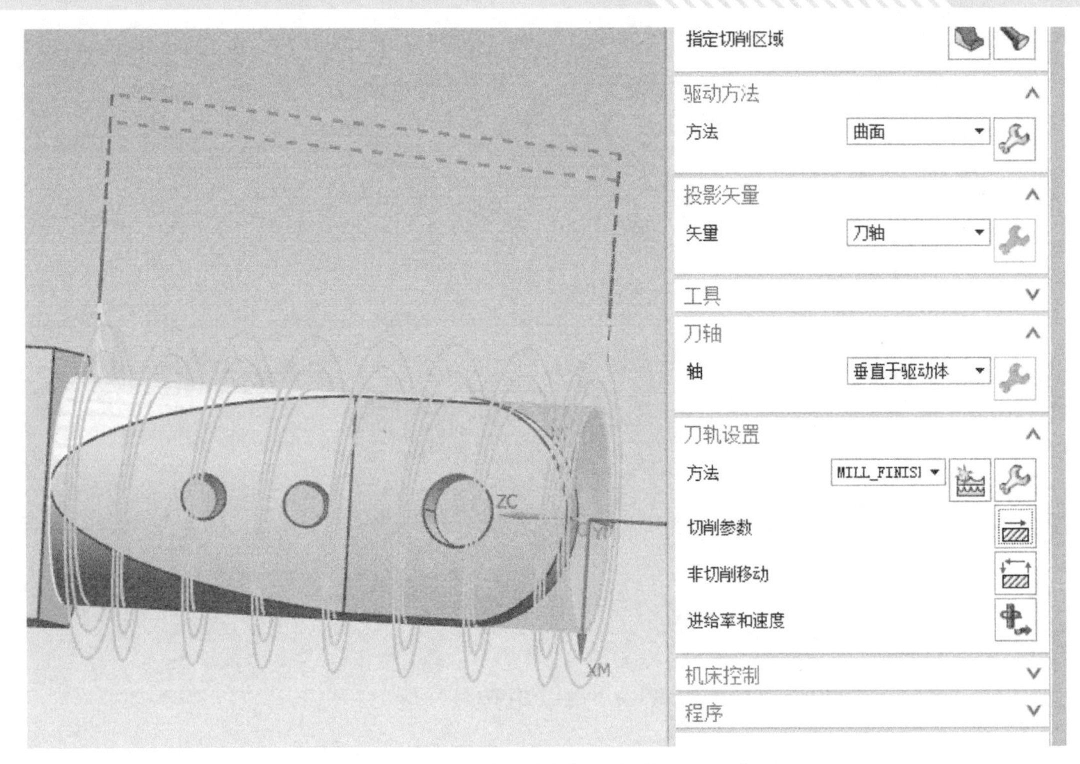

图 7-22　生成外圆曲面粗加工刀路

D8R4 的球头铣刀，在曲面区域驱动方法中步距文本框中输入“200”，在切削参数中余量设置为 0，多刀路中部件余量偏置为 0，单击“确定”按钮返回，生成刀路，如图 7-23 所示。

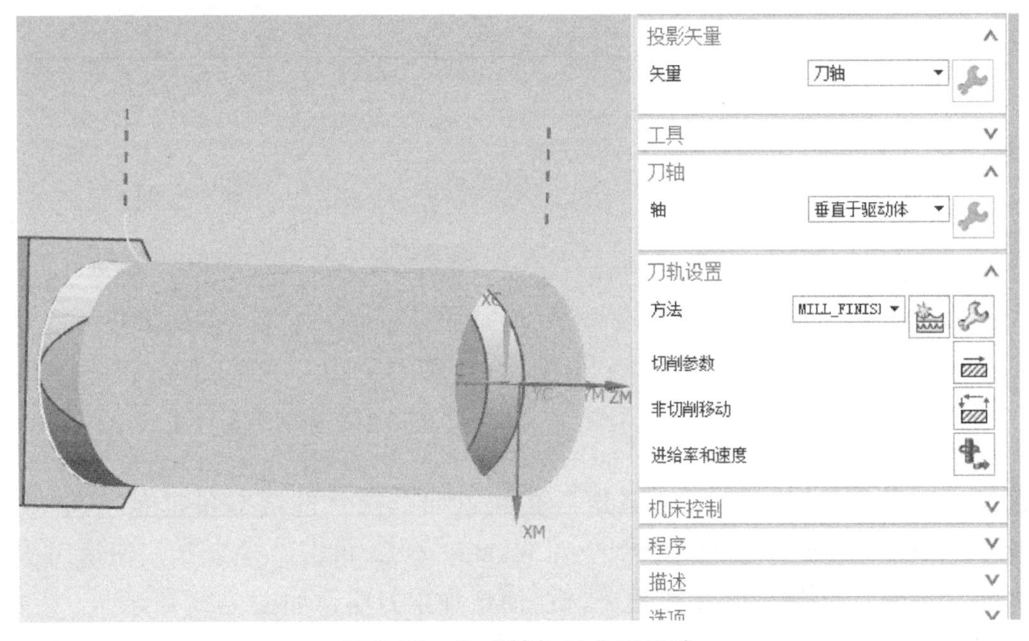

图 7-23　生成精加工曲面刀路

（11）生成圆柱的底部圆弧清根刀路　创建可变轮廓铣工序，几何体选择MCS_MILL，驱动方法选择“流线”，指定圆柱根部整圆曲线作为流曲线1，多边形曲线作为流曲线2，注意两个流曲线的箭头指向要一致，在驱动设置中步距数量为0，如图7-24所示，单击“确定”按钮。

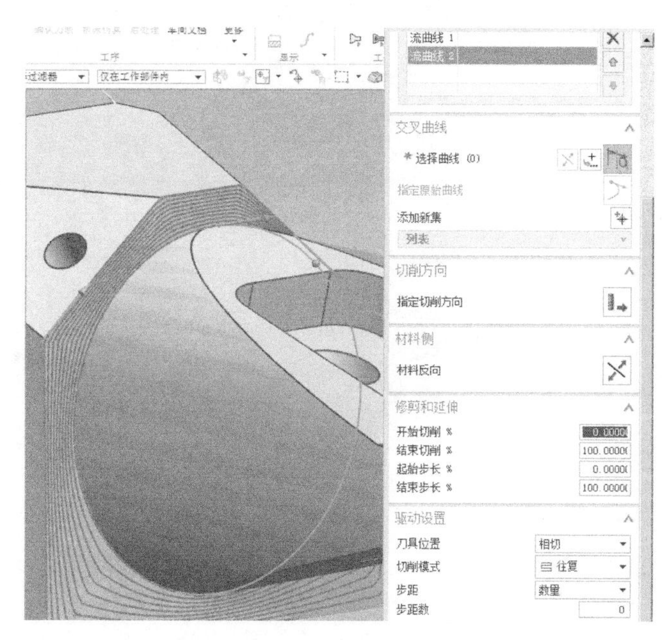

图 7-24　“流线”参数设置

投影矢量选择刀轴，选择刀轴“远离直线”，指定矢量选择圆柱轴线，进给率和速度设置主轴速度为1200r/min，切削进给率为300mm/min，生成刀路，如图7-25所示。

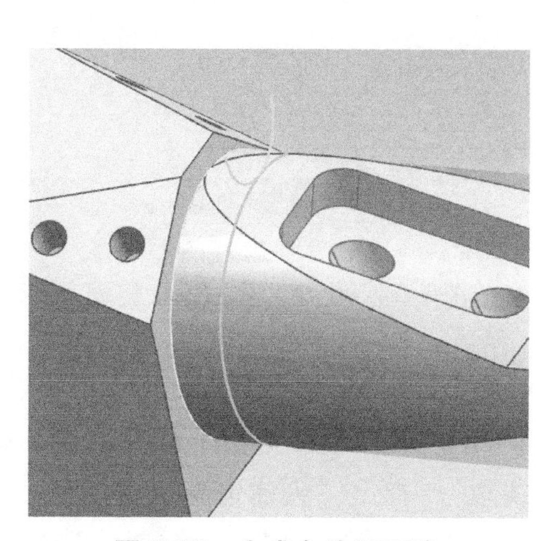

图 7-25　生成台阶面刀路

（12）生成圆柱斜面刀路　方法和之前铣四边形底面一样，可以复制之前的一个刀路，然后粘贴，更改指定切削区底面与刀轴矢量，底面毛坯厚度设置为4mm，每刀切削深度为2mm，生成刀路如图7-26所示。

然后使用“对象变换”功能，生成对称的另一边斜面刀路，如图7-27所示。

（13）生成前部两个底平面的刀路　使用相同的方法生成前部两个底平面的刀路，底面毛坯厚度设置为10mm，每刀切削深度为2mm，生成的刀路如图7-28所示。

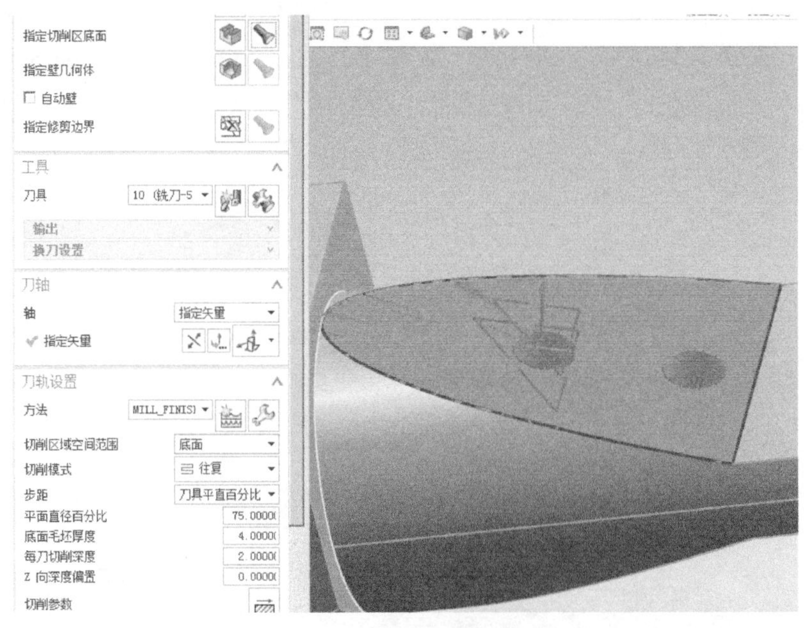

图 7-26　生成圆柱斜面刀路

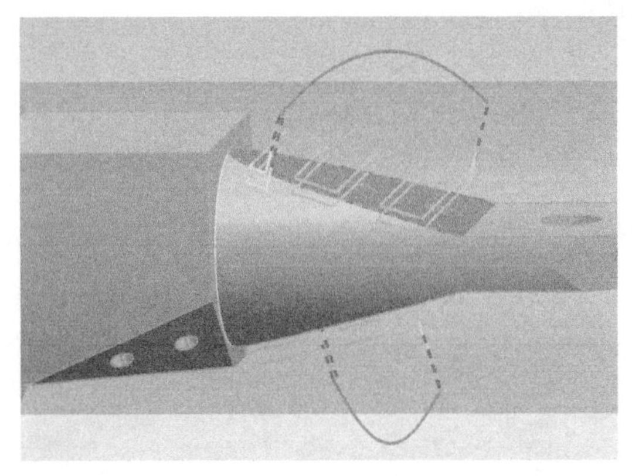

图 7-27　生成对称的圆柱斜面刀路

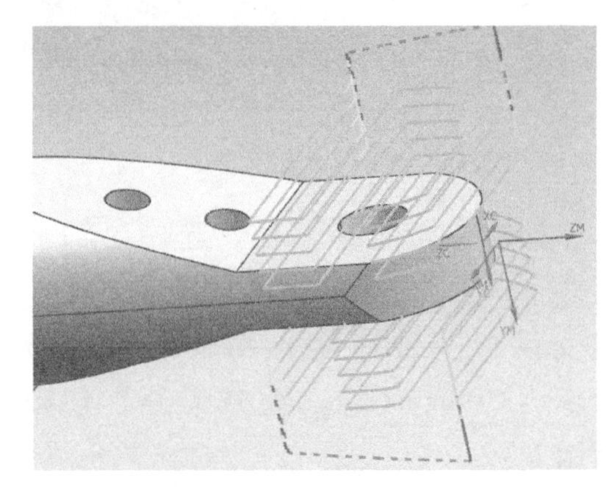

图 7-28　两个底平面刀路

（14）创建前部圆弧刀路　创建操作，选择“精加工壁工序”，几何体为 WORKPIECE，单击指定部件边界，弹出“边界几何体”对话框，模式选择“曲线边”，弹出“创建边界”对话框，设置如图 7-29 所示，单击“确定”按钮。

单击“指定底面”按钮，选择它的对称面，向下偏置距离设为 0.5mm，如图 7-30 所示，单击“确定”按钮。

选择刀轴为“指定矢量”，如图 7-31 所示。

切削模式选择“轮廓”，切削层类型选择“用户定义”，每刀切削深度公共设置为 2mm，其他设置如图 7-32 所示。

生成刀路，如图 7-33 所示。

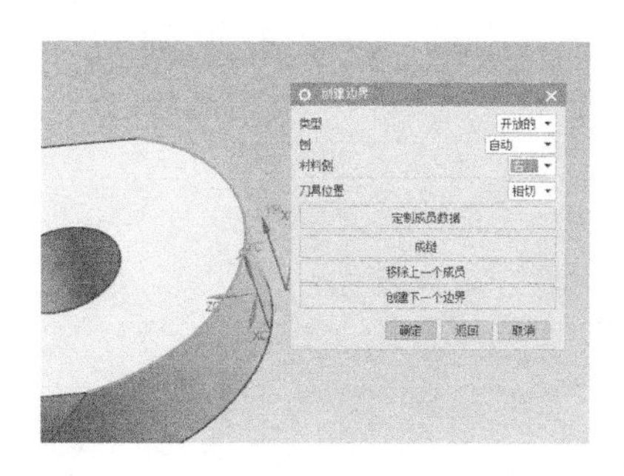

图 7-29 创建边界

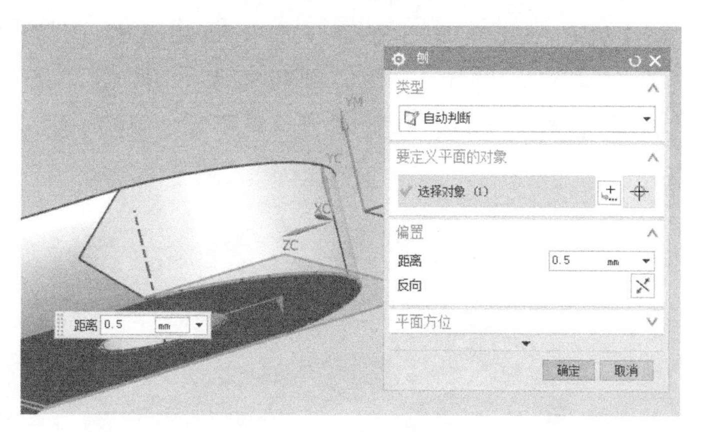

图 7-30 指定底面

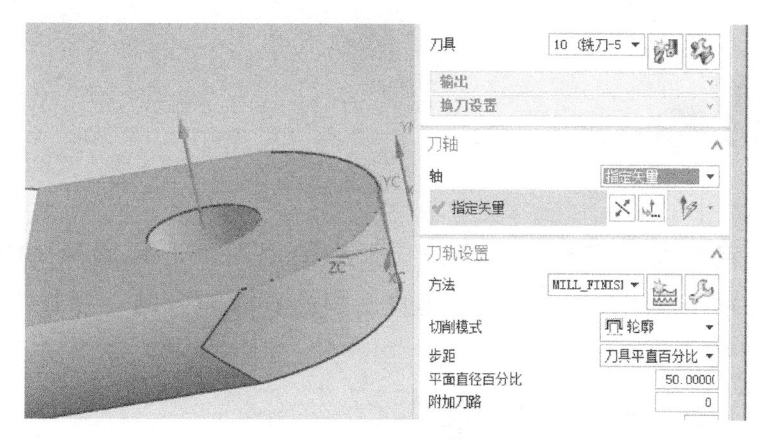

图 7-31 指定刀轴矢量

图 7-32 设置切削层

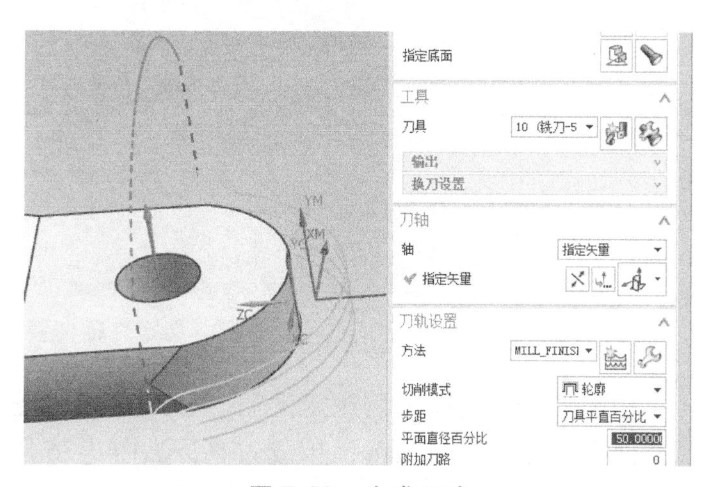

图 7-33 生成刀路

（15）创建斜面内轮廓刀路　创建操作，选择“精加工底面工序”，进入对话框，单击“指定部件边界”按钮，选择“曲线/边”，单击顶面上的四边形封闭曲线，如图 7-34 所示，材料侧选择“外部”，单击“确定”按钮。

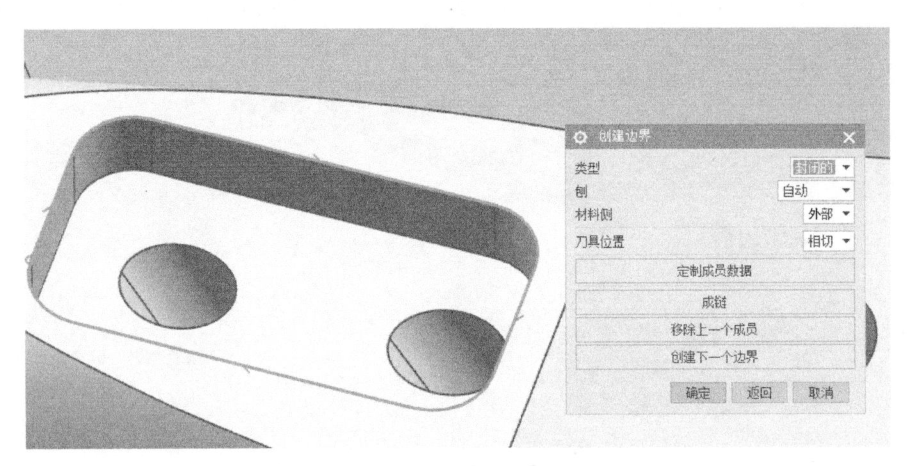

图 7-34　创建边界

单击“指定底面”按钮，选择四边形型腔底面，刀具选择 ϕ10mm 键槽铣刀，选择刀轴为“指定矢量”，指定垂直于型腔底面的方向，并且指向外部，如图 7-35 所示。

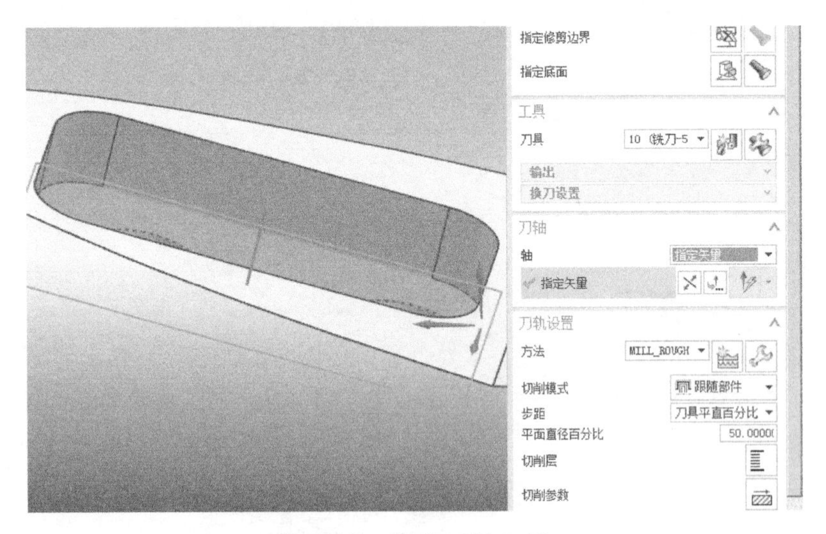

图 7-35　指定刀轴矢量

切削层类型选择“用户定义”，每刀切削深度公共设置为 2mm，切削参数里的部件余量设置为 0.1mm，生成刀路，如图 7-36 所示。

创建斜面型腔槽精加工刀路，复制此刀路并粘贴，刀具选择 ϕ4mm 键槽铣

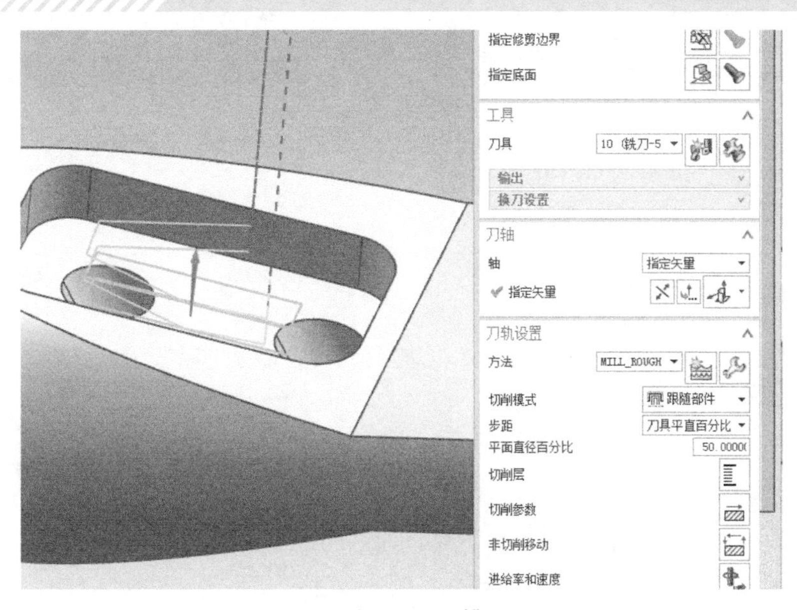

图 7-36 生成斜面型腔槽粗加工刀路

刀，把切削层类型改成“仅底面”，切削参数里的部件余量设置 0，生成刀路，如图 7-37 所示。

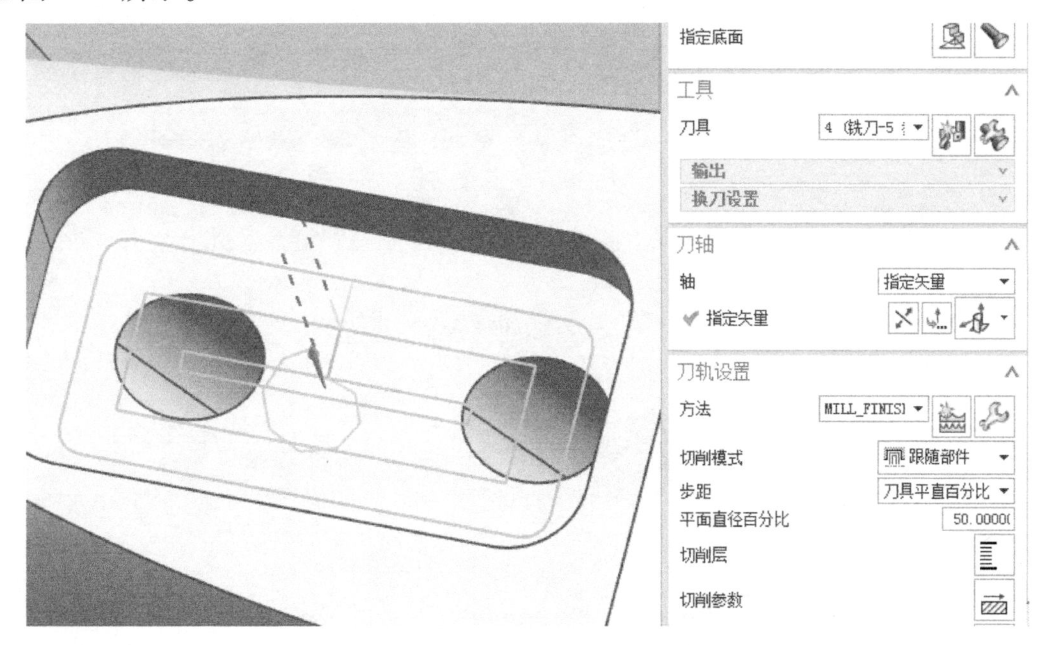

图 7-37 生成斜面型腔槽精加工刀路

（16）生成各个面的孔加工刀路 创建工序，类型选择 drill，工序子类型选择“钻孔”，如图 7-38 所示，弹出“钻孔”对话框，如图 7-39 所示。

单击“指定孔”按钮，选择四边形第一个斜面上的两个孔，如图 7-40 所示，单击“确定”按钮。

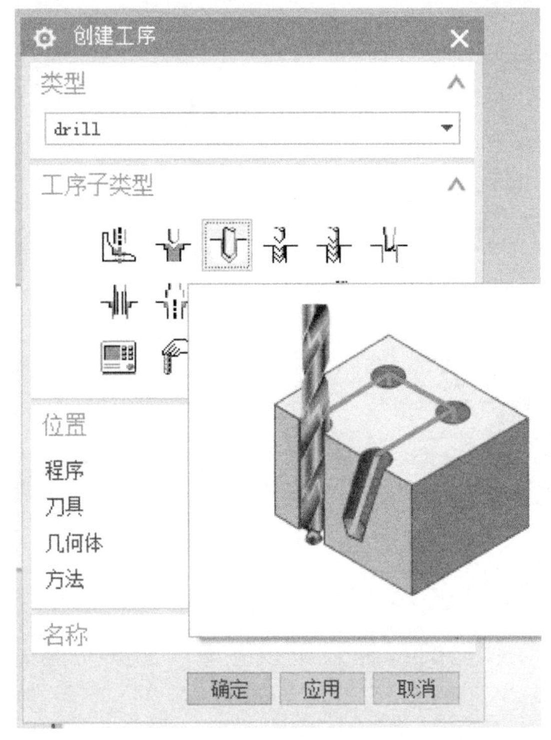

图 7-38　创建钻孔工序

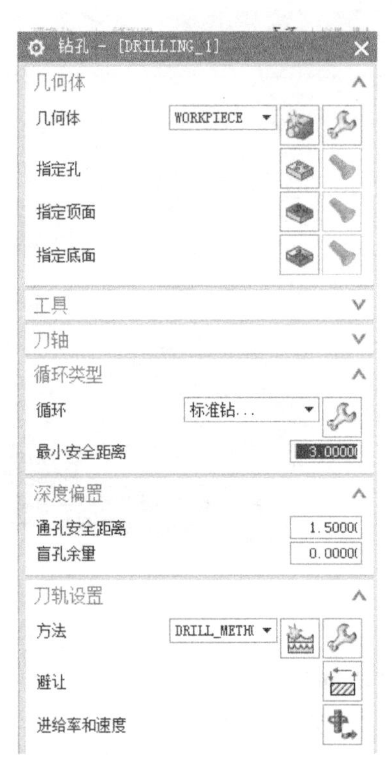

图 7-39　“钻孔”对话框

图 7-40　指定孔

单击“指定顶面”按钮，选择这个斜面的顶面，如图 7-41 所示，单击“确定”按钮后返回。工具选择直径为 3mm 的钻头。选择刀轴为“指定矢量”，选择这个斜面的法线方向，如图 7-42 所示。

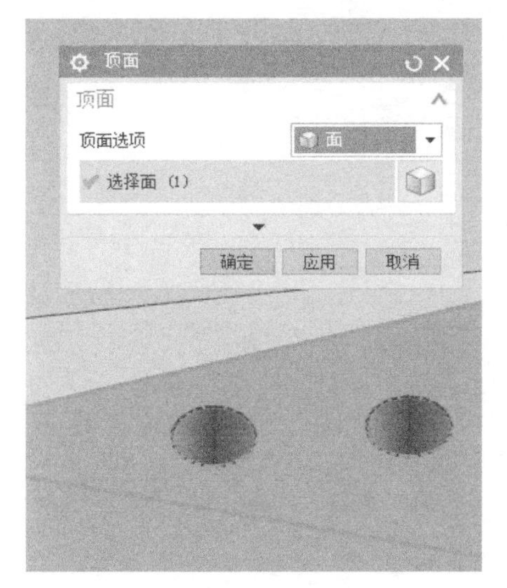

图 7-41　指定孔的顶面

图 7-42　指定刀轴矢量

循环类型选择“标准钻”，选择“刀尖深度”，深度为 8.9mm，生成刀路如图 7-43 所示。

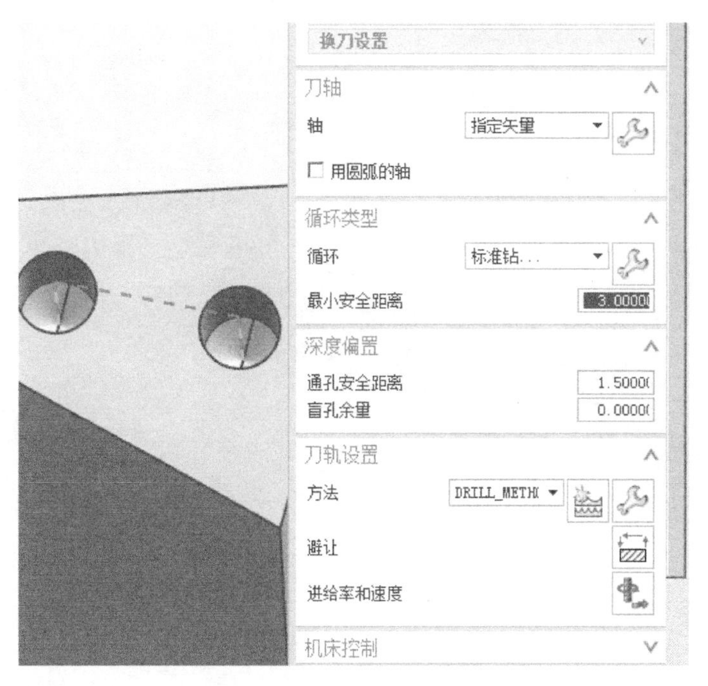

图 7-43　生成钻孔刀路

另外一个斜面的盲孔刀路也是这样创建的，其他面上的通孔刀路也可以这样创建。注意在输入深度时要略深一点，因为是通孔，所以只要钻头的刀尖出头就行。生成的钻孔刀路如图 7-44 所示。

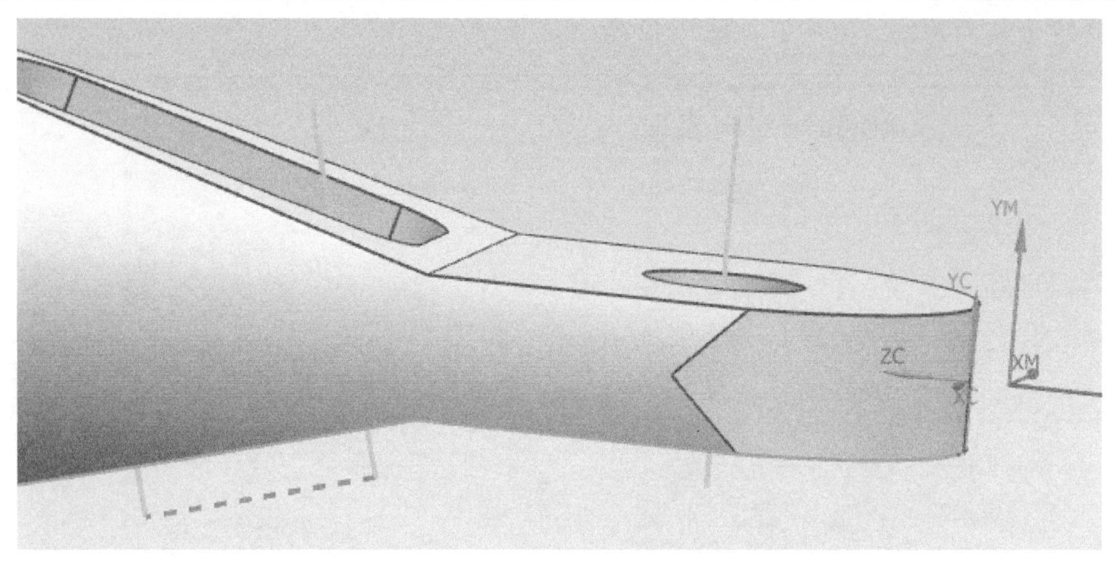

图 7-44　生成钻孔刀路

4. 生成后处理程序

根据生成的这些刀路，一共生成了 12 个后处理程序，如图 7-45 所示。

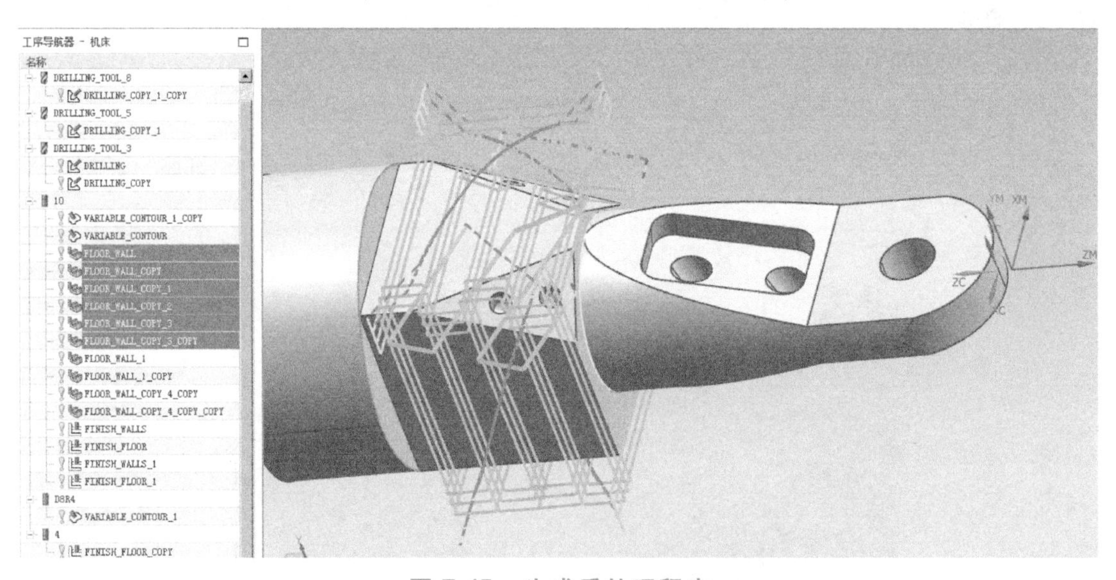

图 7-45　生成后处理程序

7.6 Vericut 仿真加工

五轴机床的加工步骤与之前介绍的四轴机床一样，只不过机床的模型、系统和程序不一样。下面讲解基于 DMU50 双转台正交五轴机床的 Vericut 加工仿真。

零件五轴定向加工仿真——Vericut 仿真加工

7.6.1 提出任务与分析任务

提出任务：用 Vericut 仿真软件进行零件五轴平面定向加工仿真。

分析任务：仿真加工过程包括选择控制系统、选择机床、定义夹具与毛坯、定义活动卡爪、定义刀具、选择程序、定义坐标系及自动加工等。

7.6.2 任务实施

1. 选择控制系统

打开 Vericut7.4.1 软件后，单击菜单栏上的“文件”→“新项目”创建一个新项目，再单击菜单栏上的“文件”选择工作目录，指定好工作目录，然后双击“控制” 控制图标，选择控制系统为“siemens 840D. ctl”。

2. 选择机床

单击“机床” 图标，选择机床模型为“dmg_dmu_50. xmch”。

3. 定义夹具与毛坯

单击项目树中的 Fixture 图标，选择配置组件中“添加模型”为“模型文件”，选择“kapan. stl”与“kazhua. stl”，右击 Fixture 图标依次选择“添加”→“更多”→“V 线性”。在配置组件中选择运动为“Y”，然后把卡爪拖到“线性 V”下面，会发现卡爪变成蓝色了。单击“毛坯” Stock (0, 0, 0)图标，选择配置组件中“添加模型”为“圆柱”，设置毛坯形状：高 110mm，半径 21.213mm，在位置文本框中输入“0 0 130”。

4. 定义活动卡爪

只有更加贴近实物的仿真才能精确检查出是否有碰撞，所以需要建立活动的自定心卡盘和回转顶尖。

单击卡爪调整位置到（0 ，5 ，0)，卡爪夹紧面与圆柱毛坯面接触，现在一个卡爪设置好了，第二个和第三个卡爪与前面四轴机床上设置的方法一样，结果如图 7-46 所示。

5. 定义刀具

单击“加工刀具” 图标，在配置刀具里打开刀具库文件“刀具 . tls”，这个刀具库里已经创建好了 6 把刀具，分别是 3 把钻头、2 把键槽铣刀和 1 把球头铣刀，在这里面可以根据实际刀柄尺寸建立刀柄数据，这样可以更加贴近实际

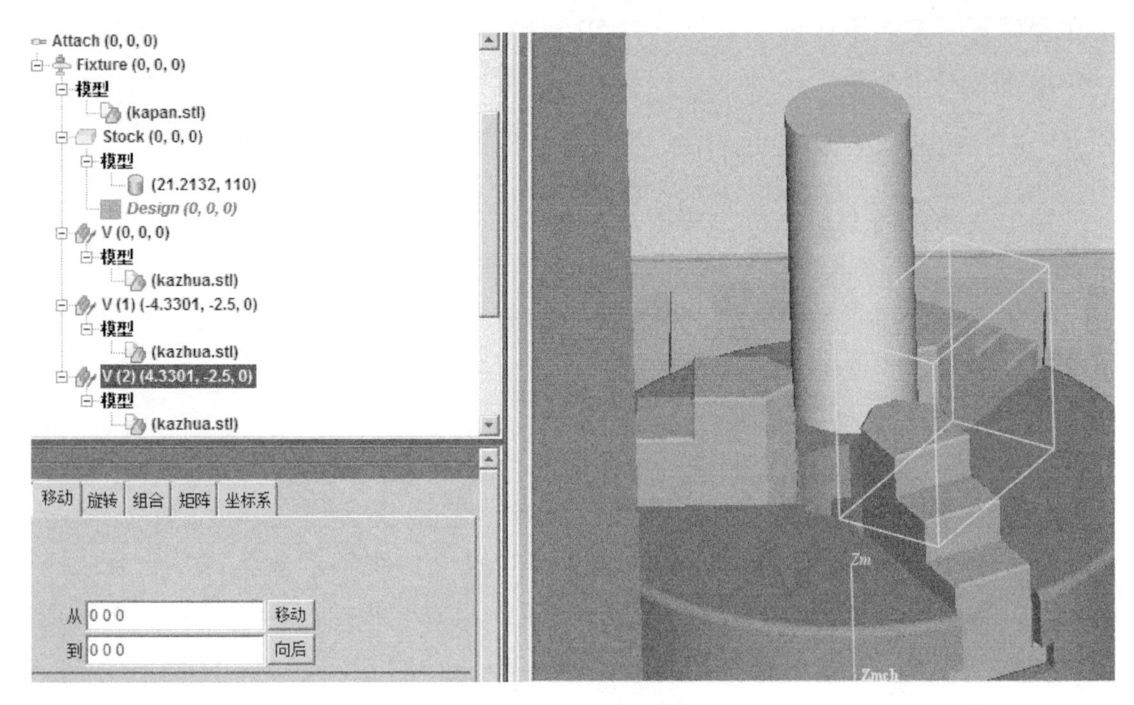

图 7-46　调整卡爪

加工，仿真得更加真实，如图 7-47 所示。

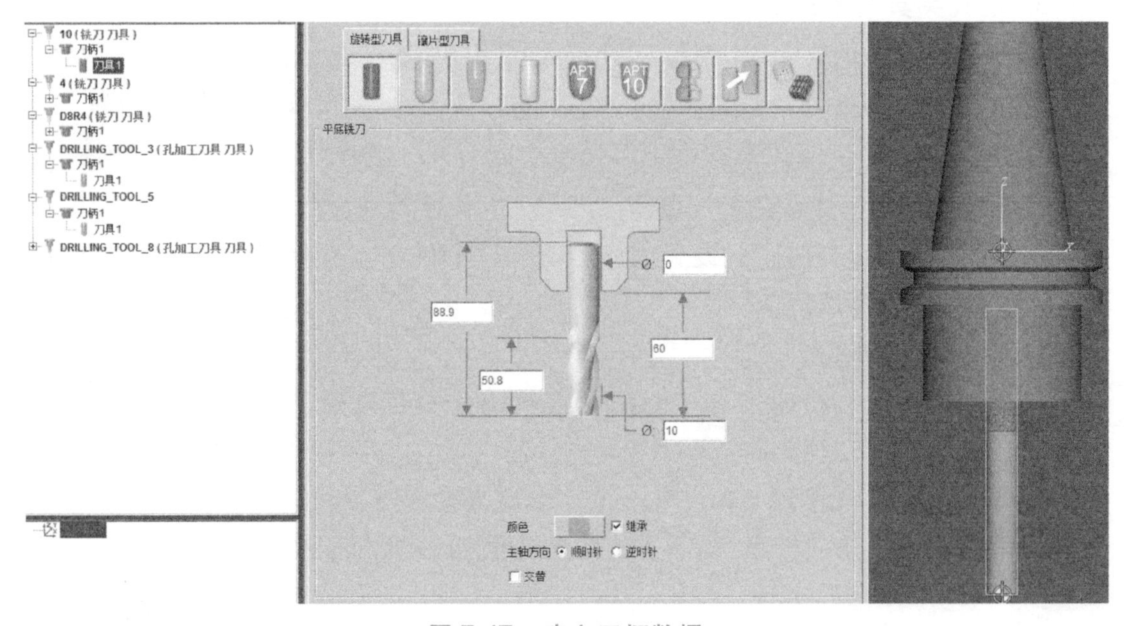

图 7-47　建立刀柄数据

6. 导入数控程序

单击“数控程序”图标，选择数控程序“五轴定向加工 1”~“五轴定向加工 11”文件，并且按照顺序排列，如图 7-48 所示。

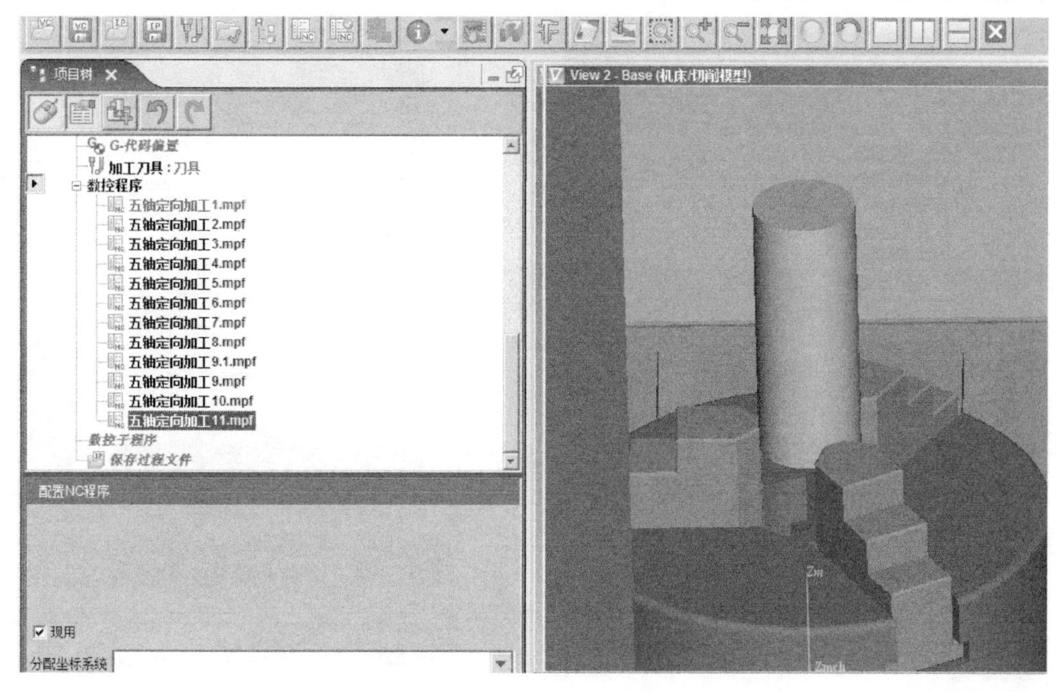

图 7-48　导入数控程序

7. 定义坐标系

单击“坐标系统”图标，再单击“添加新的坐标系”按钮，如图 7-49 所示；单击“G-代码偏置”图标，在“偏置名”下拉列表中选择“程序零点”，如图 7-50 所示。

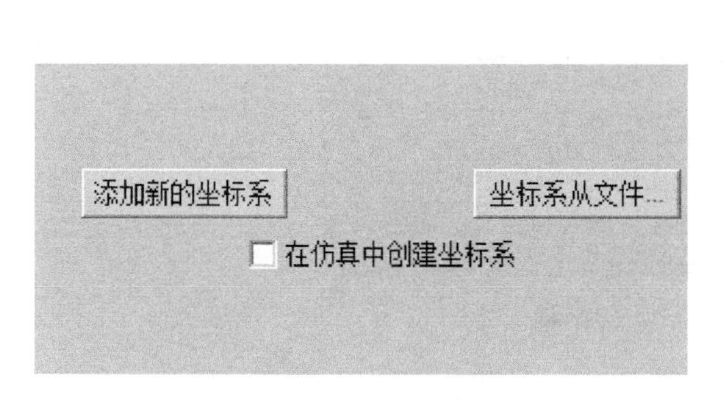

图 7-49　添加坐标系

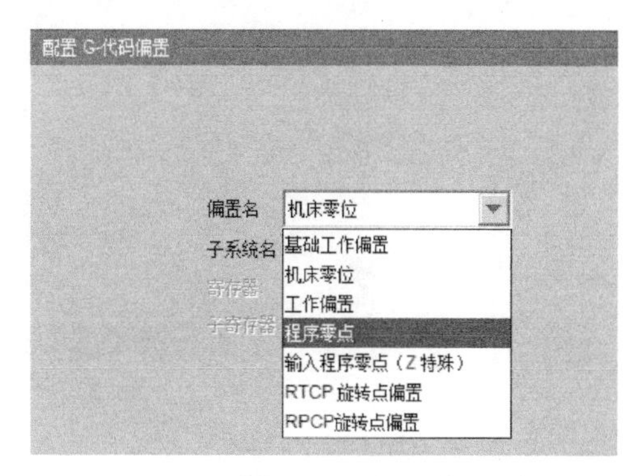

图 7-50　选择“程序零点”选项

单击从“组件”→Stock→“调整到位置”右边的箭头，选择毛杯棒料上端面中心，调整到位置显示（0，0，240），如图 7-51 所示。

8. 自动加工

设置完成后，单击“循环启动”图标，启动数控机床自动加工。仿真加工结果如图 7-52 所示。

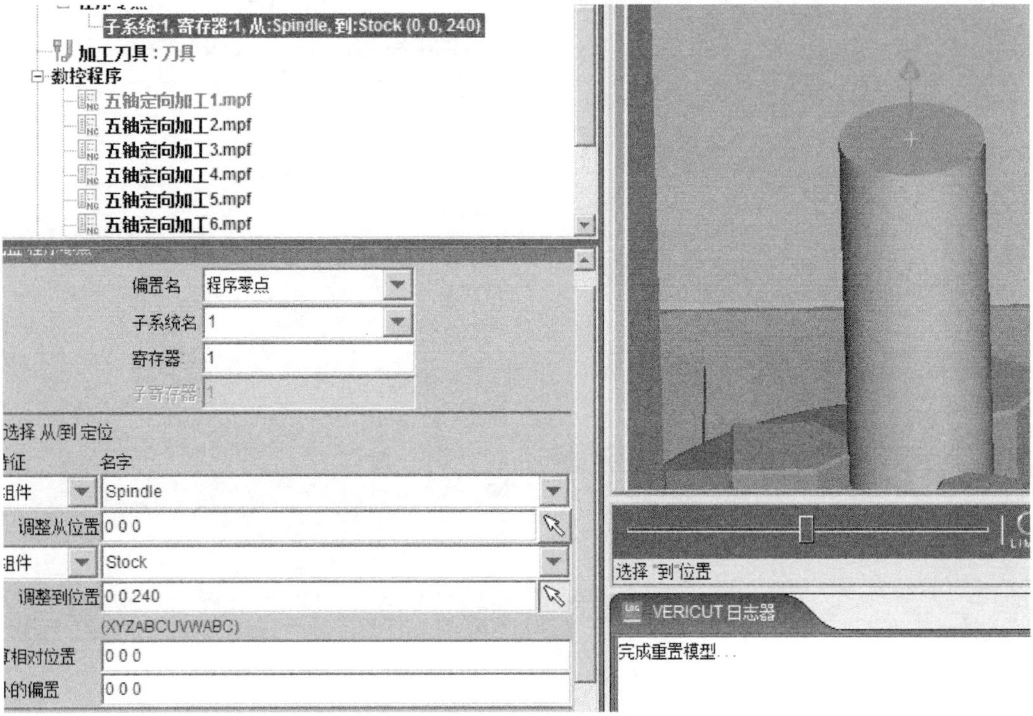

图 7-51　选择毛坯上端面中心

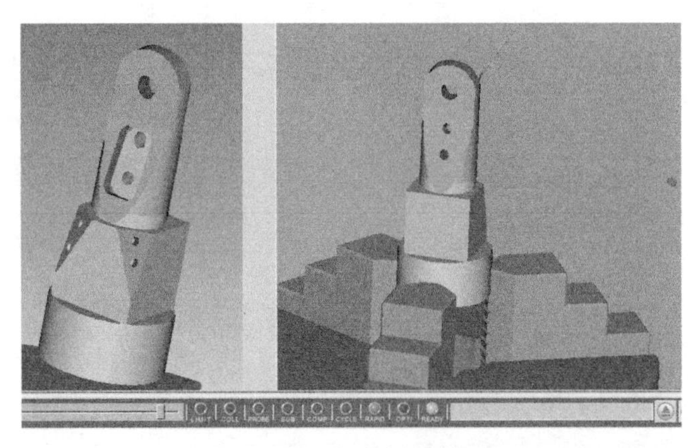

图 7-52　仿真加工结果

7.7 学习评价

本章学习完成后，依据表 7-2 考核评价表，采取自评、互评、师评三方进行评价。

表 7-2 考核评价表

评价项目	考核内容	考核标准	配分	自评	互评	师评	总评
任务完成情况评定（80分）	五轴加工中心定向加工方法的理解	正确率 100% 20分 正确率 80% 16分 正确率 60% 12分 正确率<60% 0分	20				
	加工工艺	正确率 100% 10分 正确率 80% 8分 正确率 60% 6分 正确率<60% 0分	10				
	生成刀路	正确率 100% 30分 正确率 80% 24分 正确率 60% 18分 正确率<60% 0分	30				
	仿真加工	规范、熟练 20分 规范、不熟练 10分 不规范 0分	20				
职业素养（20分）	知识	是否复习	每违反一次，扣5分，扣完为止				
	纪律	不迟到、不早退、不旷课、不游戏					
	表现	积极、主动、互助、负责、有改进精神等					
总分							
学生签名			教师签名				

第8章　内球面零件及刻字的五轴加工与仿真

【学习目标】

知识目标：

1. 了解五轴联动加工中心的加工范围。
2. 掌握多轴编程的基本加工策略。
3. 掌握刀轴“插补矢量”的应用方法。
4. 掌握 NX 编程软件加工模块的基本操作。
5. 掌握 NX 加工模块中基本参数的设置。

技能目标：

1. 能根据零件加工要求合理安排加工工艺。
2. 能根据零件加工要求合理安排加工刀具。
3. 能根据机床类型正确设置加工原点与安全平面。
4. 会使用 NX 后处理生成程序。
5. 会使用 Vericut 仿真软件对零件进行仿真加工。

素质目标：

1. 培养学生具备良好的科学精神和态度。
2. 培养学生自我学习的良好习惯、爱好和能力。
3. 培养学生适宜的受挫折能力，提高学生心理成熟度和提升基本品质。
4. 培养学生依法规范自己行为的意识和习惯。

本章通过一个内球面零件的加工及刻字来简要说明通过调整刀轴矢量来体现出五轴加工的优势，类似航空领域的矢量发动机，可以调整角度以满足加工要求。

如图 8-1 所示为三轴数控铣床整圆刀路，刀具垂直于工件表面。图 8-1 中，左边是一个弯曲的门洞，右边的刀具如果按照这样常规的三轴数控铣床的刀路进给，刀具肯定过不了这个门洞，会和这个门洞发生碰撞，如图 8-2 所示。

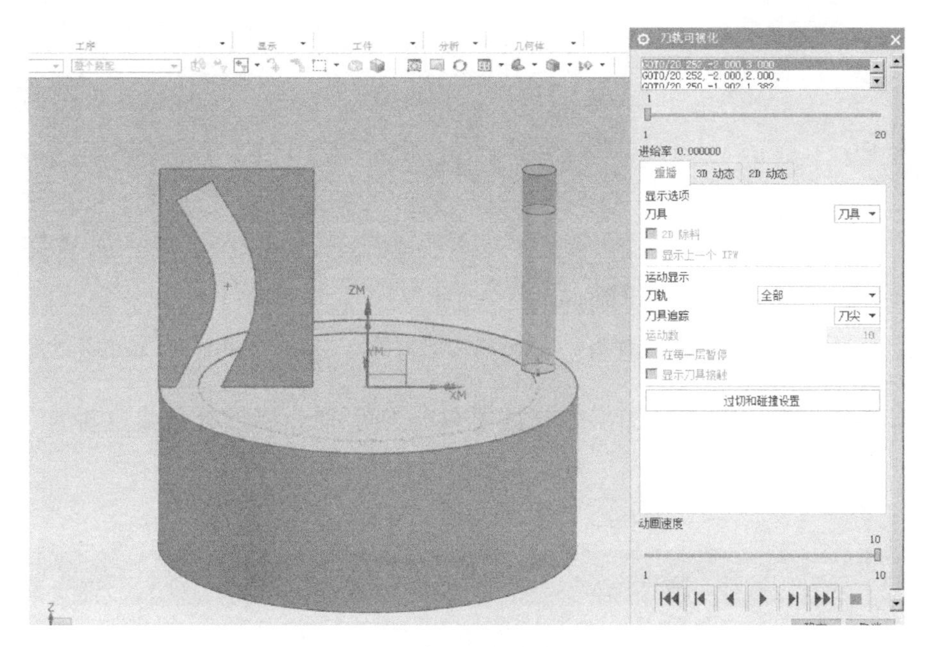

图 8-1　三轴数控铣床的刀路

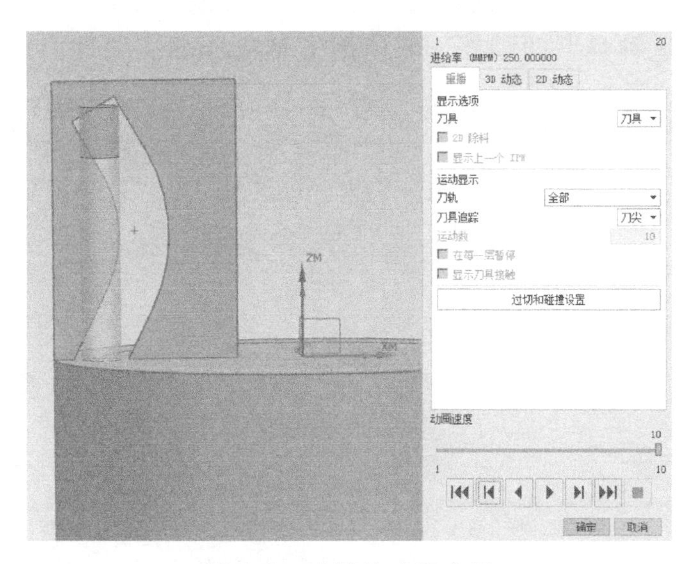

图 8-2　碰撞轨迹示意图

但是五轴机床可以根据需要调整刀轴矢量，使刀具可以在空间方向和位置上进行调整，如图 8-3~图 8-5 所示，五轴机床的刀路经过调整刀轴矢量后，刀具可以很顺利地通过这个门洞，不会与门洞的三边发生干涉。这就是插补矢量，使刀具在某一时刻改变位置与方向，以满足加工要求。

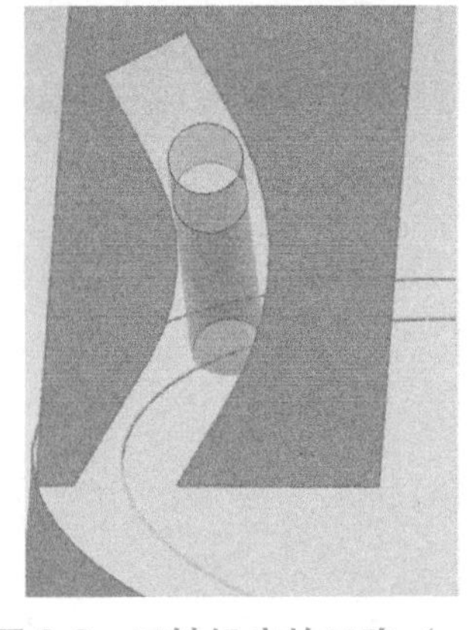

图 8-3　五轴机床的刀路（一）

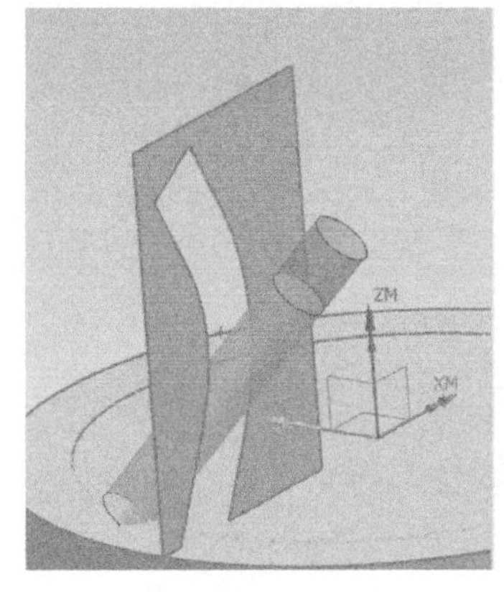

图 8-4　五轴机床的刀路（二）

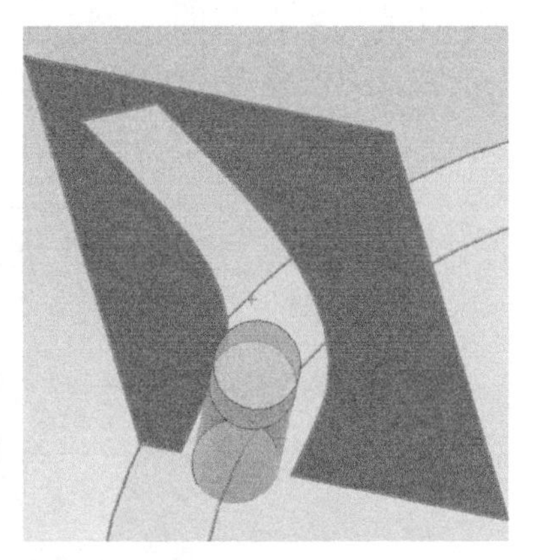

图 8-5　五轴机床的刀路（三）

下面通过改变刀轴矢量加工内球面零件与刻字来介绍插补矢量这种加工方法。

8.1 加工预览

图 8-6 所示为零件的内球面截面，可以很明显发现用普通的三轴机床、四轴机床是不能加工这种类型的零件，而使用五轴机床加工零件内球面及在内球面

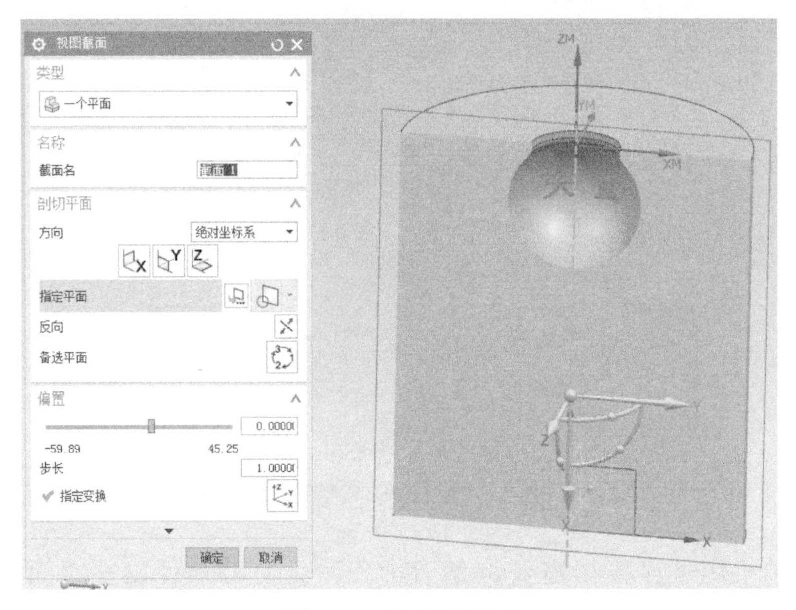

图 8-6　内球面截面

上刻字可以很好地体现出五轴机床的优势，其关键就是选择好投影矢量与刀轴之间的关系。

8.2 模型分析

在本实例中运用型腔铣粗加工、可变轮廓铣精加工操作来完成零件的加工。由模型分析可知，该零件是一个口小内腔大的内球面零件，并且内球面上有文字需要雕刻，因此必须采用五轴定向加工来完成。

8.3 加工工艺规划

加工工艺规划包括加工工艺路线的制订、加工方法的选择和加工工序的划分。根据该零件的特征和NX10的加工特点，整个零件的加工分为以下工序：

1）三轴粗加工零件内球面型腔体，运用三轴“型腔铣”粗加工型腔，选择键槽铣刀D10。

2）精加工零件内球面，运用“可变轮廓铣”操作。

3）加工内球面文字图案。

各工序具体的加工对象、加工方式和加工刀具见表8-1。

表8-1 加工对象、加工方式和加工刀具

工序	加工对象	加工方式	加工刀具
1	粗加工零件内球面	型腔铣	D10
2	精加工零件内球面	可变轮廓铣	D6R3
3	加工零件内球面文字图案	插补矢量	D0.2

8.4 进入NX设计环境

创建圆柱毛坯，直径为80mm，高为90mm，如图8-7所示。

由于内球面文字图案的深度是根据对刀精度和刀路高度偏置的数值而定的，

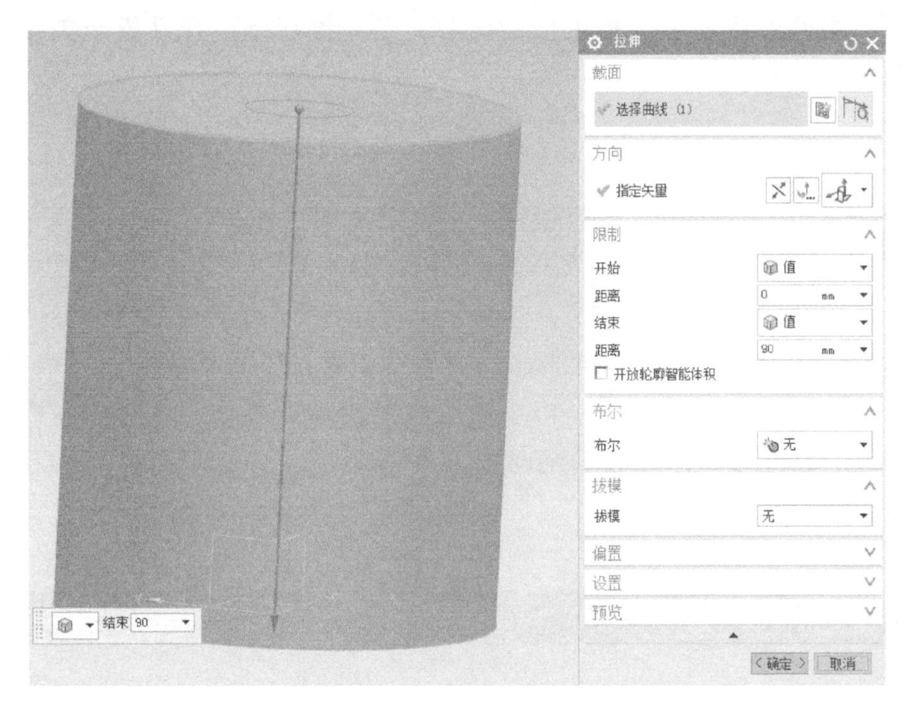

图 8-7　创建毛坯

所以为了更加精确地在内球面上刻出字来，即要求这个字的各个节点的法线方向深度一致，先把内球面的曲面向外偏置 1mm，然后调整 Z 轴偏置来调整刻字深度。

单击“偏置曲面”图标，再单击内球面，向外偏置 1mm，如图 8-8 所示，单击“确定”按钮。

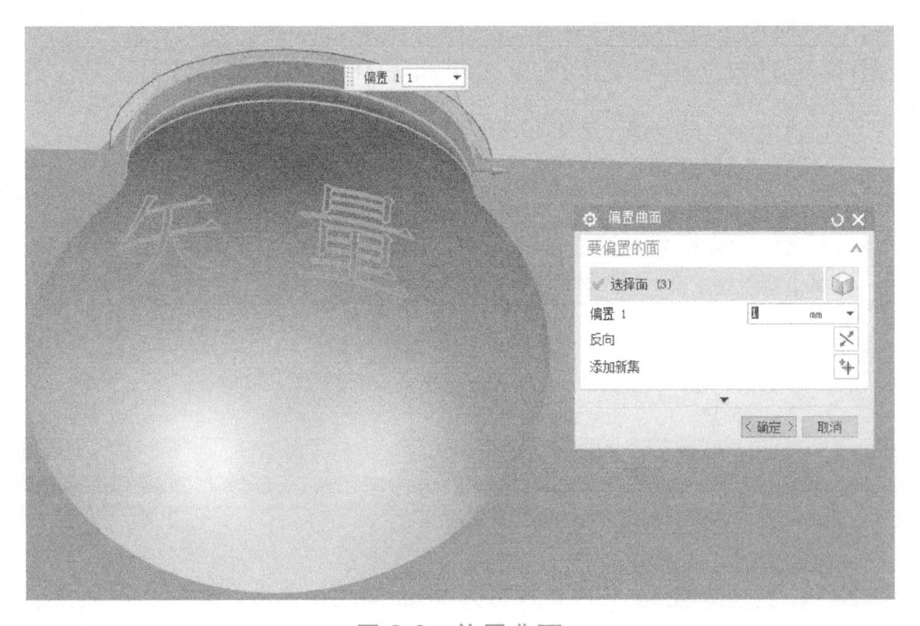

图 8-8　偏置曲面

8.5 NX加工步骤

1. 进入加工环境

在“开始”菜单选择“加工”命令，或使用快捷键<Ctrl+Alt+M>，进入加工模块，系统弹出“加工环境”对话框。在“要创建的 CAM 设置”列表框中选择“mill_planar”模块，单击“确定”按钮，完成加工的初始化设置。

2. 设置父节点组

（1）设置加工坐标系　在“导航器”工具栏中，单击“几何视图”按钮，将工序导航器切换到“几何视图”。双击“MCS_MILL”，系统弹出“MCS 铣削”对话框，单击“指定 CSYS”按钮，在绘图区选择如图 8-9 所示的点，以工件的上端面圆心为加工坐标系原点，并调整好坐标系的方向，展开对话框，装夹偏置设置为“1”，单击“确定”按钮，完成加工坐标系的设置。

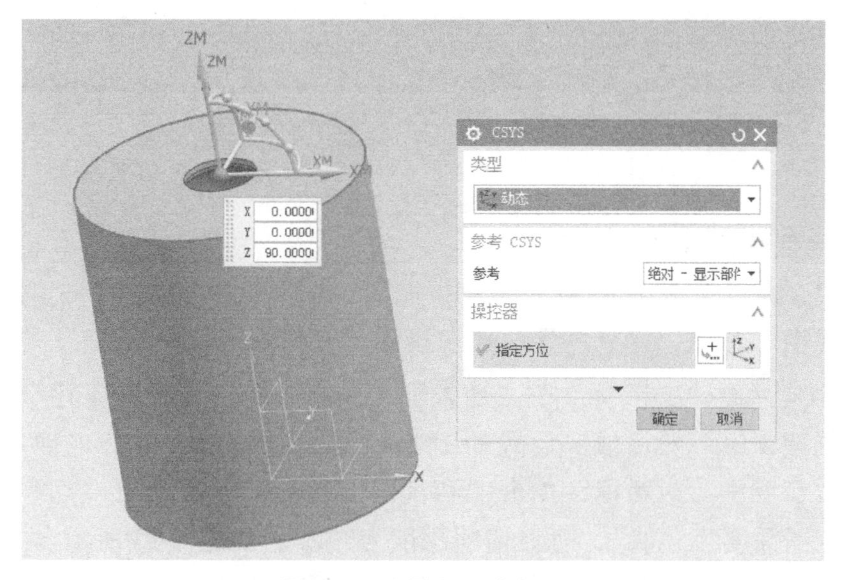

图 8-9　设置加工坐标系

（2）设置安全平面　在“MCS 铣削”对话框中，安全设置选项选择“自动平面”，安全距离为 10mm，单击“确定”按钮，完成安全设置。

（3）创建工件几何体　在工序导航器的几何视图中，双击节点，系统弹出“铣削几何体”对话框。单击“指定部件”按钮，弹出“部件几何体”对话框。单击模型后再单击“确定”按钮，完成工件几何体的创建。

(4) 创建毛坯几何体　在“铣削几何体”对话框中，单击“指定毛坯”按钮，系统弹出“毛坯几何体”对话框，按快捷键<Ctrl+Shift+B>，显示毛坯，单击已创建的毛坯圆柱体，单击“确定”按钮，完成毛坯几何体的创建。

(5) 创建刀具节点组　在“导航器”工具栏中，单击“机床视图”按钮，将工序导航器切换到“机床视图”。单击“加工创建”工具栏中的“创建刀具”按钮，弹出“创建刀具”对话框，分别创建 3 把刀具，键槽铣刀 D10、球头铣刀 D6R3，单击“确定”按钮。

(6) 设置加工方法　双击粗加工 MILL_ROUGH，部件余量设为 0.5mm，内外公差设为 0.03mm，如图 8-10 所示；双击精加工 MILL_FINISH，部件余量设为 0，内外公差设为 0.01mm，如图 8-11 所示，单击“确定”按钮，完成加工方法的设置。

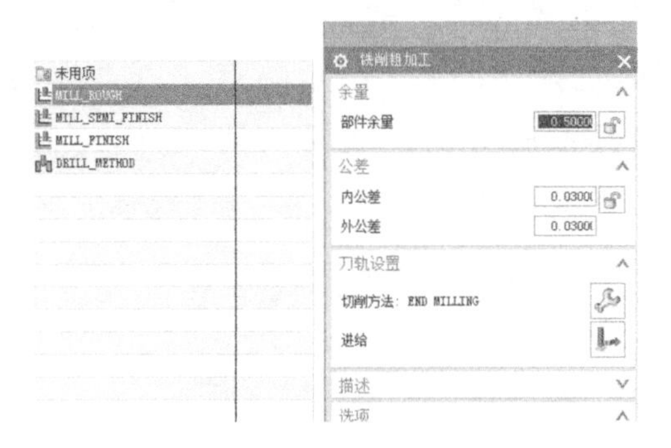

图 8-10　设置粗加工

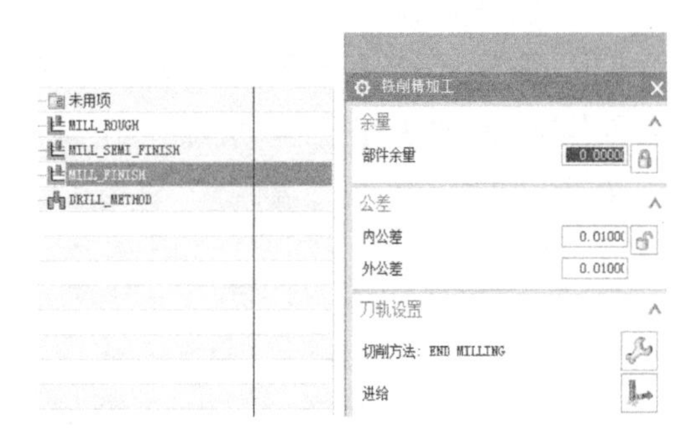

图 8-11　设置精加工

3. 创建型腔铣粗加工工序

(1) 将工序导航器切换到“几何视图”　在“工序导航器”工具栏中，单击“几何视图”按钮，将工序导航器切换到“几何视图”。

(2) 创建型腔铣工序　在“插入”工具栏，单击“创建工序”按钮，系统弹出“创建工序”对话框，设置如图 8-12 所示的参数，单击“确定”按钮，系统弹出“型腔铣”对话框，单击“切削层”按钮，系统弹出“切削层”对话框，设置范围深度为“24”，每刀切削深度为“2”，如图 8-13 所示。

设置切削参数，主轴速度为 1000r/min，切削进给率为 300mm/min，单击“确定”按钮返回，单击“生成刀路”按钮，生成粗加工刀路如图 8-14 所示。

4. 创建二次粗加工内球面可变轮廓铣工序

创建多轴加工中的可变轮廓铣粗加工工序，驱动方法选择“曲面”，在曲面区域驱动方法设置中，“指定驱动几何体”选择内球面，切削方向选择横向的从上至下，切削模式选择“螺旋”，步距数为 10，如图 8-15 所示，单击“确定”按钮返回。

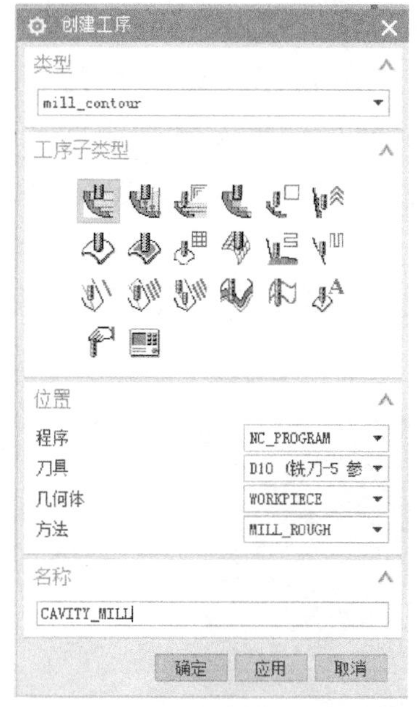

图 8-12 “创建工序”对话框

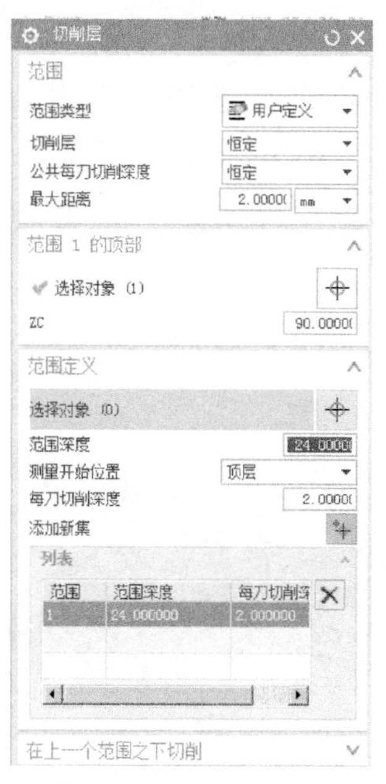

图 8-13 “切削层”对话框

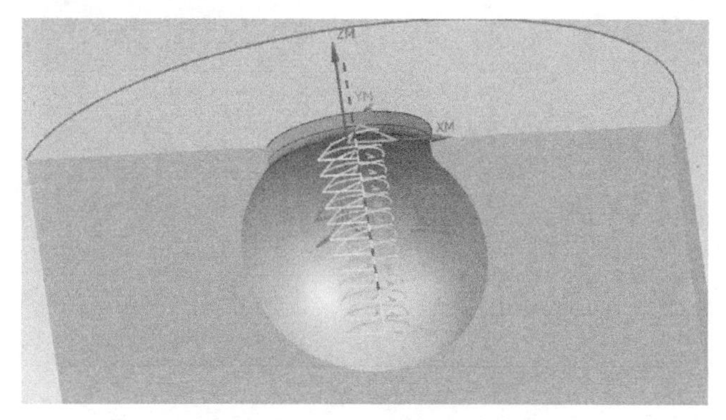

图 8-14 生成粗加工刀路

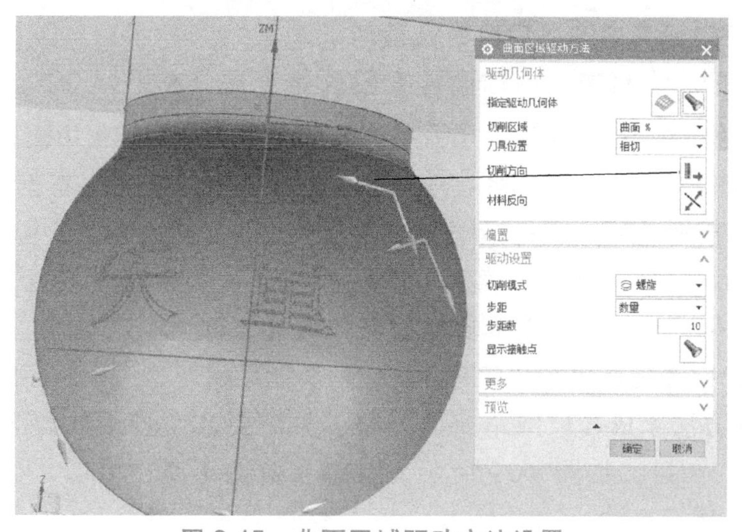

图 8-15 曲面区域驱动方法设置

投影矢量选择“刀轴”，刀具选择“D6R3”球头铣刀，刀轴选择“朝向点”，“指定点”选择上表面圆心这一点，如图 8-16 所示；切削参数中，部件余量设为“0.2”mm，再选择“多刀路”，部件余量偏置文本框中输入“4”，勾选“多重深度切削”复选框，增量改为“2”，单击“确定”按钮返回；在进给率与速度选项中，主轴速度为 1000r/min，切削进给率为 300mm/min，单击“确定”按钮返回；单击“生成刀路”按钮，生成二次开粗刀路如图 8-17 所示。

图 8-16　设置“点”对话框

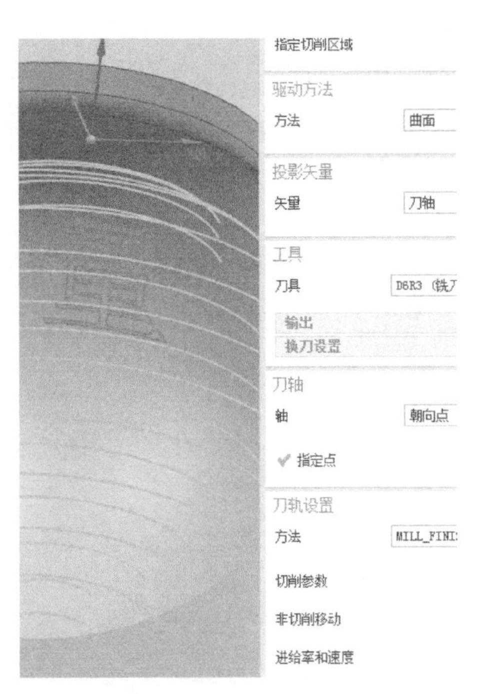

图 8-17　生成二次粗加工刀路

5. 创建多轴加工中的可变轮廓铣精加工工序

复制前面的二次粗加工内球面可变轮廓铣工序并粘贴，双击，驱动方法选择“曲面”，单击编辑按钮，只需要改变步距数为 200；在切削参数中，部件余量文本框中输入“0”，再选择“多刀路”，部件余量偏置文本框中输入“0”，单击“确定”按钮返回；在进给率与速度选项中，主轴速度为 1500r/min，切削进给率为 300mm/min，单击“确定”按钮返回，其余参数都不变，单击“生成刀路”按钮，生成精加工内轮廓曲面刀路如图 8-18 所示。

6. 创建孔口圆角曲面加工工序

用同样的方法生成孔口圆角曲面刀路，只需要改变步距数为 20，指定点的位置是（0，0，94），如图 8-19 所示，其余参数都不变，单击“生成刀路”按钮，如图 8-20 所示。

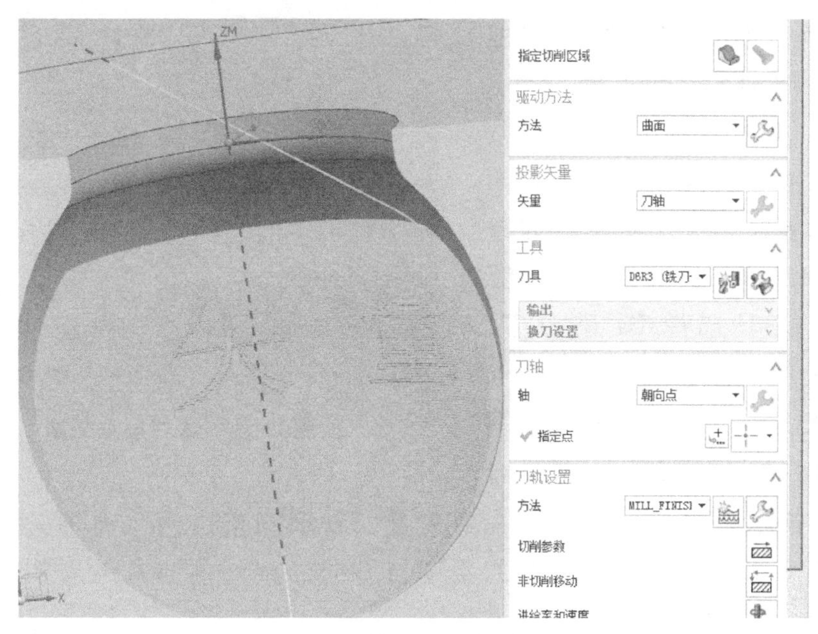

图 8-18 生成精加工内轮廓曲面刀路

图 8-19 指定点的位置

图 8-20 生成孔口圆角曲面刀路

7. 创建内球面的刻字工序

创建多轴加工中的可变轮廓铣加工工序，进入对话框，几何体选择“MCS_

MILL”，“指定部件”选择偏置的内球面曲面，驱动方法选择“曲线/点”，在“曲线/点驱动方法”对话框中，单击“选择曲线”按钮，用光标选取曲线，每一个封闭的曲线轮廓要添加一个新集，先选择第一个字“矢”，单击“确定”按钮返回。刀具选择 D1 雕刻刀，选择投影矢量为“刀轴”，刀轴选择“插补矢量”，单击旁边的“编辑”按钮进入“插补矢量”对话框，在对话框中有两个已经存在的矢量，分别调整这两个刀轴矢量的角度，可以直接单击这个矢量调整刀具的角度与方向，直到不与孔的周围发生干涉，如图 8-21 所示。

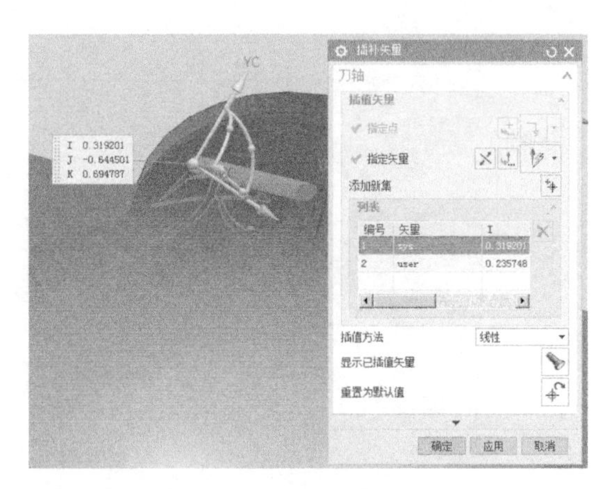

图 8-21 调整插补矢量

设置进给率与速度，主轴速度设为 8000r/min，切削进给率设为 500mm/min，其他参数都不变，单击“生成刀路”按钮，系统开始计算并生成刀具路径，调整实体透明度后可以看到，刀路是在偏置的曲面上，结果如图 8-22 所示。

如果矢量调整得不对，也就是刀具会与周围发生干涉，则生成的刀路会发生“跳刀”的情况，如图 8-23 所示。

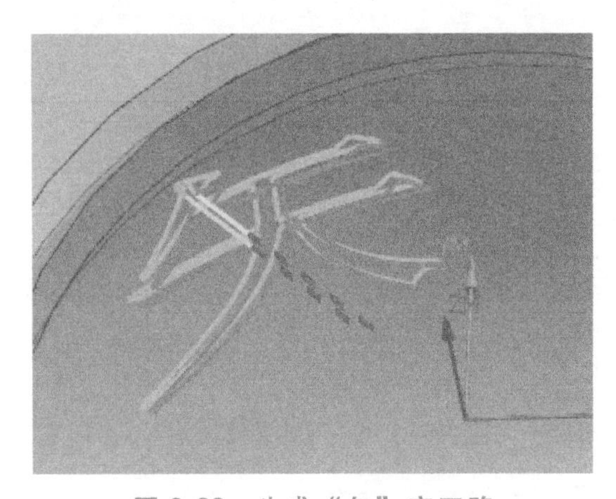
图 8-22 生成“矢”字刀路

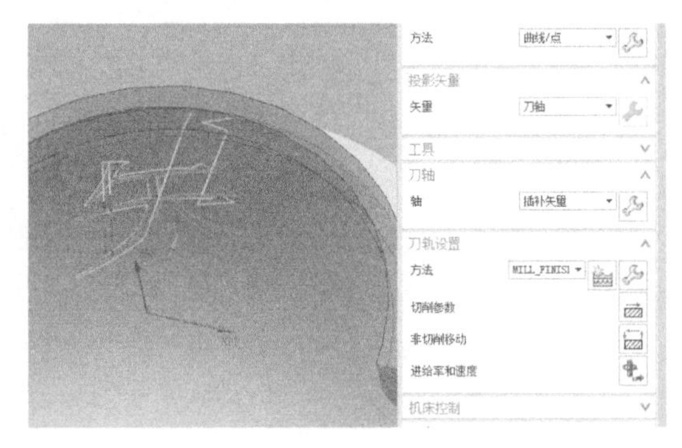

图 8-23 发生“跳刀”

用同样的方法创建“量”字的雕刻刀路，如图 8-24 所示。

8. 生成后处理程序

根据生成的这些刀路，一共生成了 3 个程序，一种规格的刀具对应一个程序，如图 8-25 所示。

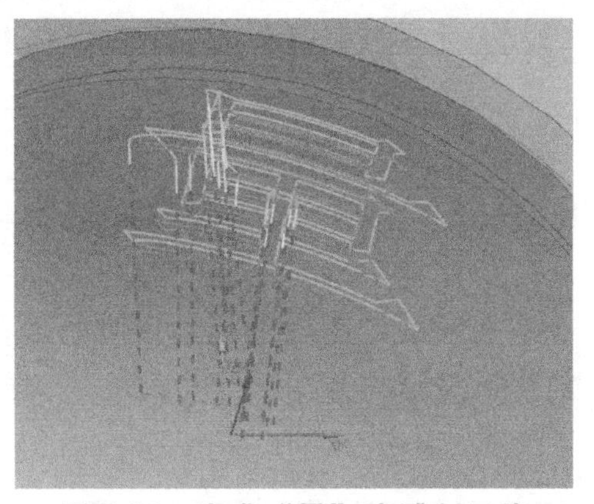

图 8-24 生成“量”字雕刻刀路

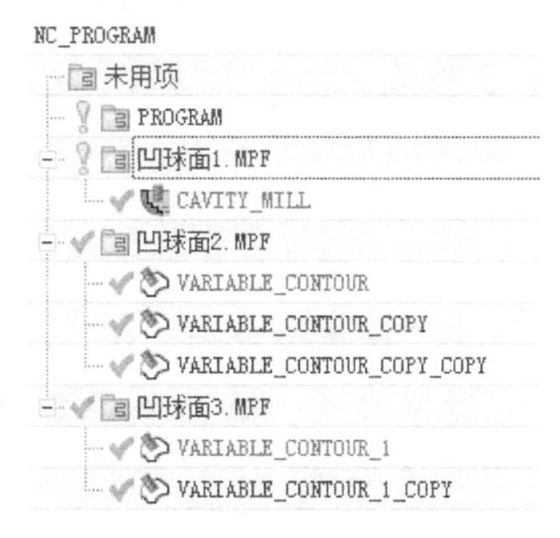

图 8-25 生成后处理程序

8.6 Vericut 仿真加工

五轴机床的加工步骤，与之前介绍的四轴机床一样，只不过机床的模型、系统和程序不一样。下面建立一个基于 DMU50 双转台正交五轴机床的 Vericut 仿真加工实例。

8.6.1 提出任务与分析任务

提出任务：使用 Vericut 仿真软件进行内球面零件五轴平面定向加工仿真。

分析任务：仿真加工过程包括选择控制系统、选择机床、定义夹具与毛坯、定义活动卡爪、定义刀具、选择程序、定义坐标系及自动加工等。

8.6.2 任务实施

1. 选择控制系统

方法参考 3.6.2 节。

2. 选择机床

方法参考 3.6.2 节。

3. 定义夹具与毛坯

单击项目树中的 Fixture 图标，选择配置组件中“添加模型”为“模型文件”，选择“kapan. stl”与“kazhua. stl”，右击 Fixture 图标依次选择“添加”→“更多”→“V 线性”。在配置组件中选择“运动”为“Y”，然后把卡爪拖到“线性 V”下面，会发现卡爪变成蓝色了。单击“毛坯” Stock (0, 0, 0) 图标，选择配置组件中“添加模型”为“圆柱”，设置毛坯形状为：高 90mm，半径 40mm，在位置文本框中输入“0 0 100”。

4. 定义活动卡爪

只有更加贴近实物的仿真才能精确检查出是否有碰撞，所以需要建立活动的自定心卡盘和回转顶尖。

单击卡爪调整位置到（0，-15，0），卡爪夹紧面与圆柱毛坯面接触，现在一个卡爪设置好了，第二个和第三个卡爪与之前四轴机床上设置的方法一样，结果如图 8-26 所示。

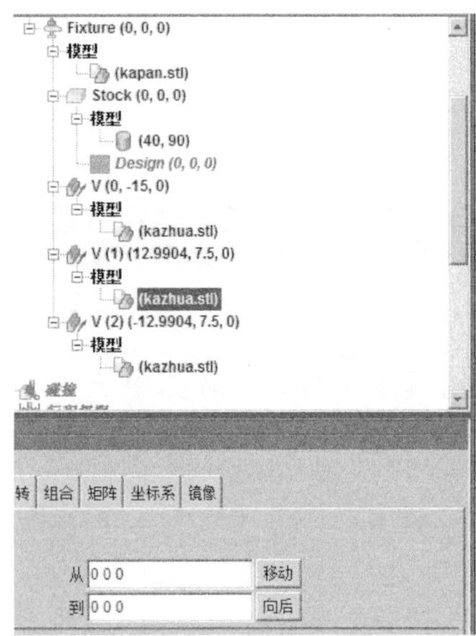

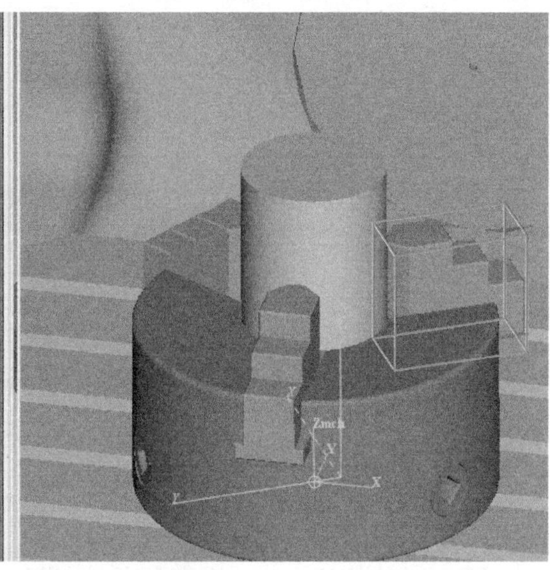

图 8-26　调整卡爪

5. 定义刀具

方法参考 3.6.2 节。

6. 选择程序

方法参考 3.6.2 节。

7. 定义坐标系

方法参考 3.6.2 节。

8. 自动加工

设置完成后，单击“循环启动”图标，启动数控机床自动加工，在加工过程中会看到零件上表面呈现缺损，如图 8-27 所示，这里就是有碰撞，所以需要改进程序。

在相应的 N310 这一行程序中将“Z10.43”改成“Z20”，即相应的刀具高度抬高一点，再进行仿真，这时模型上就没有缺损处了，如图 8-28 所示。

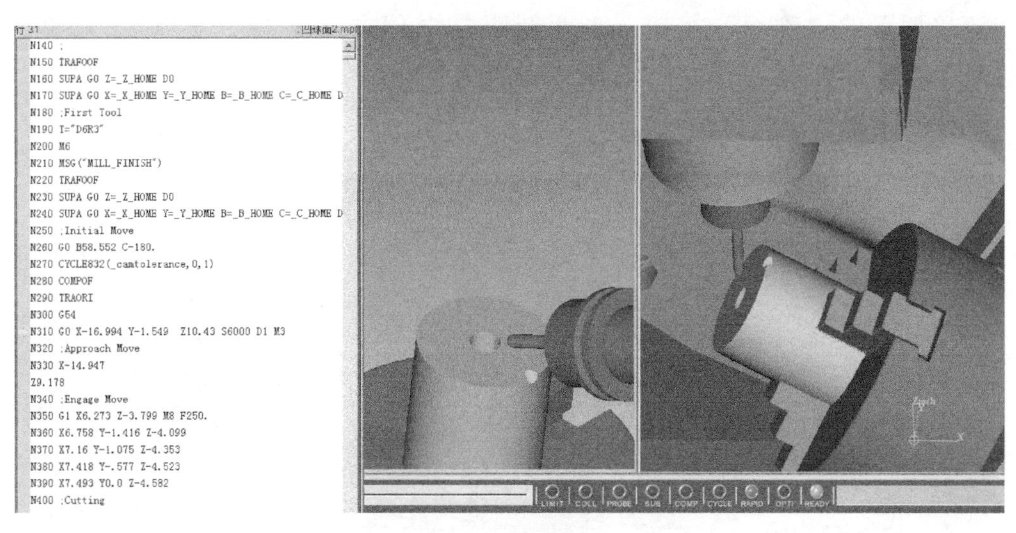

图 8-27　刀柄与零件发生碰撞

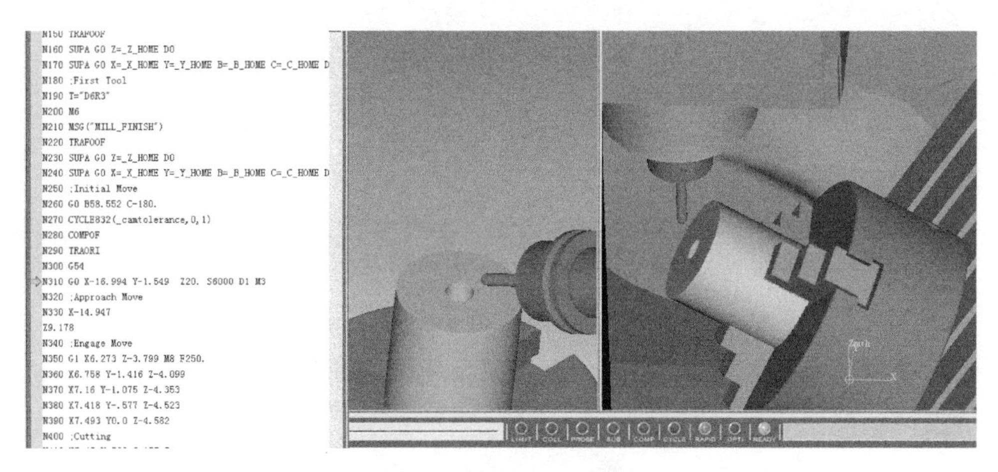

图 8-28　调整程序后碰撞消除

仿真加工结果如图 8-29 所示。也可以查看仿真结果的剖面图，单击“视

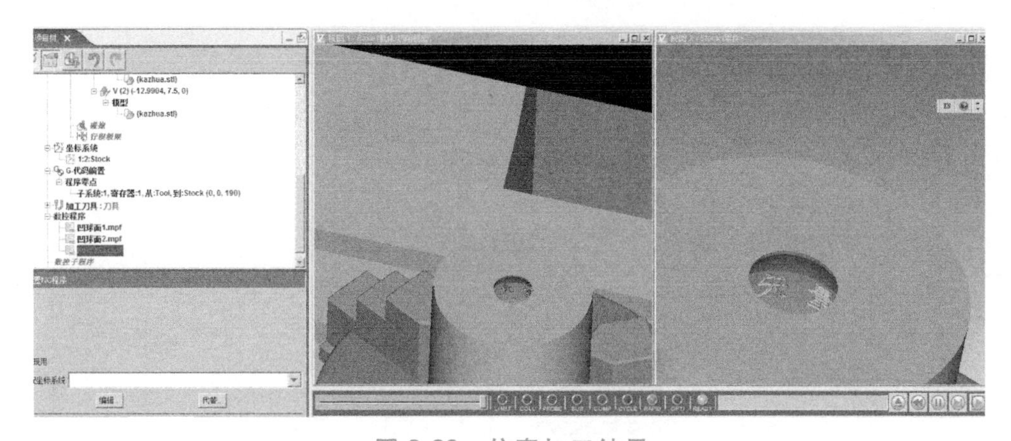

图 8-29　仿真加工结果

图”菜单栏下的“剖面”按钮，平面剖面中的 PI 类型选择“正 Y”，模型剖面中的开始矢量设置为“-1 0 0”，角度设置为“180”，单击左下角的“剖面”按钮，查看剖面图如图 8-30 所示。

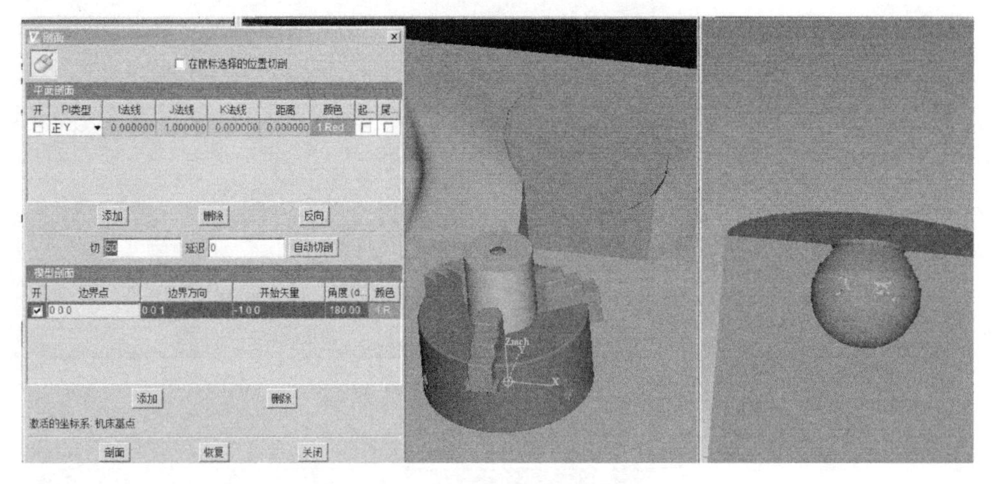

图 8-30　查看剖面图

8.7 学习评价

本章学习完成后，依据表 8-2 考核评价表，采取自评、互评、师评三方进行评价。

表 8-2　考核评价表

评价项目	考核内容	考核标准	配分	自评	互评	师评	总评
任务完成情况评定（80 分）	五轴加工中心矢量加工方法的理解	正确率 100%　20 分 正确率 80%　16 分 正确率 60%　12 分 正确率<60%　0 分	20				
	加工工艺	正确率 100%　10 分 正确率 80%　8 分 正确率 60%　6 分 正确率<60%　0 分	10				
	生成刀路	正确率 100%　30 分 正确率 80%　24 分 正确率 60%　18 分 正确率<60%　0 分	30				

（续）

评价项目	考核内容	考核标准	配分	自评	互评	师评	总评
任务完成情况评定（80分）	仿真加工	规范、熟练　20分 规范、不熟练　10分 不规范　0分	20				
职业素养（20分）	知识	是否复习	每违反一次，扣5分，扣完为止				
	纪律	不迟到、不早退、不旷课、不游戏					
	表现	积极、主动、互助、负责、有改进精神等					
总分							
学生签名			教师签名				

第9章 正十二面体生肖图案零件的五轴加工与仿真

【学习目标】

知识目标：

1. 了解零件的加工要求。
2. 掌握 NX 建模模块。
3. 掌握刀轴“插补矢量”的应用方法。
4. 掌握 NX 编程软件加工模块的基本操作。
5. 掌握 NX 加工模块中基本参数的设置。

技能目标：

1. 能根据零件加工要求合理安排加工工艺。
2. 能根据零件加工要求合理安排加工刀具。
3. 能根据机床类型正确设置加工原点与安全平面。
4. 会使用 NX 后处理生成程序。
5. 会使用 Vericut 仿真软件对零件进行仿真加工。

素质目标：

1. 培养学生具备良好的科学精神和态度。
2. 培养学生自主学习的良好习惯、爱好和能力。
3. 培养学生适宜的受挫折能力，提高学生心理成熟度和提升基本品质。
4. 培养学生依法规范自己行为的意识和习惯。

本章通过正十二面体生肖图案零件的设计、加工、仿真与实物加工来介绍五轴联动数控加工的相关方法。

9.1 加工预览

设计一个正十二面体零件，每个面上刻一种生肖字，正好是十二生肖，如图 9-1 所示。采用五轴机床加工，需要两次装夹，第一次装夹时加工除了装夹底面外的 11 个面，然后利用 DMU50 五轴联动数控机床的 *B*、*C* 旋转轴找到最后一个面的正确位置，在五轴机床上加工出来。加工这个零件需要 2 把刀具，1 把 ϕ12mm 的键槽铣刀，1 把是雕刻刀。下面从建模开始详细介绍如何操作。

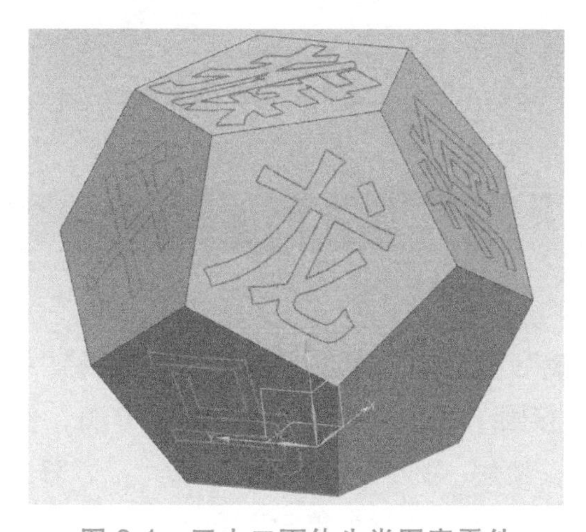

图 9-1 正十二面体生肖图案零件

9.2 加工工艺规划

先在 DMU50 五轴联动数控机床上用自定心卡盘夹住棒料毛坯外圆，加工除了底面之外的 11 个表面，并在表面上把生肖字刻好，如图 9-2 所示；然后换到台虎钳上，用台虎钳夹住毛坯前后两面，如图 9-3 所示，用角尺保证在毛坯前后两面夹持时没有左右倾斜，然后 *B* 轴与 *C* 轴旋转一定的角度，再用探针自动找正圆心，平面铣上表面毛坯，直至上下两平面之间的距离是 37.9275mm，最后把底面的生肖字刻好，就加工完成。

毛坯是尺寸为 ϕ50mm×100mm 的棒料，外圆已经加工过。加工方案：

1）用 ϕ12mm 的键槽铣刀粗、精加工各个表面。

2）用 ϕ0.2mm 的雕刻刀加工各个面上的字体。

图 9-2　自定心卡盘装夹毛坯

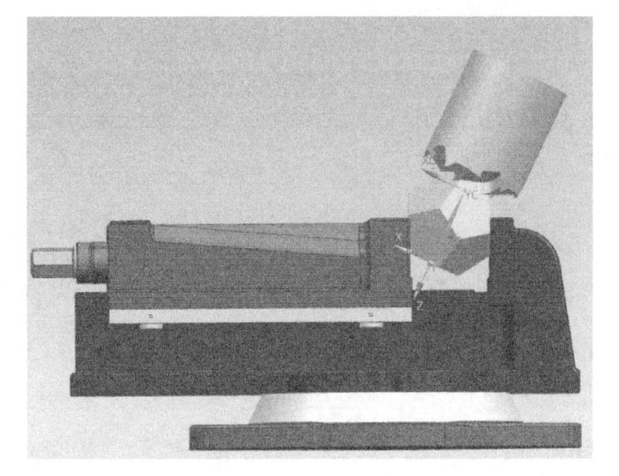

图 9-3　台虎钳装夹毛坯

9.3 进入 NX 设计环境

1）在 NX 的“建模”模块中，单击“插入”→“曲线”→“多边形”，如图 9-4 所示，插入五边形，外接圆半径为 25mm，然后退出草图，使用 N 边曲面命令形成一个面，如图 9-5 所示；使用“阵列几何特征”命令，“对象”选择这个面，“指定矢量”选择一条边，数量为 2，节距角为 116.5651°，如图 9-6 所示。

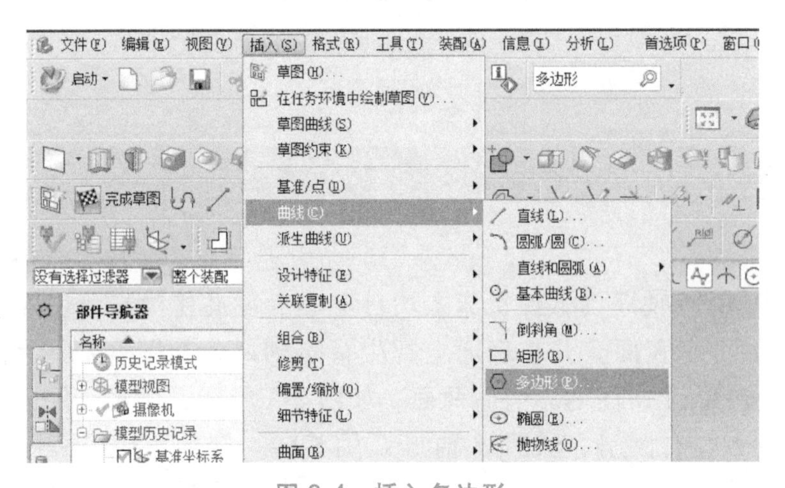

图 9-4　插入多边形

另外 10 个面也用此方法做好，再使用“缝合”命令，把这个十二面体做成一个实体，如图 9-7 所示，然后用“编辑”截面命令检查有没有成为实体，如图 9-8 所示。

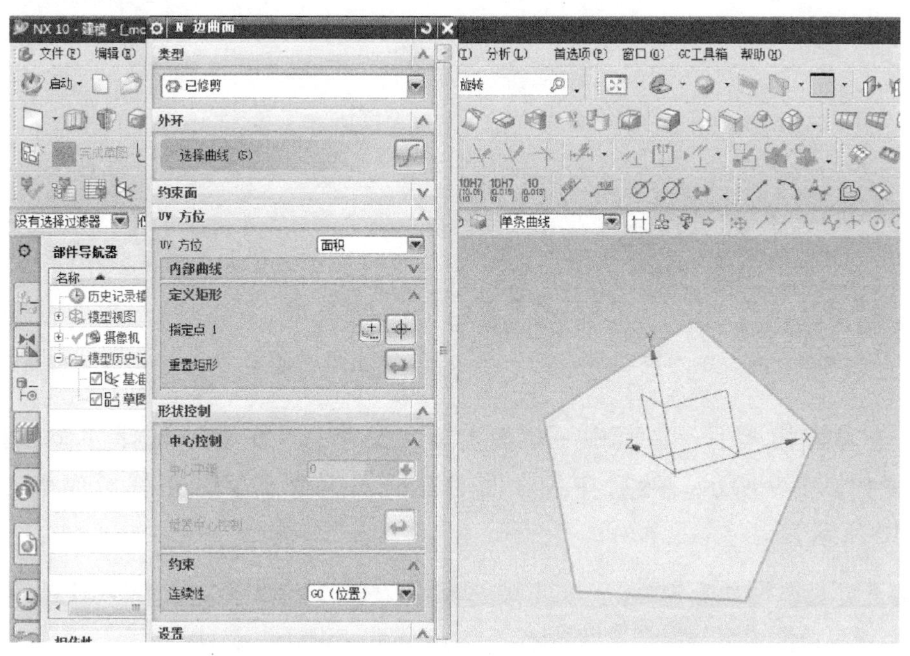

图 9-5　用 N 边曲面命令形成面

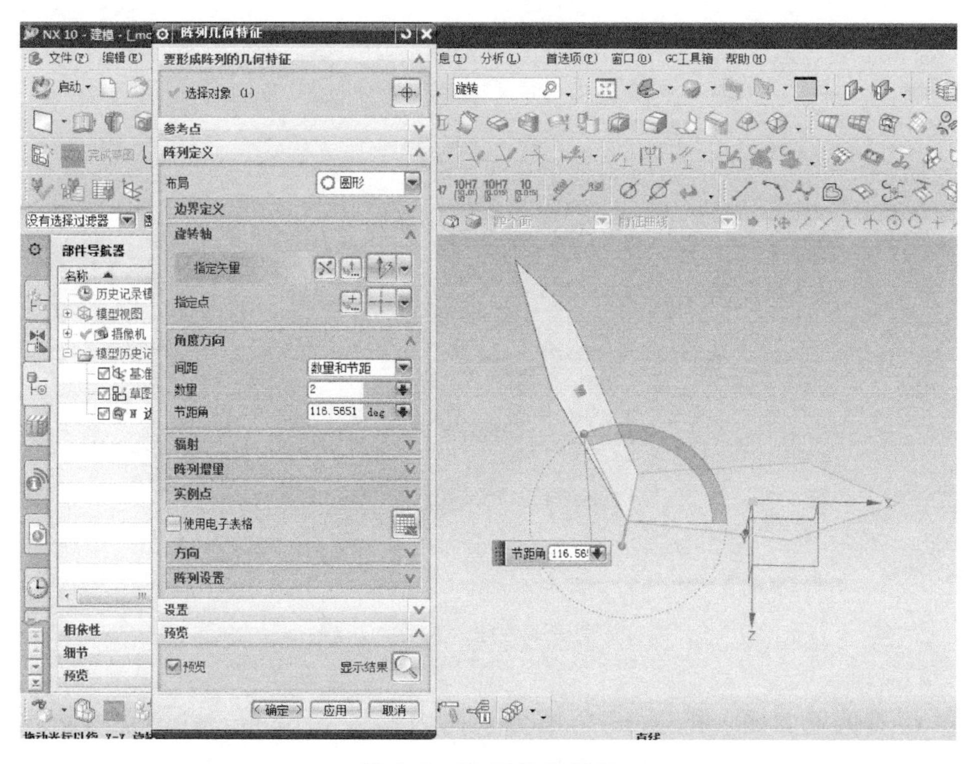

图 9-6　阵列几何特征

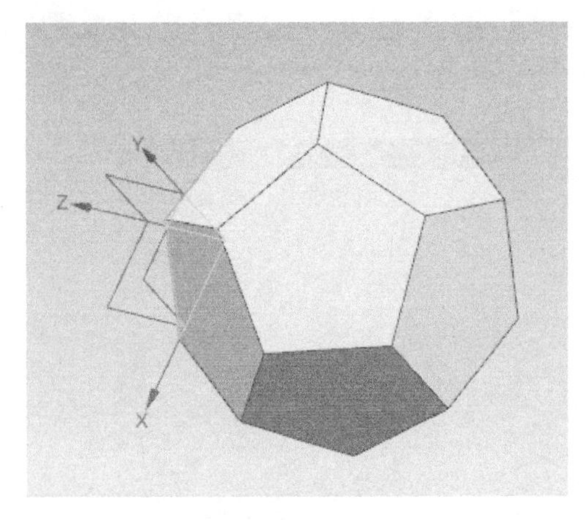

图 9-7　缝合十二面体

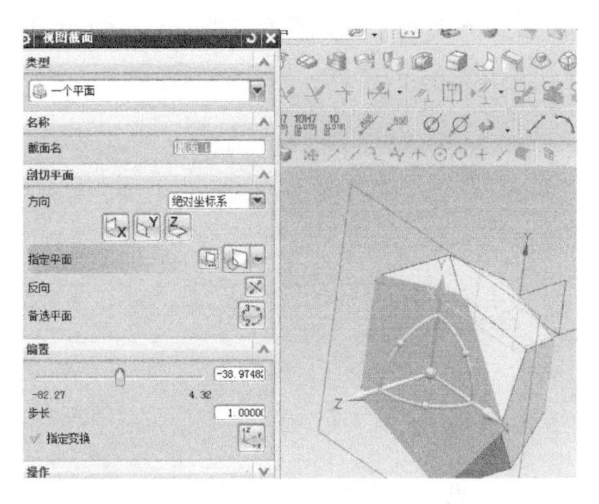

图 9-8　使用“视图截面”查看实体

2）在草图模式下，在其中一个面上插入文字，“线型”选择“微软雅黑”，具体设置如图 9-9 所示。然后在各个面上都插入生肖文字，正好形成十二生肖，如图 9-10 所示。

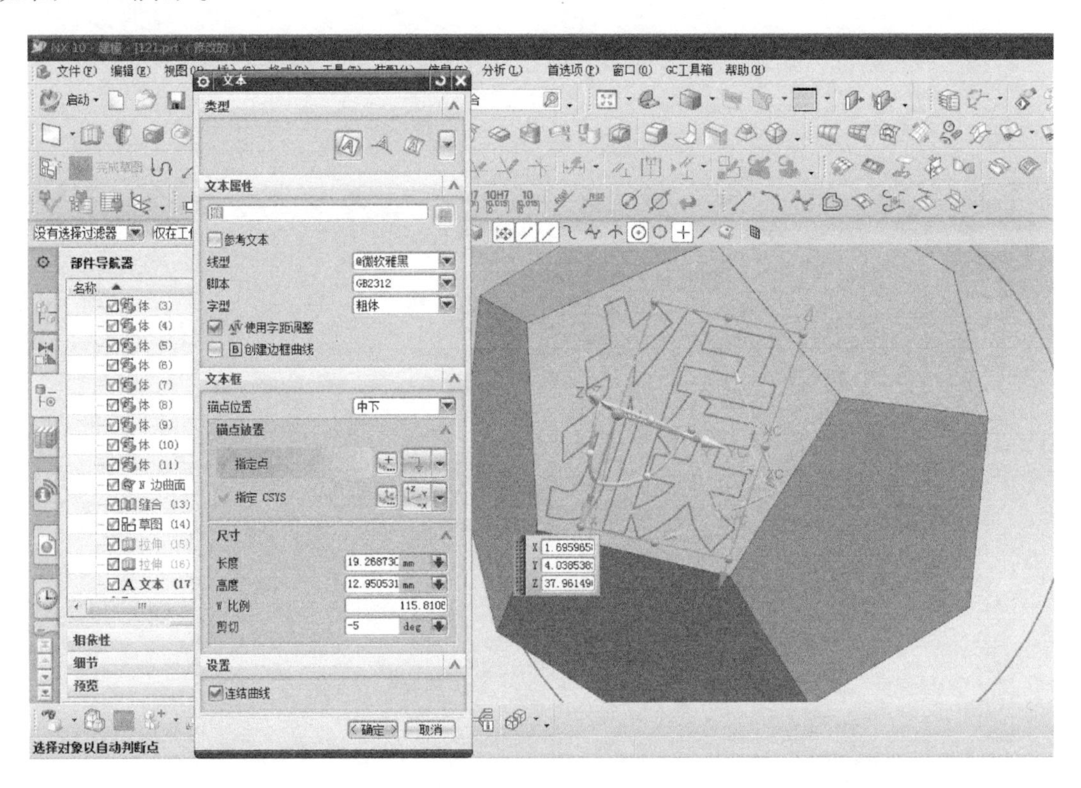

图 9-9　插入文字

3）接着偏置曲面。把这 12 个面分别向内偏置 0.6mm，将刻字刀路投影到这个偏置面是最为精确的，如图 9-11 所示。

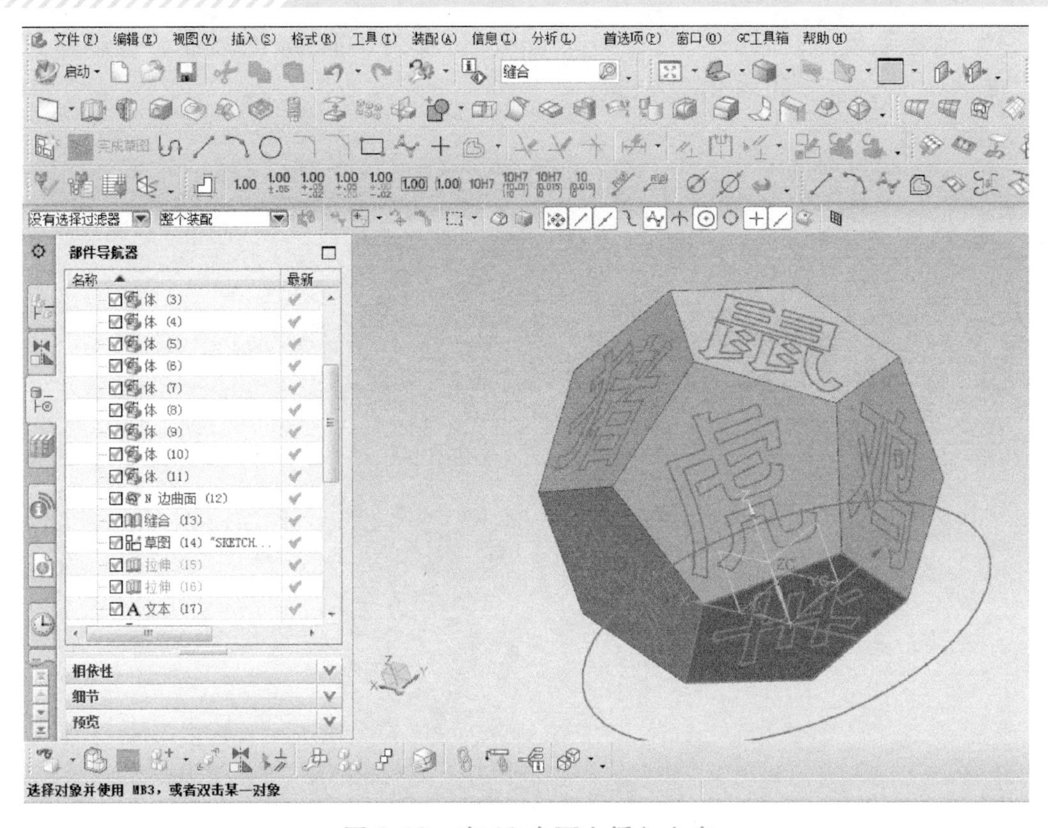

图 9-10 在 12 个面上插入文字

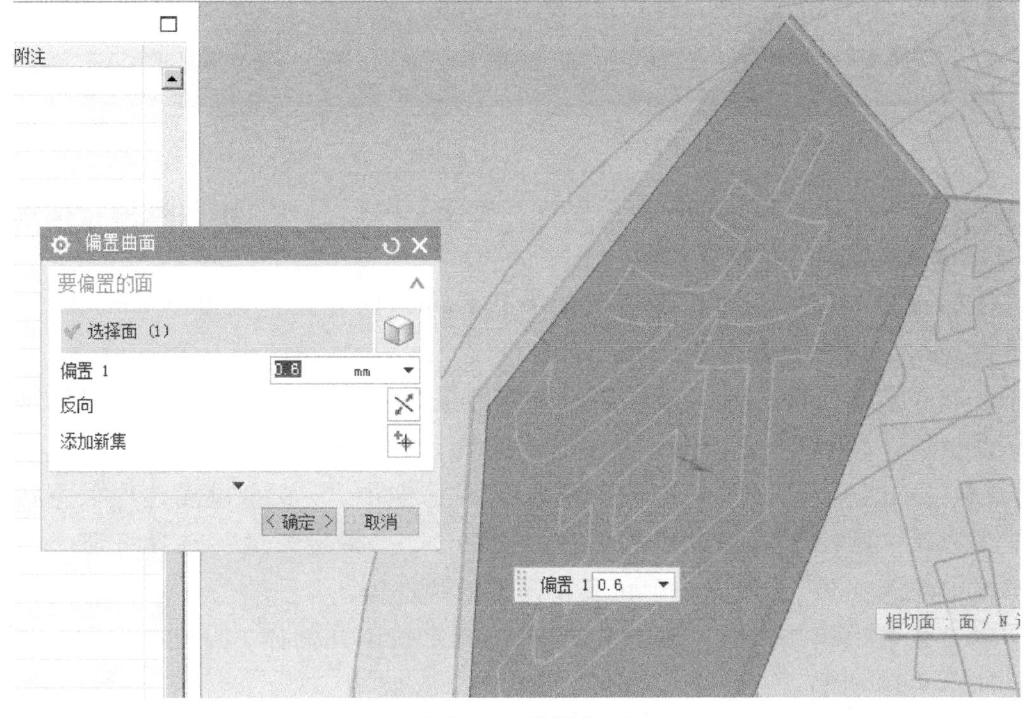

图 9-11 偏置曲面

4）创建毛坯。拉伸一个直径为 50mm、长度为 100mm 的圆柱，包裹住这个十二面体作为毛坯，如图 9-12 所示。

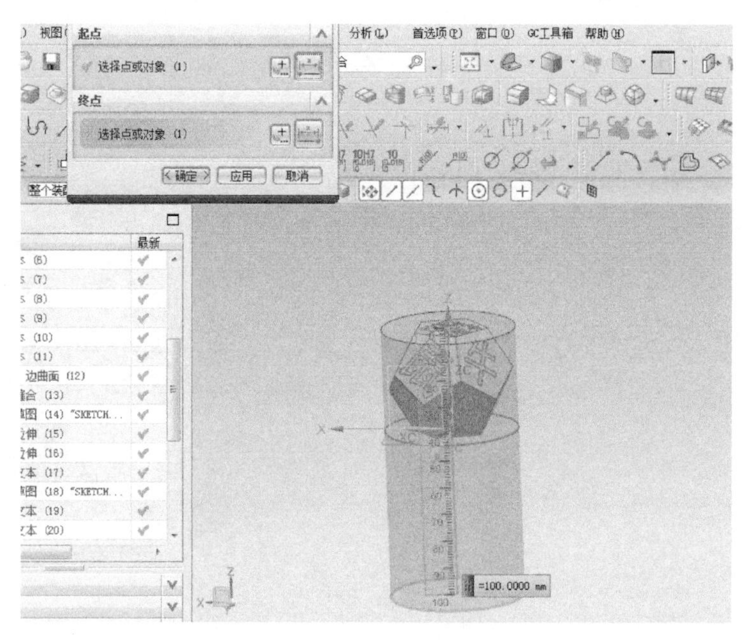

图 9-12　创建毛坯

9.4 NX 加工步骤

（1）设置刀具　进入 NX 加工模块，先建立两把刀具，ϕ12mm 的键槽铣刀和 ϕ0.2mm 的雕刻刀精加工刀具。

（2）设置加工方法　粗加工余量为 0.5mm，内外公差为 0.03mm，精加工余量为 0mm，内外公差为 0.01mm。

（3）设置加工坐标系　坐标原点设置在毛坯左端面中心，方向与机床加工坐标系一致，*ZM* 轴垂直于棒料上表面，如图 9-13 所示。

（4）建立安全平面　在“Mill Orient”对话框中，“安全设置选项”下拉列表框中选择“圆柱”，“指定点”选择端面圆心，“指定矢量”选择 *Z* 轴，半径文本框中输入“30”，形成一个包裹住模型的圆柱体。

（5）创建毛坯几何体　双击 Workpiece 指定铣削几何体，分别指定部件与毛坯，如图 9-14 所示。

（6）创建刀路

图 9-13 设置加工坐标系

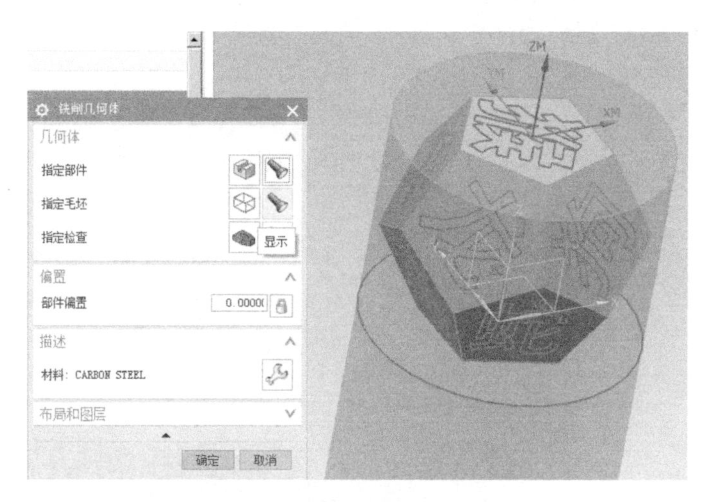

图 9-14 指定部件与毛坯

1）创建粗加工刀路。首先创建“面铣”工序，指定面的边界，刀具侧为“内部”，依次选择这个五边形的 5 条边，如图 9-15 所示，单击“确定”按钮返回；选择 D12 铣刀，刀轴选择“垂直于第一个面”，也就是选择的这个面，切削模式为“往复”，最大距离为 10mm，毛坯距离为 8mm，每刀切削深度为 2mm。

设置进给率和速度，主轴速度为 3000r/min，切削进给率为 1200mm/min，逼近值为 500mm/min，单击“确定”按钮。

在非切削移动中的“转移/快速”选项卡中的“公共安全设置”中，“安全设置选项”选择“圆柱”，“指定点”为上端面圆心，“指定矢量”为 *ZM* 轴，半径为 50mm。

生成面铣刀路，如图 9-16 所示。

在同一纬度上的其余 4 个面的刀路使用“对象”→“变换”功能，具体步骤在 7.5 节中已有详细介绍，刀路变换结果如图 9-17 所示。

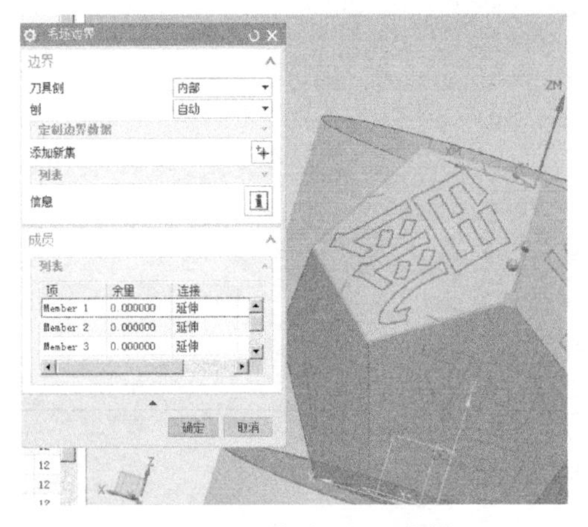

图 9-15　指定毛坯边界

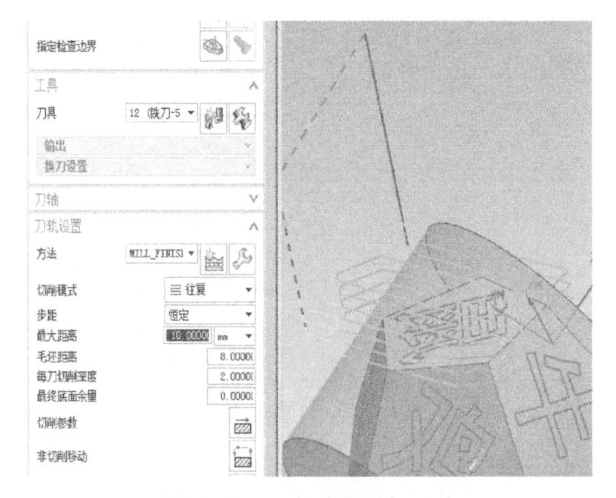

图 9-16　生成面铣刀路

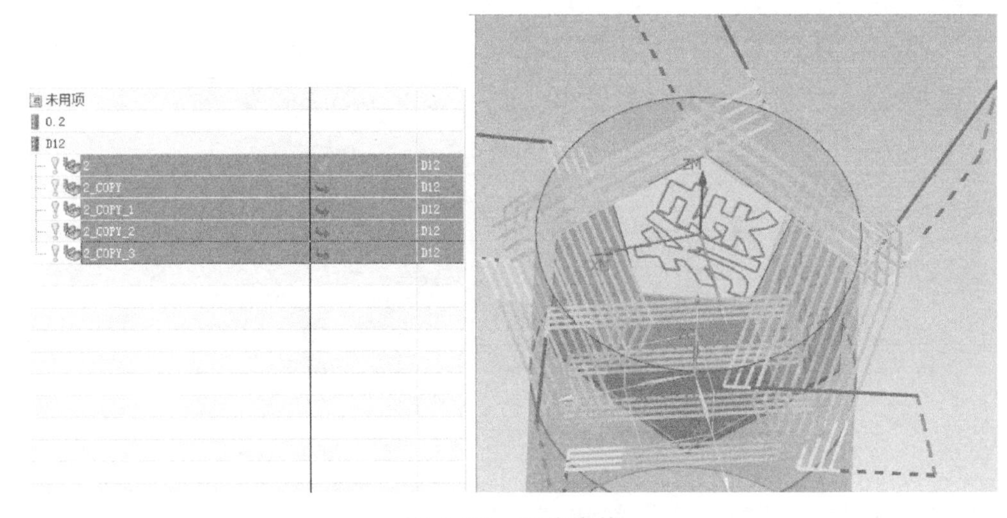

图 9-17　刀路变换

2）创建下面 5 个面的粗加工刀路。创建“深度轮廓加工”工序，“指定切削区域”选择下层这个面，由于使用的是 DMU50 五轴机床，*B* 轴旋转角度不能大于 95°，所以指定刀轴矢量选择“曲线上矢量”，如图 9-18 中的这条边线，使用侧刃来铣削外轮廓，每刀切削深度为 6mm，由于考虑到刀具长度过长在切削过程中可能产生让刀，所以在切削参数里留了 0.3mm 余量用于精加工。

在非切削移动中的“转移/快速”选项卡中的“公共安全设置”中，“安全设置选项”选择“圆柱”，“指定点”为上端面圆心，“指定矢量”为 *ZM* 轴，半径为 40mm。

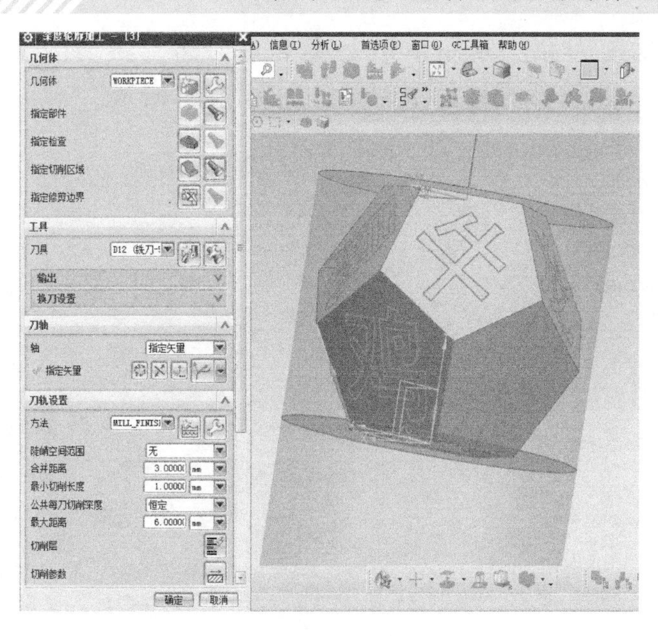

图 9-18　指定刀轴矢量

在非切削移动中的“进刀”选项卡中，设置开放区域参数，“进刀类型”设为“线性-相对于切削”，长度为20mm，并选中“修剪至最小安全距离”复选框，单击“确定”按钮后返回。

设置进给率和速度，主轴速度为3000r/min，切削进给率为1200mm/min，逼近值为500mm/min，单击“确定”按钮。

生成刀路，如图9-19所示。

在同一纬度上的其余4个面的刀路使用“对象”→“变换”功能，刀路变换结果如图9-20所示。

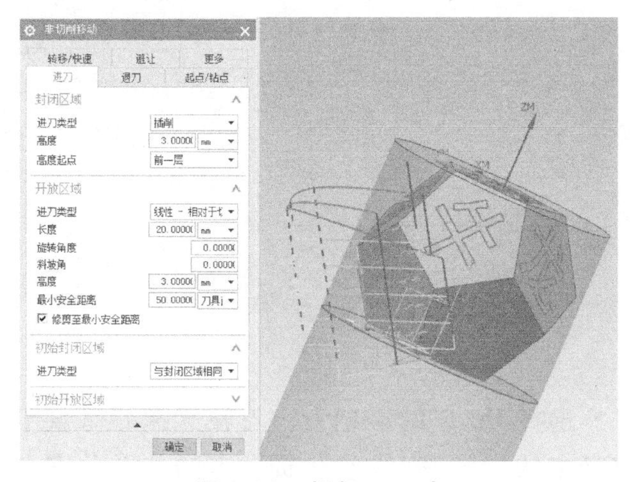

图 9-19　粗加工刀路

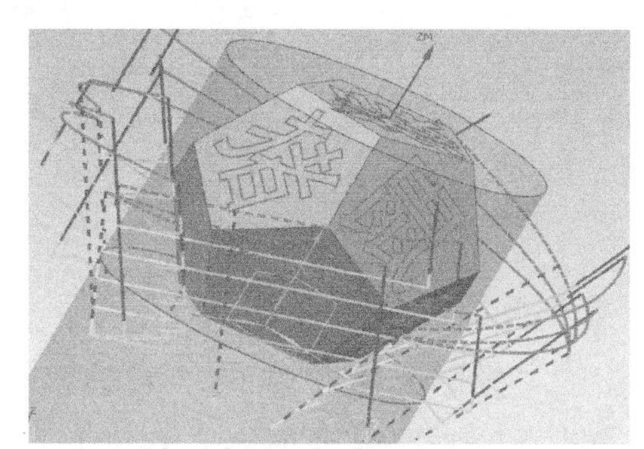

图 9-20　刀路变换

3）创建精加工刀路。复制粘贴上述 5 个刀路，将切削参数里的余量变为 0mm，再次生成刀路，作为精加工刀路，如图 9-21 所示。

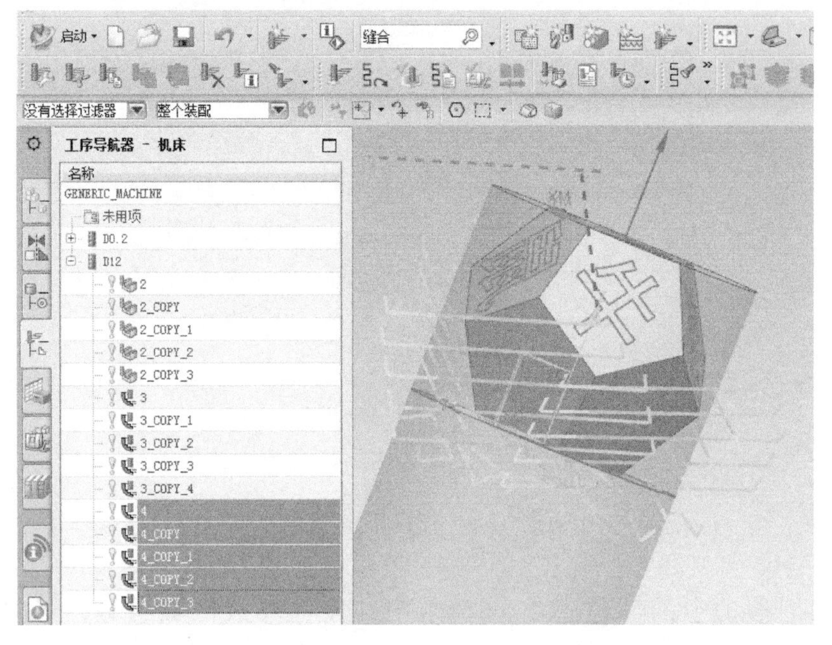

图 9-21 精加工刀路

4）刻字加工。先刻上层 5 个面上的字，创建多轴加工的可变轮廓铣工序，如图 9-22 所示；坐标系为 MCS，指定部件为这个面已向内偏置的曲面，如图 9-23 所示，“驱动方法”选择“曲线/点”，注意选择曲线时一个封闭的轮廓就是一个驱动组。

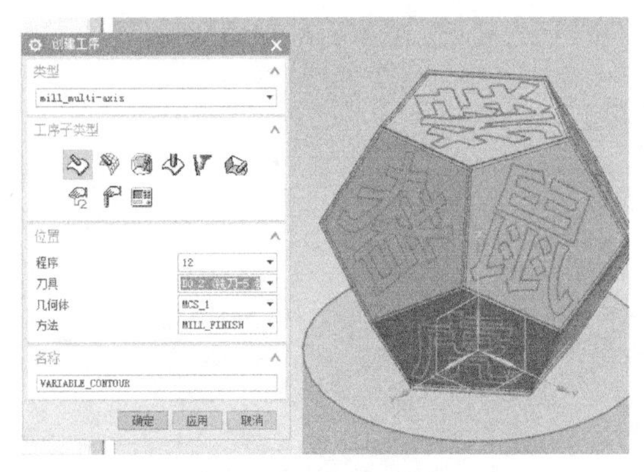

图 9-22 创建可变轮廓铣

图 9-23 指定部件为偏置曲面

“投影矢量”选择“刀轴”，刀具选择 D0.2 的雕刻刀，刀轴选择“垂直于部件”，如图 9-24 所示；在非切削移动中的“转移/快速”选项卡的“公共安全设置”中，“安全设置选项”选择“圆柱”，“指定点”为上端面圆心，“指定矢量”为 *ZM* 轴，半径为 40mm，如图 9-25 所示。

设置进给率和速度，主轴速度为 8000r/min，切削进给率为 500mm/min，逼近值为 300mm/min，单击“确定”按钮。

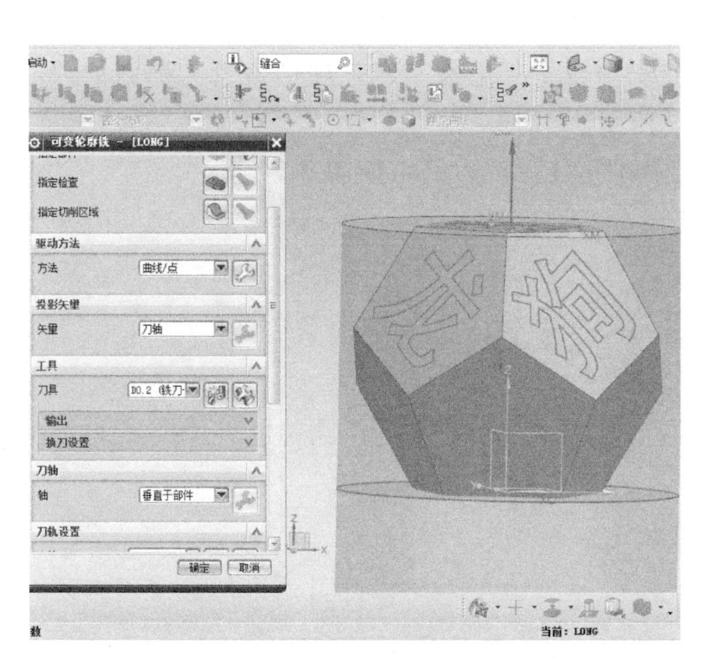

图 9-24　设置投影矢量与刀轴

图 9-25　公共安全设置

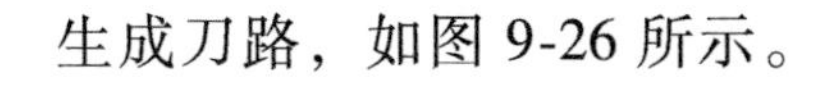

生成刀路，如图 9-26 所示。

图 9-26　生成雕刻字体刀路

用同样的方法将上层其余 4 个面上的雕刻字体工序生成刀路，如图 9-27 所示。

然后创建下层 5 个面上的雕刻字体刀路。创建多轴加工的可变轮廓铣工序，由于使用的是 DMU50 五轴机床加工，*B* 轴转角范围小于 95°，所以在加工下层 5 个面时，刀轴选择“插补矢量”，在调整插补矢量时，调整成与工件上表面平行的矢量即可，如图 9-28 所示；公共安全设置与进给率和速度的设置与前面的刀路参数一样；生成刀路，如图 9-29 所示。

用同样的方法将其余 4 个面的雕刻字体生成刀路，如图 9-30 所示。

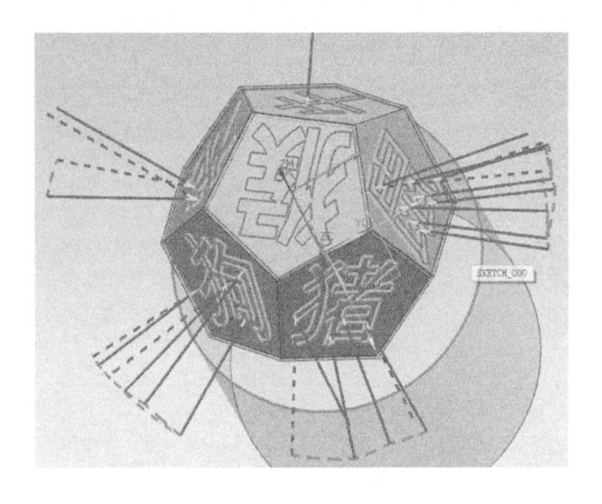

图 9-27　生成上层其余 4 个面上的雕刻字体刀路

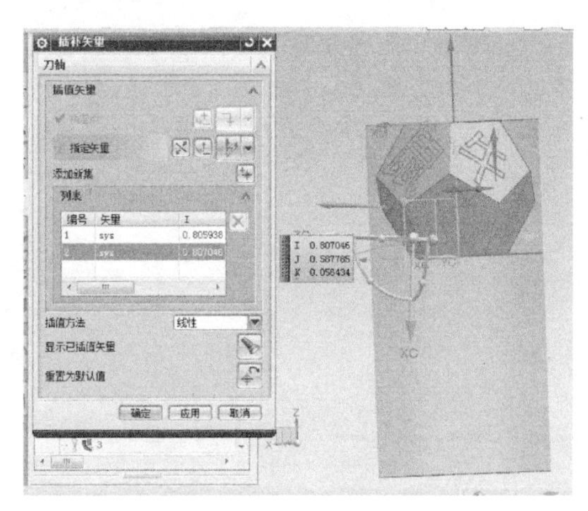

图 9-28　调整插补矢量

图 9-29　生成刀路

图 9-30　生成下层其余 4 个面的雕刻字体刀路

创建固定轮廓铣工序，把顶面上的字刻好，“投影矢量”选择与 *Z* 轴正方向相反，刀具为 D0. 2mm 雕刻刀，刀轴为 *ZM* 刀轴，公共安全设置与进给率和速度的设置与前面的刀路参数一样；生成顶面字体刀路，如图 9-31 所示。

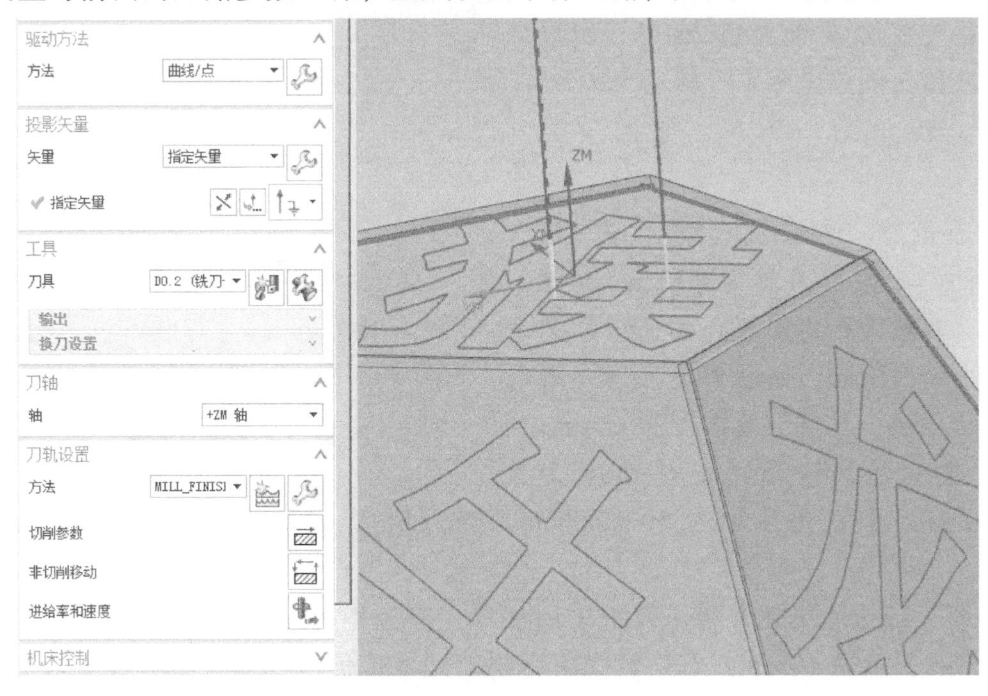

图 9-31　生成顶面字体刀路

最后加工底面与底面上的字。因为正十二面体上的面是两两平行的，所以用台虎钳夹住这两个互相平行的面，然后 *C* 轴旋转 90°，*B* 轴旋转 26.6°，如图 9-32 所示。先从刀库调出探针，用 DMU50 五轴机床中的“探针自动校圆”功能找正圆的中心，以此圆圆心为 *X*、*Y* 轴原点，*B* 轴与 *C* 轴坐标为转轴坐标原点，再铣削圆柱毛坯平面，保证顶面与底面的距离是 37.9275mm，最后使用固定轴曲面轮廓铣工序，雕刻底部文字，如果如图 9-33 所示。

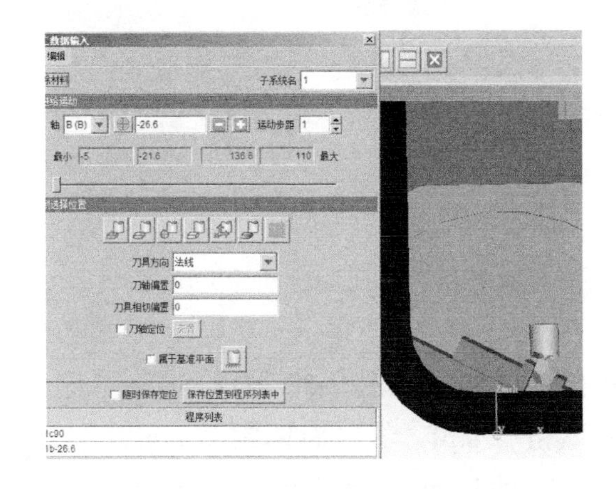

图 9-32　在机床中调整好角度的零件

图 9-33　最后的加工结果

① 创建毛坯底面的坐标系。现在零件是与机床 Z 轴夹角 26.6°，所以在毛坯顶面创建坐标系，转动 ZM-YM 平面，转角为 -26.6°，如图 9-34 所示。

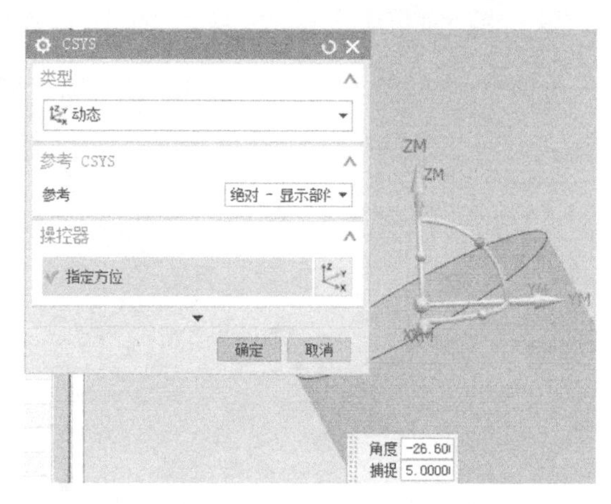

图 9-34　调整坐标系

② 创建“型腔铣”工序，指定部件与毛坯，刀具为 ϕ12mm 键槽铣刀，刀轴为指定矢量，其矢量为圆柱上表面的法向，如图 9-35 所示，每层切削 2mm，切削层总高度为 62mm；设置进给率和速度，主轴速度为 2000r/min，切削进给率为 500mm/min，逼近值为 300mm/min，单击“确定”按钮。

③ 生成去除毛坯刀路，如图 9-36 所示。有条件的可以在车床上夹住圆柱外圆，伸出长度在 60mm 左右，然后用切割刀把零件前端 55mm 左右长度切下来，这样在铣削毛坯的时候可以减少工作量。如果是批量生产时，这样做是很合理的。

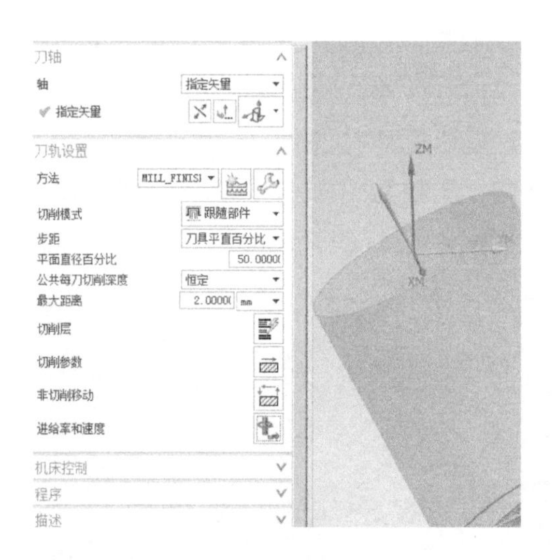

图 9-35　指定刀轴矢量

图 9-36　生成去除毛坯刀路

④ 创建最后一个面的刻字刀路，方法前面一样，如图 9-37 所示。

⑤ 后处理生成程序：分别生成十二面体粗 1. mpf，十二面体粗 2. mpf，十二面体精 . mpf，刻字 . mpf，刻 1. mpf，粗加工反面 1. mpf，反面刻字 . mpf 文件。

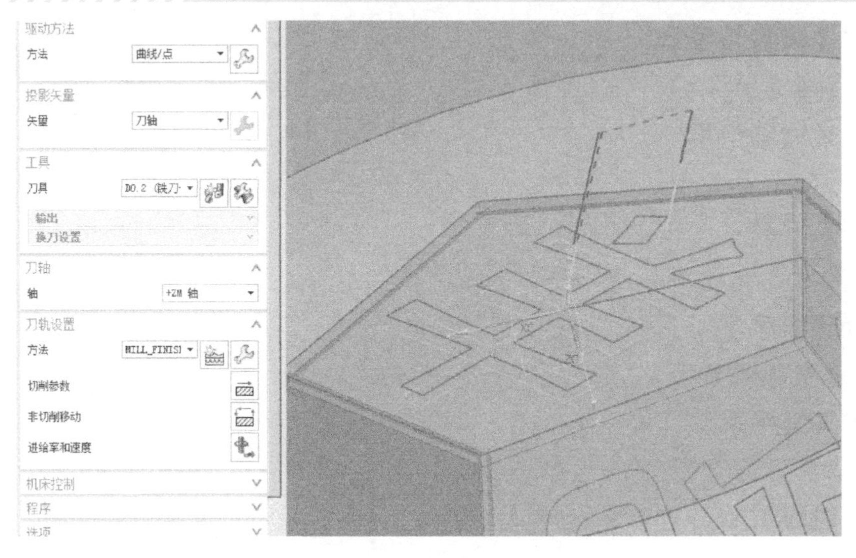

图 9-37　生成刻字刀路

9.5 Vericut 仿真加工

五轴联动数控机床的加工步骤，与前面介绍的四轴机床一样，只不过机床的模型、系统、程序不一样。下面建立一个基于 DMU50 双转台正交五轴联动数控机床的 Vericut 仿真加工实例。

9.5.1 提出任务与分析任务

提出任务：使用 Vericut 仿真软件进行十二面体生肖图案零件的仿真加工。

分析任务：十二面体生肖图案零件的仿真加工过程包括选择控制系统、选择机床、定义夹具与毛坯、定义活动卡爪、定义刀具、选择程序、定义坐标系及自动加工等。这个零件需要两个工位来完成，一个是卡盘夹住圆柱加工，另一个是台虎钳夹住已经加工的零件表面，加工最后一个面。

9.5.2 任务实施

1. 选择控制系统

方法参考 3.6.2 节。

2. 选择机床

方法参考 3.6.2 节。

3. 定义夹具与毛坯

方法参考 3.6.2 节。

4. 定义活动卡爪

方法参考 3.6.2 节。

5. 定义刀具

方法参考 3.6.2 节。

6. 选择程序

方法参考 3.6.2 节。

7. 定义坐标系

方法参考 3.6.2 节。

8. 自动加工

设置完成后，单击“循环启动”图标，启动数控机床自动加工。加工结果如图 9-38 所示。

图 9-38　仿真加工结果

9. 设置第二工位

第二个工位是把前面加工好的零件放在台虎钳上，把没有加工的底面加工完成。整个过程和前面一样，不同的是定义夹具时用的是台虎钳。

单击项目树中的 Fixture 图标，选择配置组件中“添加模型”为“模型文件”，选择“fanuc_body_fxt. stl”与“fanuc_jaw_fxt. stl”，单击“fanuc_body_fxt. stl”，在移动文本框中输入“-100 -260 0”，单击“fanuc_jaw_fxt. stl”，在移动文本框中输入“-100 -126. 5 0”。单击“毛坯” Stock (0, 0, 0)图标，选择配置组件中“添加模型”为“模型文件”，选择“第一次切削模型 . stl”，在位置文本框中输入“3. 3264 42. 7308 155”，角度文本框中输入“-154. 5768 -7. 9745 16. 206”，如图 9-39 所示。

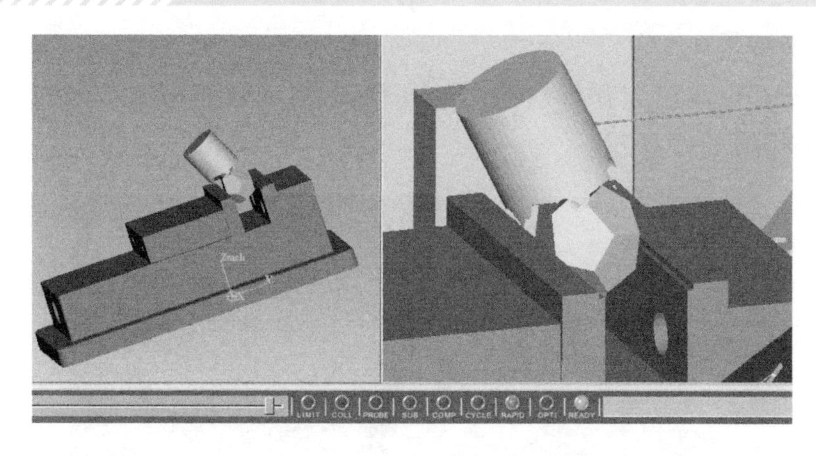

图 9-39 调整零件位置

10. 定义刀具

采用前面的那两把刀具。

11. 选择程序

选择粗加工反面 1. mpf 和反面刻字 . mpf 文件。

12. 定义坐标系

定义坐标系原点在圆柱上表面圆心处，如图 9-40 所示。

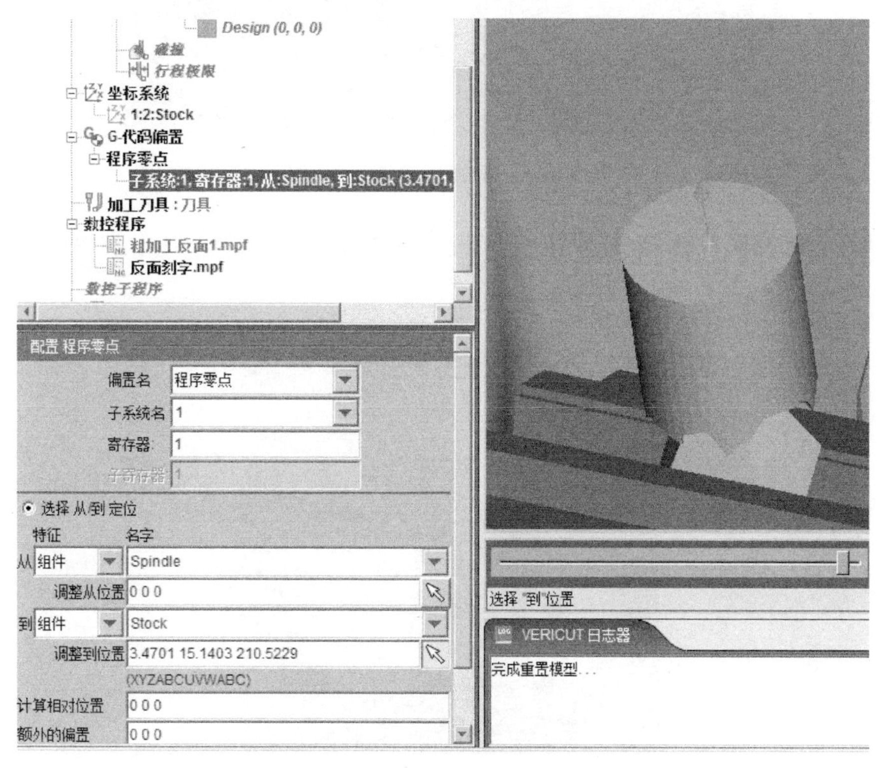

图 9-40 定义坐标系原点在圆柱上表面圆心处

13. 自动加工

设置完成后，单击“循环启动”图标，启动数控机床自动加工。加工结果如图 9-41 和图 9-42 所示。

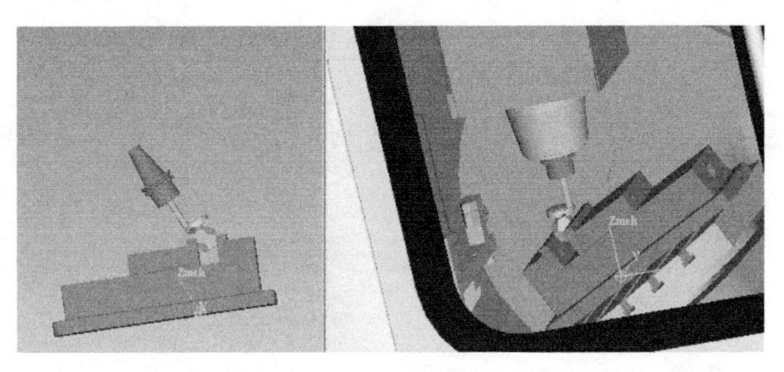

图 9-41 粗加工去除毛坯

图 9-42 最终仿真加工结果

最后由 DMU50 五轴联动数控机床按照上述步骤加工出来，实物图如图 9-43 所示。

图 9-43 实物图

9.6 学习评价

本章学习完成后，依据表 9-1 考核评价表，采取自评、互评、师评三方进行评价。

表 9-1 考核评价表

评价项目	考核内容	考核标准	配分	自评	互评	师评	总评
任务完成情况评定（80 分）	创建模型	正确率 100% 20 分 正确率 80% 16 分 正确率 60% 12 分 正确率<60% 0 分	20				
	加工工艺	正确率 100% 10 分 正确率 80% 8 分 正确率 60% 6 分 正确率<60% 0 分	10				
	生成刀路	正确率 100% 30 分 正确率 80% 24 分 正确率 60% 18 分 正确率<60% 0 分	30				
	仿真加工	规范、熟练 20 分 规范、不熟练 10 分 不规范 0 分	20				
职业素养（20 分）	知识	是否复习	每违反一次，扣 5 分，扣完为止				
	纪律	不迟到、不早退、不旷课、不游戏					
	表现	积极、主动、互助、负责、有改进精神等					
总分							
学生签名			教师签名				

第10章 锥齿轮的五轴加工与仿真

【学习目标】

知识目标：

1. 了解零件的加工要求。
2. 掌握 NX 加工模块中的基本加工策略。
3. 掌握 NX 编程软件加工模块的基本操作。
4. 掌握 NX 加工模块中基本参数的设置。

技能目标：

1. 能根据零件加工要求合理安排加工工艺。
2. 能根据零件加工要求合理安排加工刀具。
3. 能根据机床类型正确设置加工原点与安全平面。
4. 会使用 NX 后处理生成程序。
5. 会使用 Vericut 仿真软件对零件进行仿真加工。

素质目标：

1. 培养学生具备良好的科学精神和态度。
2. 培养学生自主学习的良好习惯、爱好和能力。
3. 培养学生适宜的受挫折能力，提高学生心理成熟度和提升基本品质。
4. 培养学生依法规范自己行为的意识和习惯。

本章以锥齿轮零件加工为实例，详细讲解利用曲线/点、曲面、流线为驱动方法在可变轮廓铣加工策略中的应用方法。

10.1 加工预览

打开教学资源包文件中的“锥齿轮.prt”模型。

在本实例中，将通过如图10-1所示的锥齿轮零件的加工来讲解NX10五轴联动铣削加工的多种加工方法，使读者对多轴联动铣削加工的创建和应用有更深刻的理解，并进一步掌握多轴定向加工参数的意义、设置方法，以及实际应用的技巧。

图10-1 锥齿轮

10.2 模型分析

在本实例中将运用可变轮廓铣和型腔铣加工操作来完成零件的加工。由模型分析可知，加工部位是锥齿轮的齿底面、齿廓曲面和根部圆角，在创建这些刀路时需要提前添加一些辅助线与曲面，在五轴联动数控机床上加工锥齿轮可以很好地体现出五轴加工的优势。

10.3 加工工艺规划

1. 零件特性分析

该锥齿轮是三维立体图，因此利用五轴联动数控机床加工。

2. 编程特点和难点分析

1）辅助线、辅助面的添加。

2）NX 加工策略、刀轴和投影矢量的选择。

3. 加工方案

1）用 ϕ6mm 键槽铣刀粗加工齿槽。

2）用 ϕ4mm 键槽铣刀二次粗加工齿槽。

3）用 D2.5R0.5 圆鼻刀再次粗加工齿槽，精加工齿廓曲面、根部圆角和齿底面。

4）用 ϕ12mm 键槽铣刀加工锥齿轮的顶部内轮廓与斜面。

10.4 进入 NX 设计环境

在生成加工刀路之前要先做一些辅助曲线和曲面，先做齿槽的辅助面，为了在生成刀路时可以在零件外面切入切出，所以要把齿槽间的曲面延长相应的距离，可单击“偏置曲面”图标，把齿槽里的 5 个曲面全部偏置出来，偏置距离是 0mm，如图 10-2 所示。

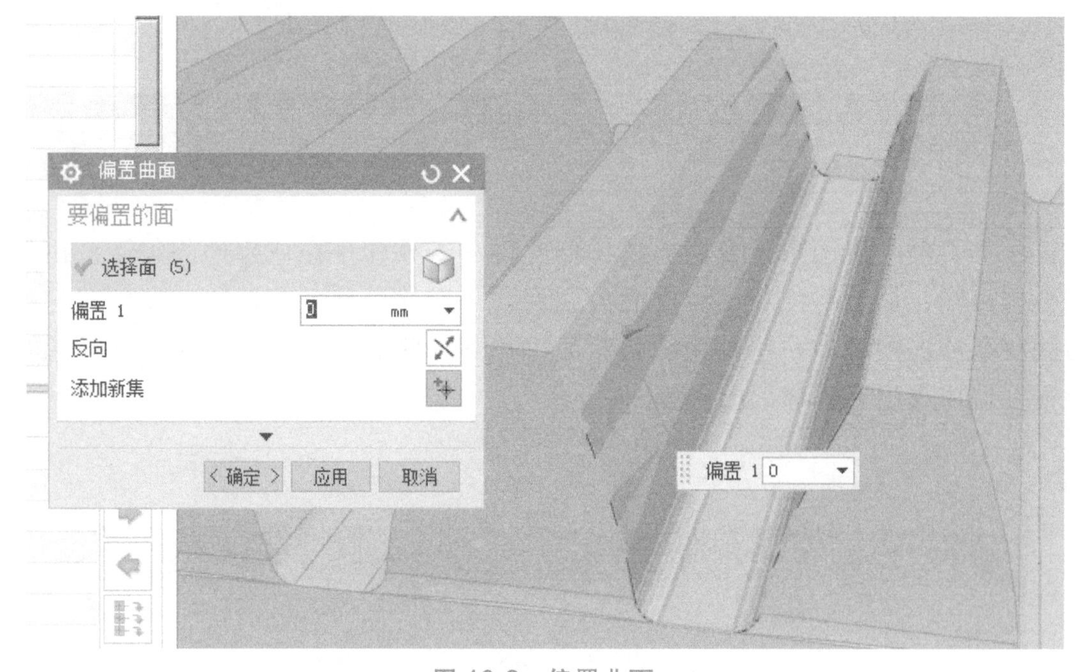

图 10-2 偏置曲面

再单击“延伸片体”图标，分别单击齿槽 5 个面两端的边，偏置距离为 5mm，如图 10-3 所示，单击“确定”按钮。

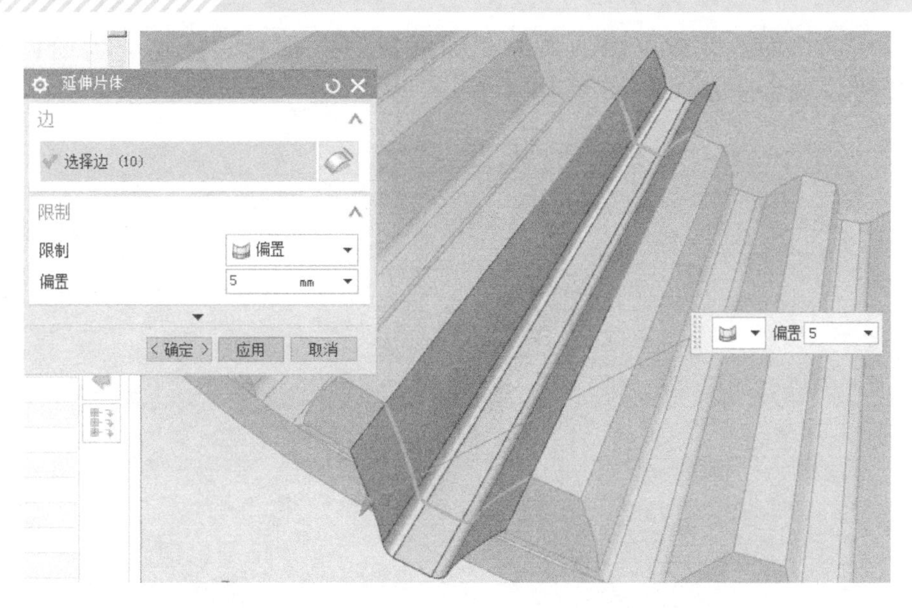

图 10-3　延伸片体

辅助面做好后再做两条辅助线，单击“基准平面”图标，类型选择“曲线上”，选择齿根圆角上部曲线，指定矢量选择 *Z* 轴方向，单击“确定”按钮返回，会形成一个与这个齿面相切并且通过这条曲线的平面，如图 10-4 所示，单击“确定”按钮。

图 10-4　创建基准平面

然后在这个面上创建草图，单击“曲线投影”图标，把这个齿面齿根圆角上部曲线投射到这个面上，如图 10-5 所示。

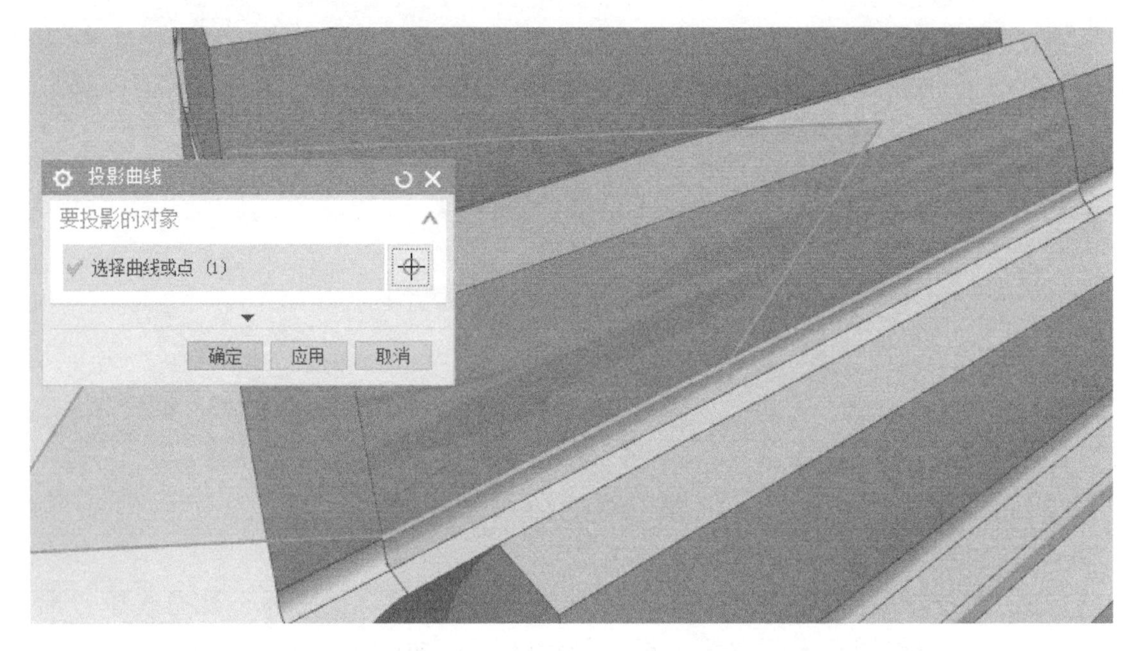

图 10-5　草图中投影曲线

然后单击“草图”工具栏中“偏置曲线”图标，单击前面的投影曲线，向上偏置 15mm，如图 10-6 所示，单击“确定”按钮。

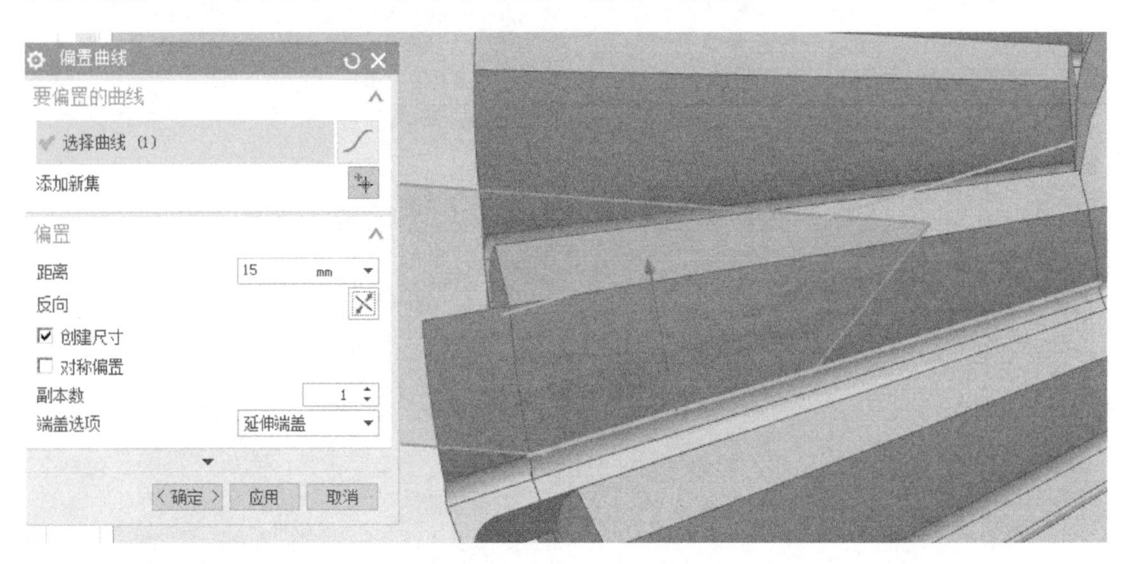

图 10-6　草图中偏置曲线

采用相同的方法创建这个齿槽的相对面齿面的另一条辅助线，如图 10-7 所示。

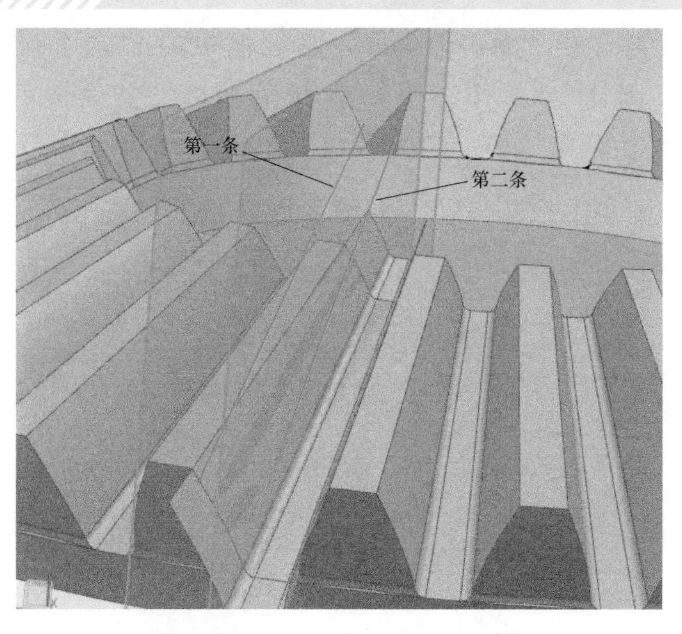

图 10-7 创建第二条辅助线

10.5 NX加工步骤

(1) 进入 NX 加工模块 先创建 4 把刀具：D2.5R0.5mm 圆鼻刀、ϕ4mm 键槽铣刀、ϕ6mm 键槽铣刀和 ϕ12mm 键槽铣刀。

(2) 设置加工方法 粗加工余量为 0.3mm，内外公差为 0.03mm；精加工余量为 0mm，内外公差为 0.01mm。

(3) 设置加工坐标系 坐标系原点设置在顶部端面圆心，方向与机床加工坐标系一致，如图 10-8 所示。

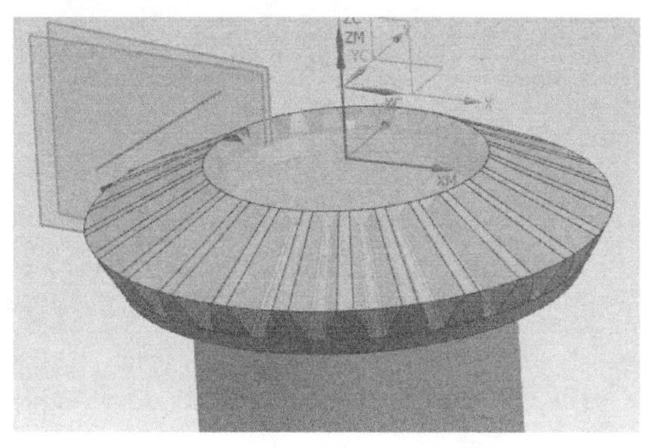

图 10-8 设置加工坐标系

（4）安全设置　在“Mill Orient”对话框中的“安全设置选项”下拉列表框中选择“圆柱”，“指定点”选择端面圆心，“指定矢量”选择 *Z* 轴，半径文本框中输入“80”，形成一个包裹住模型的圆柱体，如图 10-9 所示。

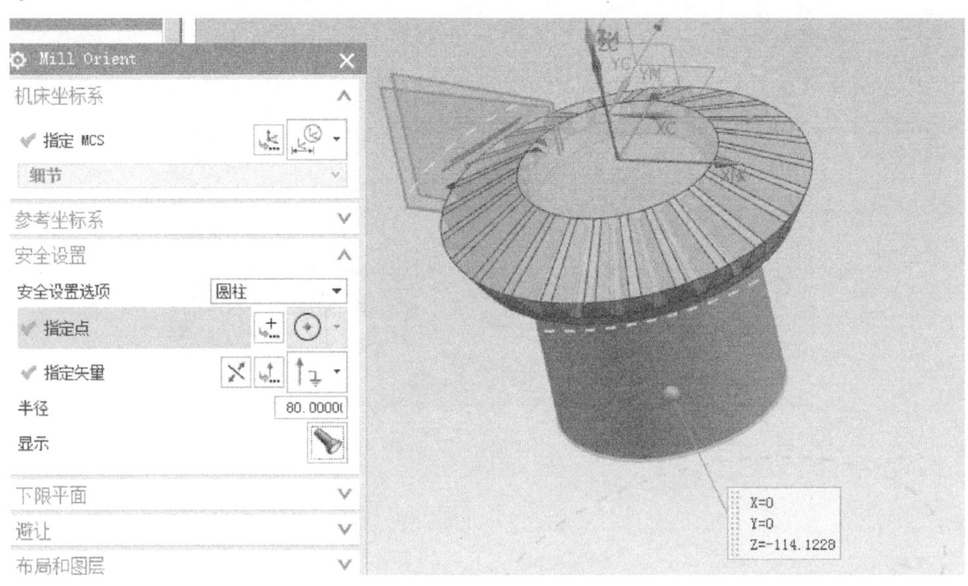

图 10-9　安全设置

（5）指定部件与毛坯　双击 WORKPIECE，指定部件为零件模型；指定毛坯，按住快捷键<Ctrl+Shift+B>把前面隐藏的毛坯显示出来，单击前面生成的圆柱毛坯，如图 10-10 所示，再按住快捷键<Ctrl+Shift+B>返回零件模型视图。

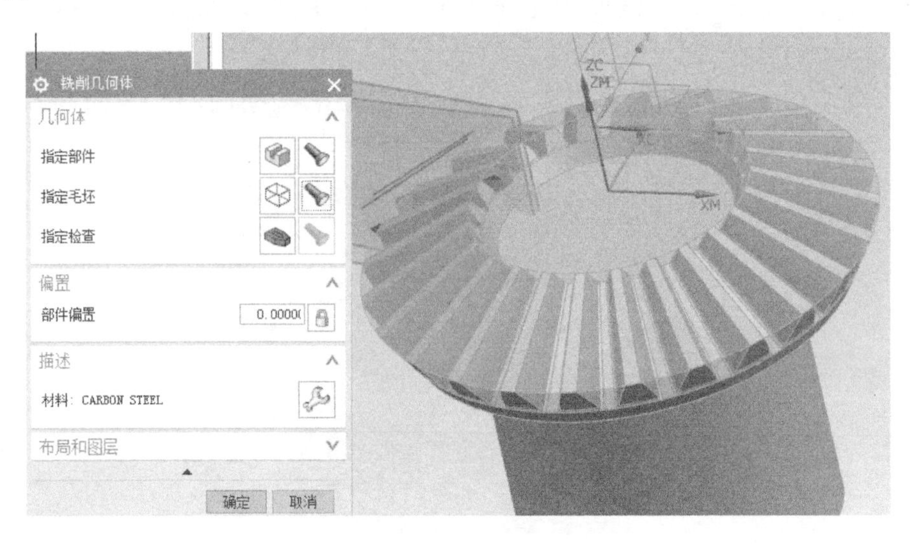

图 10-10　指定部件与毛坯

（6）生成加工刀路

1）创建锥齿轮顶部内轮廓刀路。创建工序，类型选择“mill_contour”，刀具选择“D12”，几何体选择“WORKPIECE”，方法选择“MILL_FINISH”，单击“确定”按钮，系统弹出“型腔铣”对话框。

指定切削区域选择顶部内圆底面；每刀切削深度为2mm；设置进给率和速度，主轴速度为2000r/min，切削进给率为500mm/min，逼近值为300mm/min。

生成刀路，如图10-11所示。

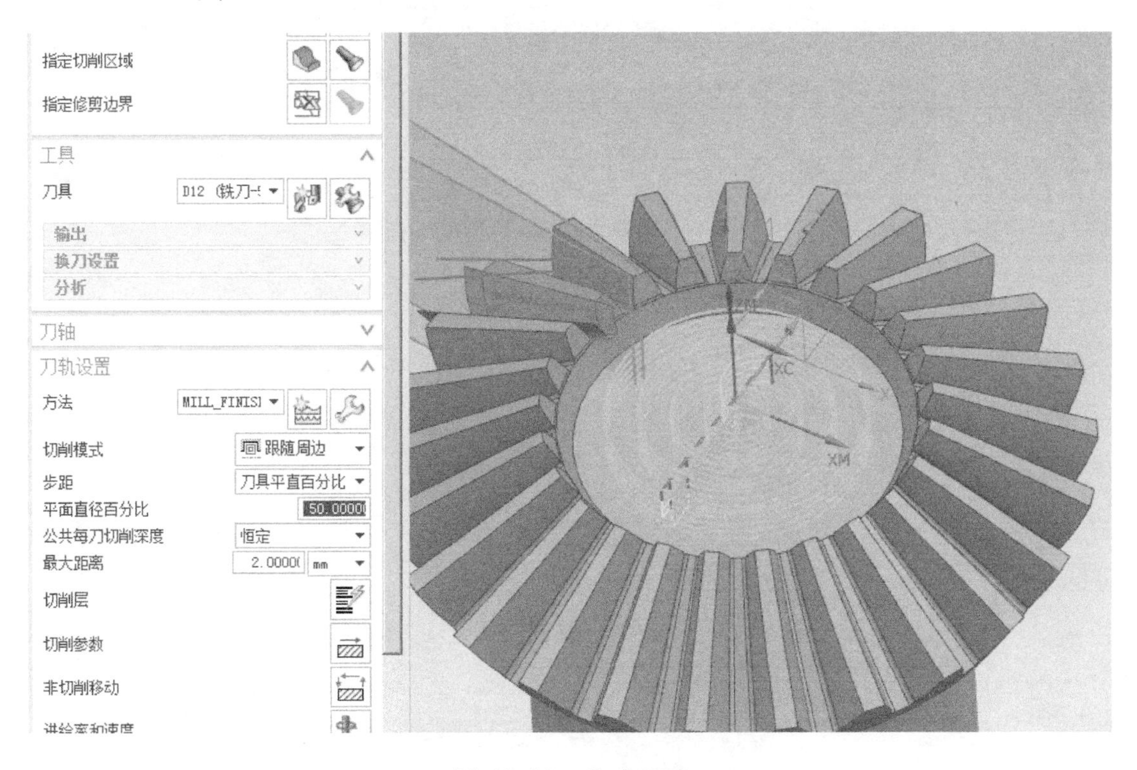

图10-11 生成刀路

2）创建内轮廓斜面刀路。创建可变轮廓铣工序，几何体选择“MCS_MILL”，切削区域选择斜面曲面，投影矢量选择“刀轴”，刀轴选择“侧刃驱动体”，指定侧刃方向为向上方向箭头，如图10-12所示，设置进给率和速度，主轴速度为3000r/min，切削进给率为500mm/min，逼近值为300mm/min。

在非切削移动中设置开放区域进刀类型为“点”，指定点为上端面圆心，如图10-13所示。

在非切削移动中的“转移/快速”选项卡中的“公共安全设置”中，“安全设置选项”选择“圆柱”，其方法与“MCS”对话框中的“安全设置选项”一样。

生成刀路，如图10-14所示。

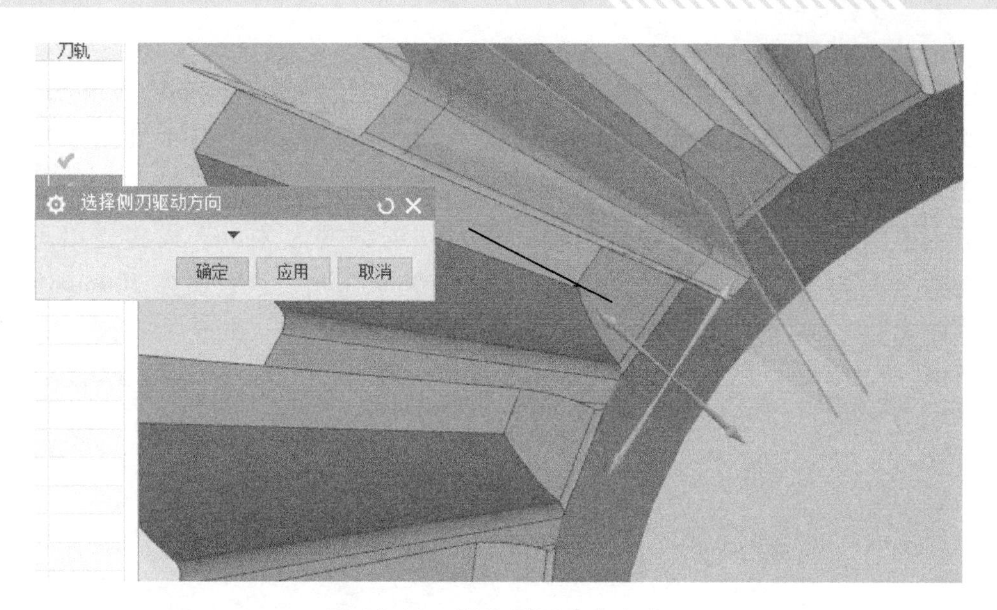

图 10-12　指定侧刃方向向上

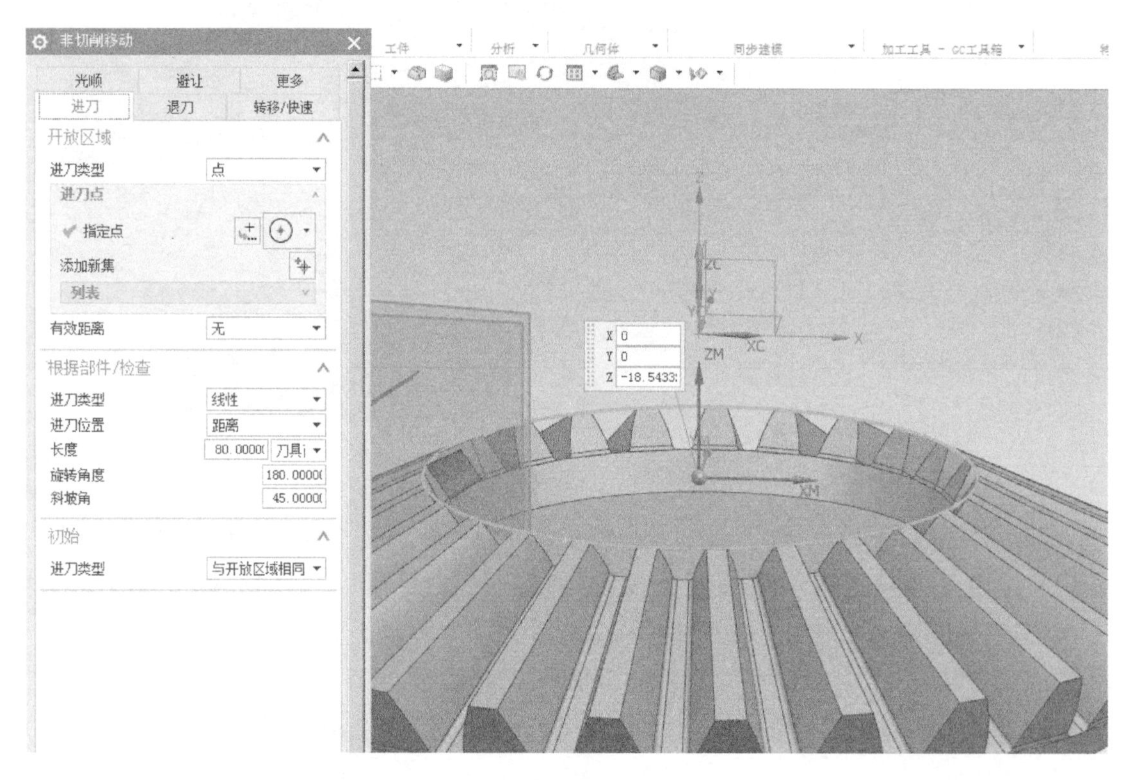

图 10-13　设置开放区域进刀类型

3）创建齿轮槽的粗加工刀路。创建工序，类型选择“mill_contour”，刀具选择“D6”，几何体选择“WORKPIECE”，方法选择“MILL_ROUGH”，单击“确定”按钮，系统弹出“型腔铣”对话框。

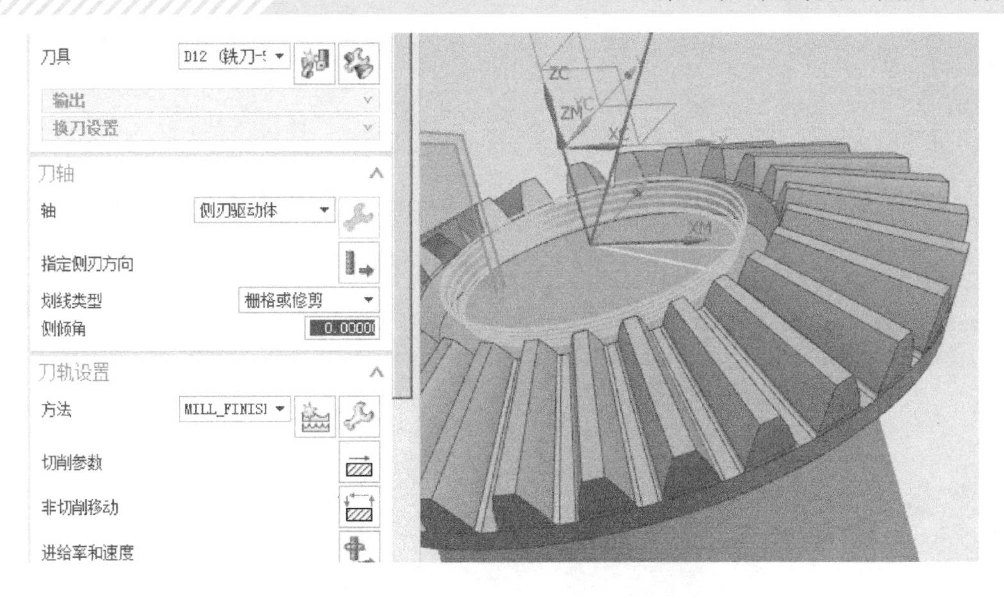

图 10-14 生成内轮廓斜面刀路

指定切削区域为 10.4 节中已经延伸的这五个曲面，“刀轴”为指定矢量，矢量方向为与齿槽底面垂直的方向，切削模式为“跟随周边”，每刀切削深度为 1mm，如图 10-15 所示。

单击“非切削移动”对话框中的“转移/快速”选项卡，其安全设置与“MCS”对话框中的“安全设置选项”一样，区域内转移方式选择“进刀/退刀”，转移类型选择“前一平面”，其他参数默认设置，如图 10-16 所示。

设置进给率和速度，主轴速度为 4000r/min，切削进给率为 500mm/min，逼近值为 300mm/min。

生成刀路，如图 10-17 所示。

单击此粗加工刀路，右击选择“对象”→“变换”，类型选择“绕点旋转”，指定枢轴点为左端面圆心，角度为 360°，“结果”选择“复制”，“距离/角度分割”文本框中输入“25”，“非关联副本数”文本框中输入“24”，如图 10-18 所示，单击“确定”按钮。

由于齿槽的内端间隔太小，若直接精加工，则由于部分位置余量太大容易断刀，所以在精加工之前需要再次粗加工，即再次创建型腔铣工序，选择 D4mm 键槽铣刀，每刀切削深度为 0.5mm，由于这次粗加工是在零件已经完成采用 D6mm 刀具的粗加工的基础上进行的，所以需要指定 IPW，在“切削参数”对话框的“空间范围”选项卡中，处理中的工件选择“使用 3D”，参考刀具选择“D6”，如图 10-19 所示，单击“确定”按钮返回，其他设置与前面一样。

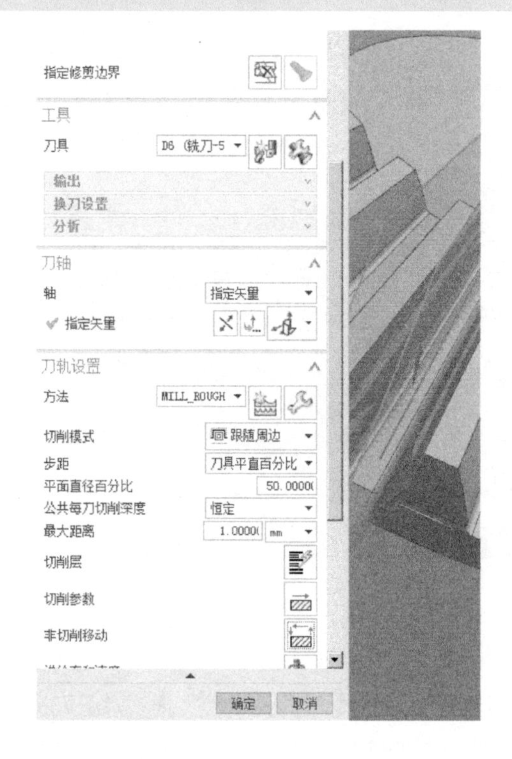

图 10-15　设置“型腔铣”参数

图 10-16　设置“转移/快速”参数

图 10-17　生成齿轮槽的粗加工刀路

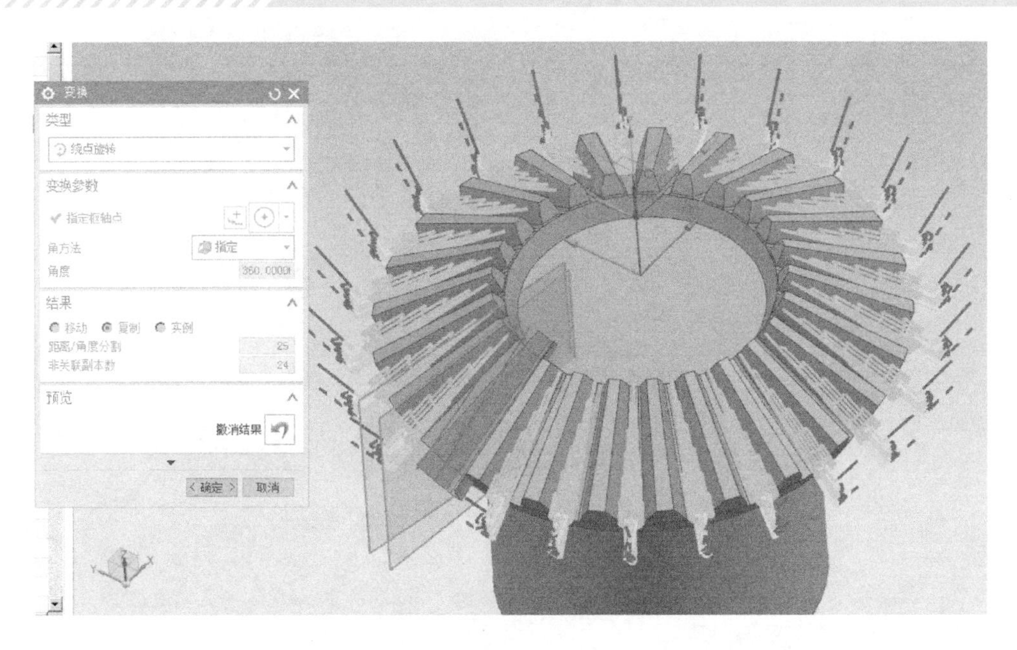

图 10-18　刀路变换

生成刀路，如图 10-20 所示。

再次使用对象变换功能，生成其他 24 个相同的刀路，如图 10-21 所示。

通过观察二次粗加工效果后可以看到，齿槽的内端还是有一些毛坯没有加工到，如图 10-22 所示，如果直接进行齿面精加工，因为刀具比较细，容易断刀，所以需要进行第三次粗加工。

图 10-19　指定 IPW

再次创建型腔铣工序，选择 D2.5R0.5mm 圆鼻铣刀，每刀切削深度为 0.3mm，由于这次粗加工是在零件已经完成使用 D4mm 的刀具粗加工的基础上进行的，所以需要指定 IPW，在“切削参数”对话框的“空间范围”选项卡中，处理中的工件选择“使用 3D”，参考刀具选择“D4”，单击“确定”按钮返回，其他设置与前面一样。生成刀路，如图 10-23 所示。

再次使用对象变换功能，生成其他 24 个相同的刀路，如图 10-24 所示。

（7）生成精加工刀路　创建齿廓曲面精加工刀路、齿根部圆角精加工刀路和齿底面精加工刀路。

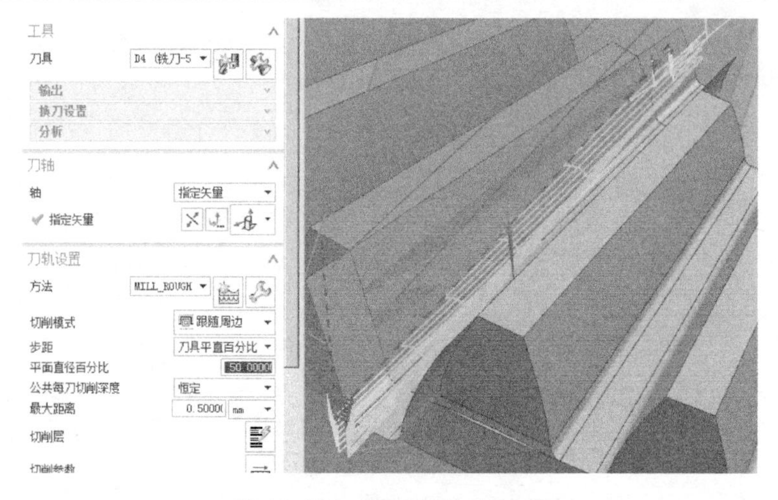

图 10-20　二次粗加工刀路

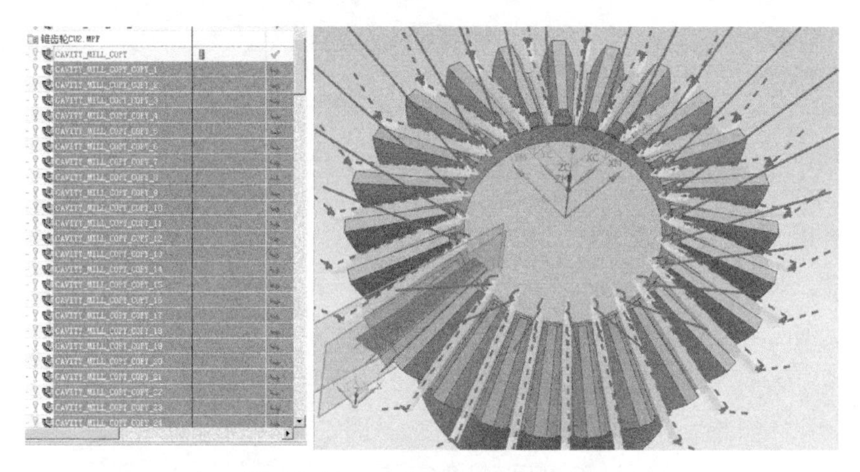

图 10-21　二次粗加工刀路变换

图 10-22　未加工到的齿槽

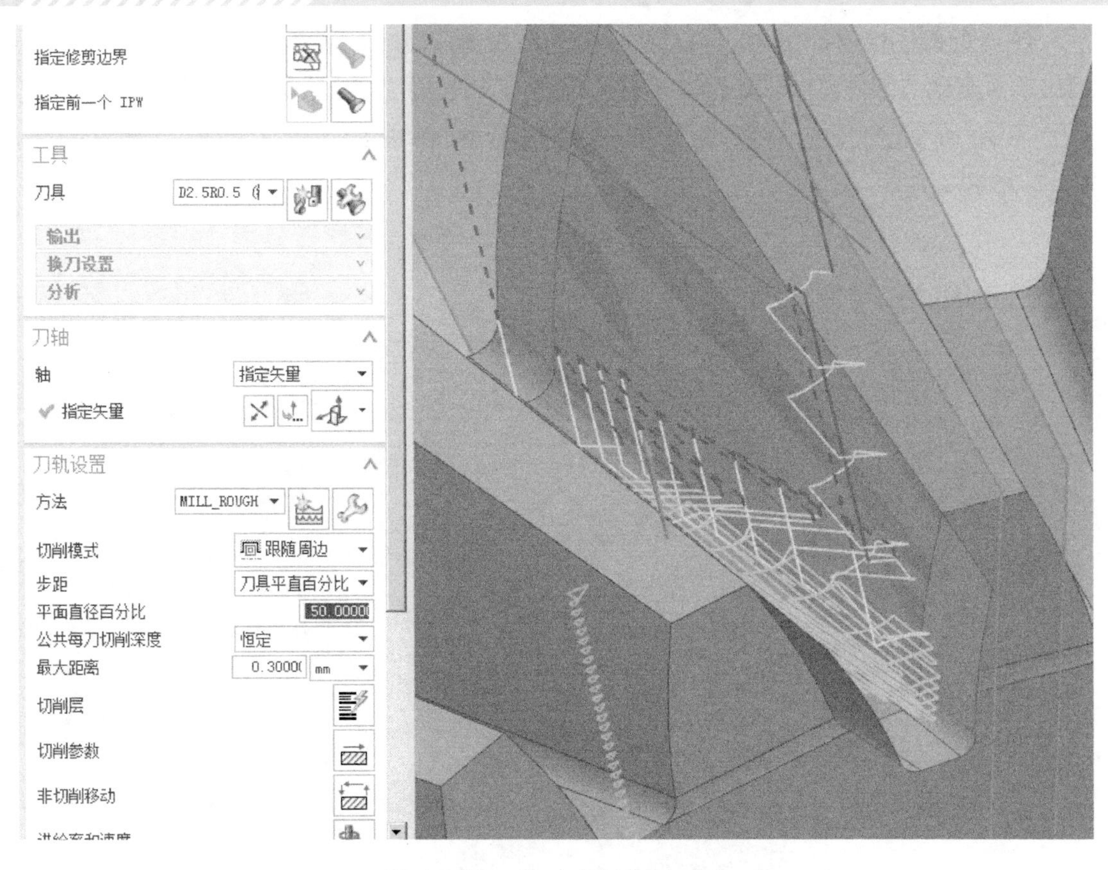

图 10-23 第三次粗加工刀路

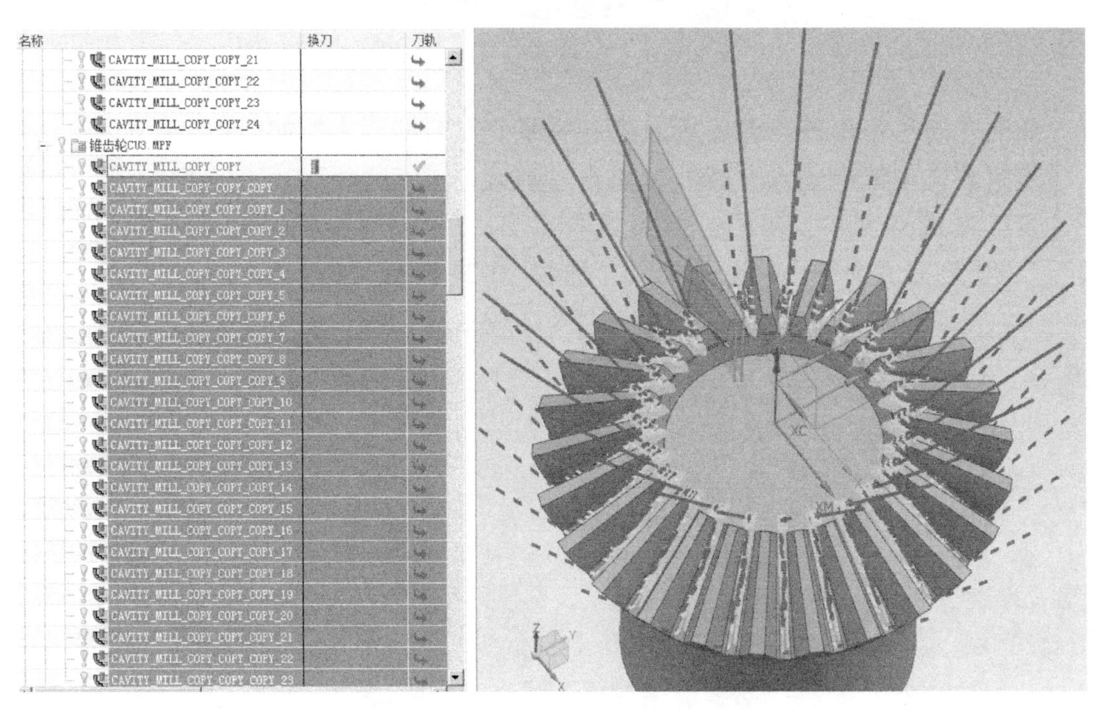

图 10-24 第三次开粗刀路变换

1）创建齿廓曲面精加工刀路。创建可变轮廓铣工序，几何体选择“MCS_MILL”，驱动方法选择“流线”，在“流线驱动方法”对话框中，流曲线分别选择上下两条曲线，交叉曲线分别选择前后两条曲线，“材料侧”向外，如图 10-25 所示。

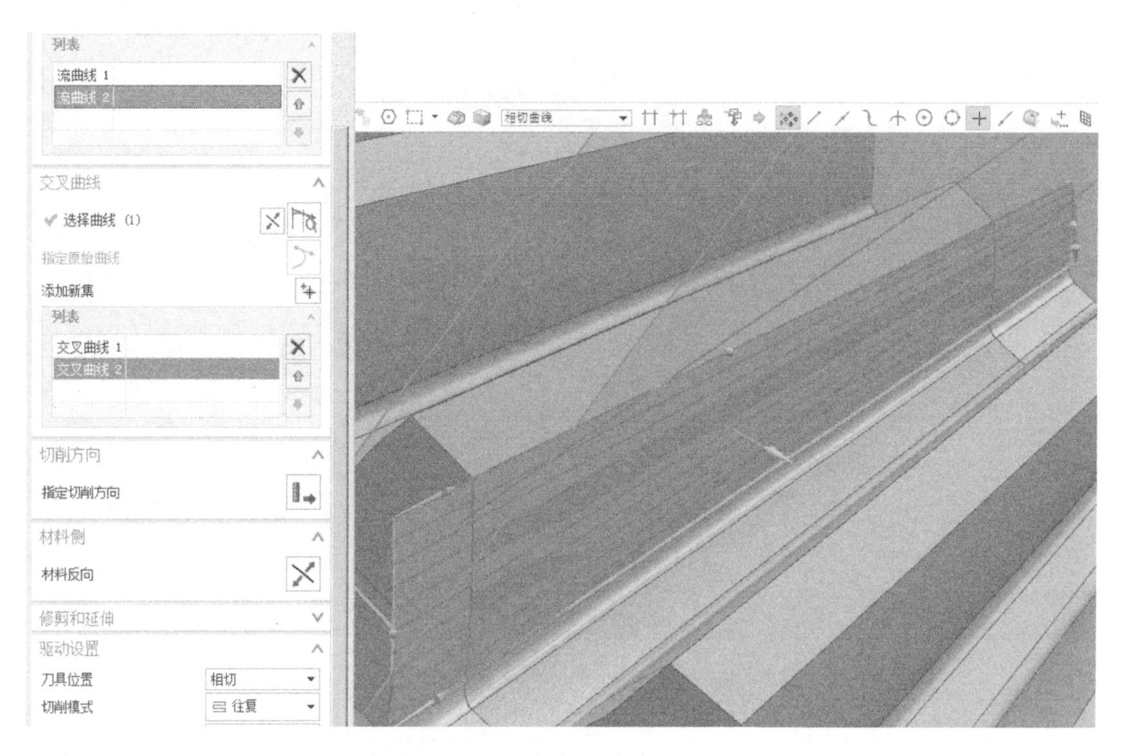

图 10-25　流线驱动方法设置

切削方向单击由外向内、从上往下的那个方向的箭头，如图 10-26 所示。

步距数文本框中输入“100”，单击“确定”按钮返回。

投影矢量选择“刀轴”，刀具选择“D2.5R0.5”，刀轴选择“侧刃驱动体”，指定侧刃方向单击向上的箭头，如图 10-27 所示。

图 10-26　设置切削方向

图 10-27　指定侧刃方向

单击“非切削参数”对话框中的“转移/快速”标签，其“安全设置”与“MCS”对话框中的“安全设置选项”一样。

设置进给率和速度，主轴速度为 10000r/min，切削进给率为 500mm/min，逼近值为 300mm/min。

生成刀路，如图 10-28 所示。生成齿槽的另一边齿廓曲面精加工刀路与这个方法一样，结果如图 10-29 所示。

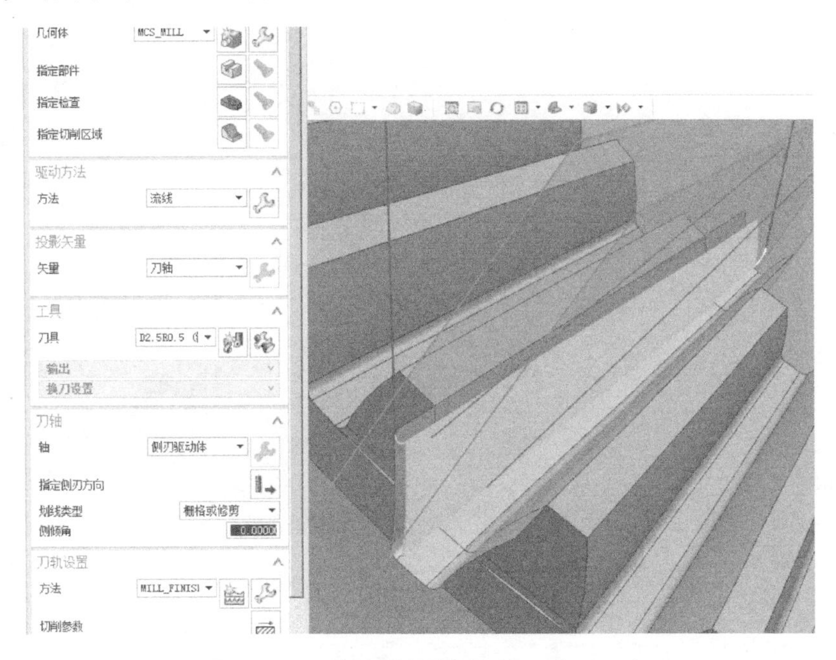

图 10-28 齿廓曲面精加工刀路（一）

使用对象变换功能，生成齿廓曲面正反面其他 48 个相同的刀路，如图 10-30 所示。

2）创建齿根部圆角精加工刀路。创建可变轮廓铣工序，几何体选择“MCS_MILL”，指定切削区域选择齿根部圆角曲面，驱动方法选择“曲面”，在“曲面区域驱动方法”对话框中，指定驱动几何体选择齿根部圆弧曲面，切削方向单击由外向内、从上往下的那个方向的箭头，如图 10-31 所示，切削模式选择“往复”，步距数为 10，单击“确定”按钮返回。

投影矢量选择“刀轴”，刀具选择 D2.5R0.5mm 圆鼻刀，刀轴选择“朝向直线”，即选择这个圆弧曲面上方的这条直线，如图 10-32 所示。

设置进给率和速度，主轴速度为 10000r/min，切削进给率为 500mm/min，逼近值为 300mm/min。

生成刀路，如图 10-33 所示。生成齿槽的另一边齿根部圆角曲面刀路与这个方法一样，结果如图 10-34 所示。

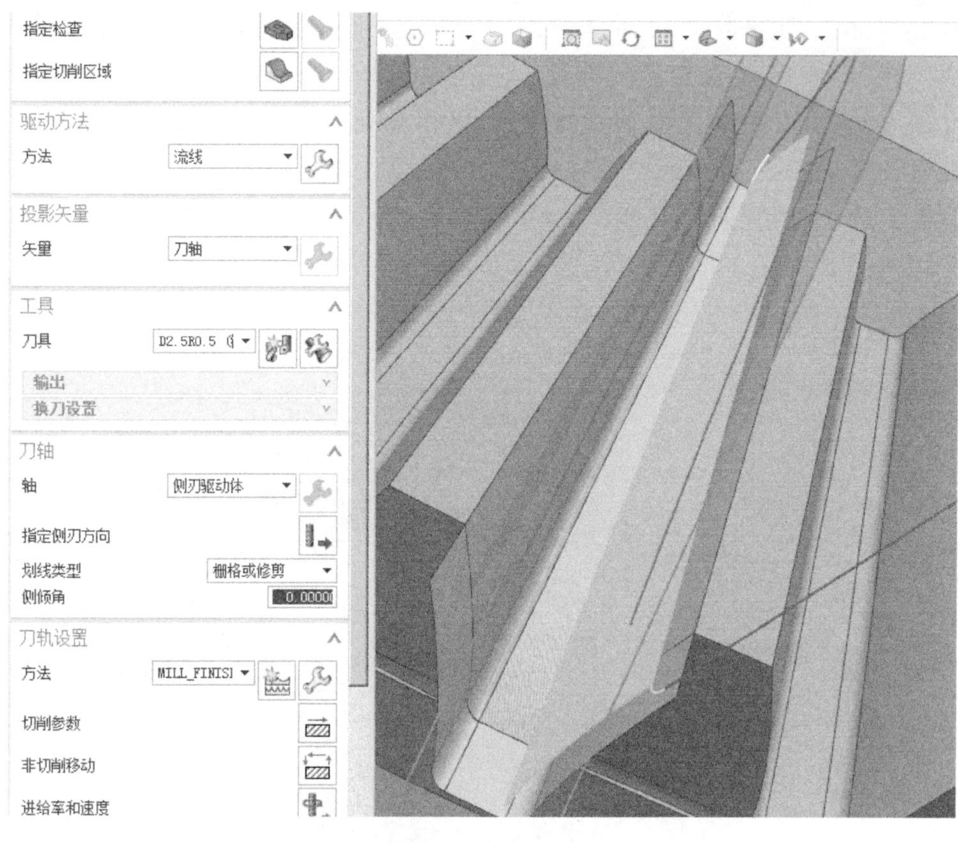

图 10-29　齿廓曲面精加工刀路（二）

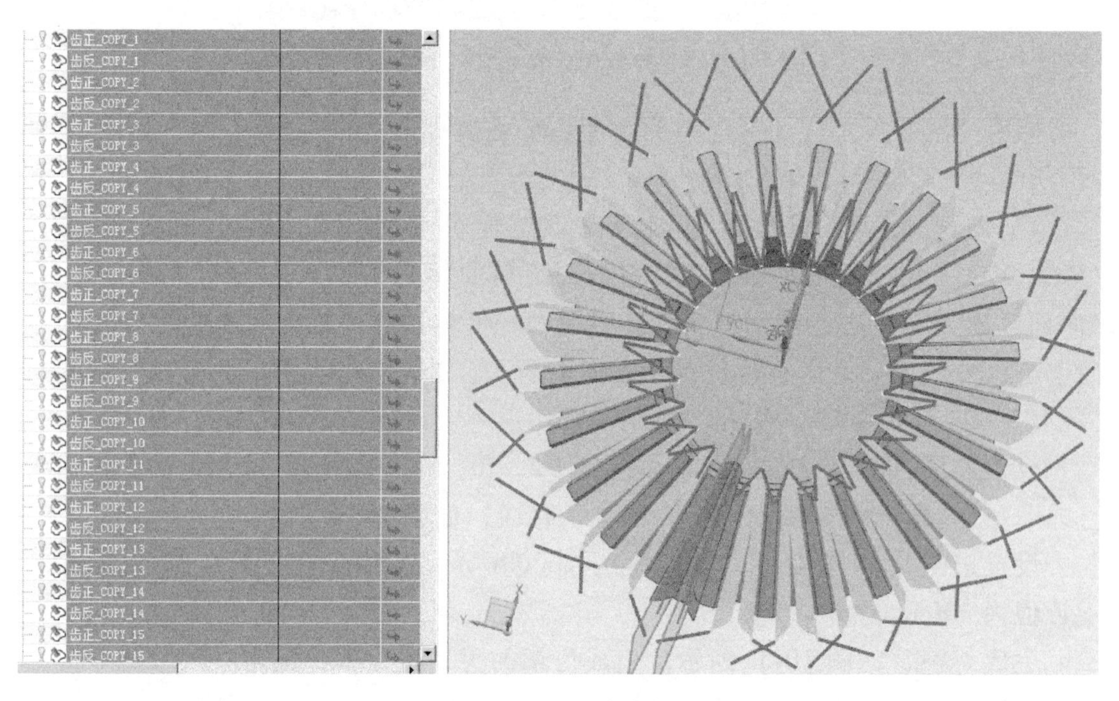

图 10-30　刀路变换

图 10-31　设置切削方向

图 10-32　设置投影矢量与刀轴

使用对象变换功能，生成齿根部圆角的其他 24 个相同的刀路，如图 10-35 所示。

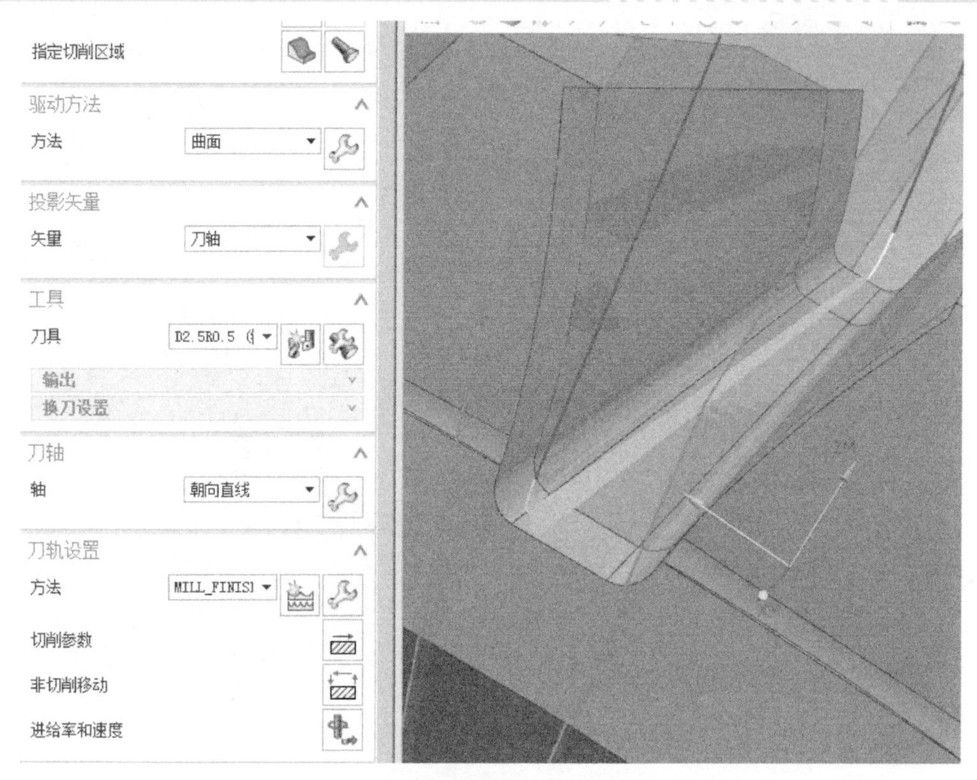

图 10-33　生成根部圆角精加工刀路（一）

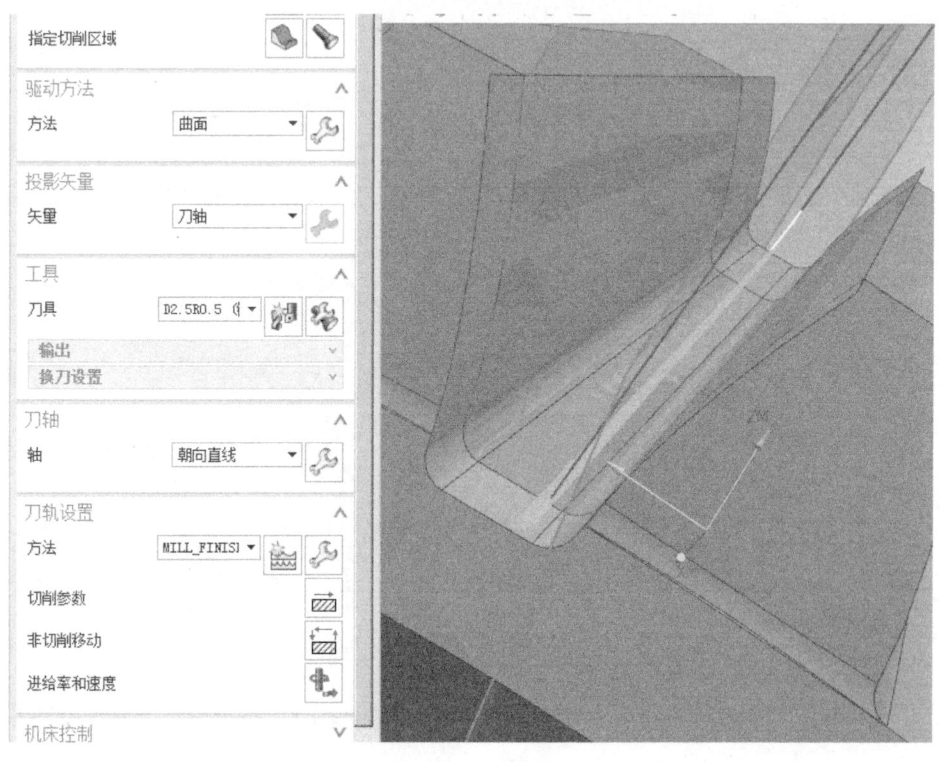

图 10-34　生成根部圆角精加工刀路（二）

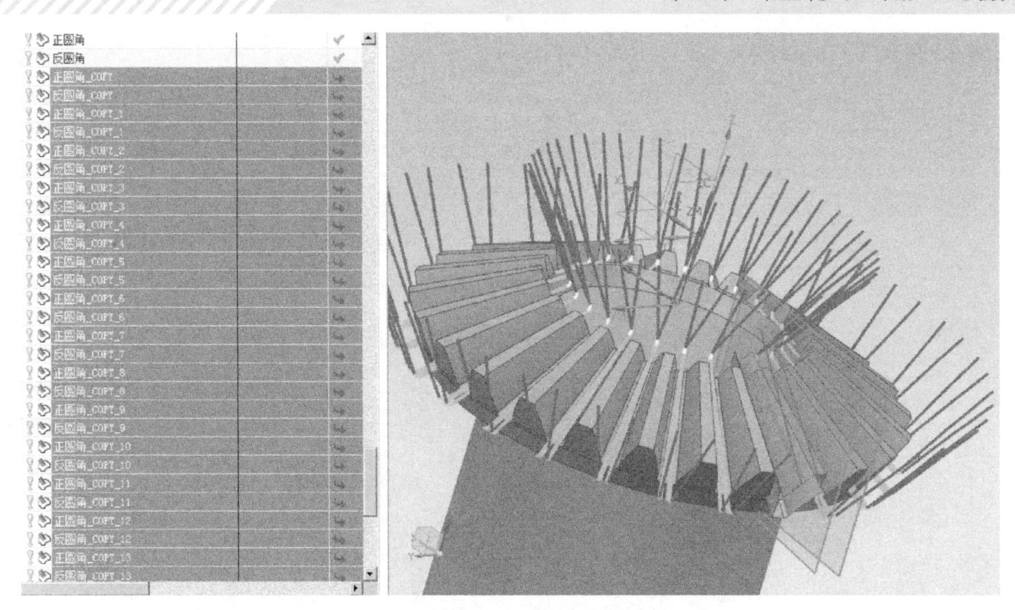

图 10-35 刀路变换

3）创建齿底面精加工刀路。创建可变轮廓铣工序，几何体选择“MCS_MILL”，指定切削区域选择齿槽底平面，驱动方法选择“曲面”，在“曲面区域驱动方法”对话框中，指定驱动几何体选择齿槽底平面，切削方向选择从外向内，切削区域选择“曲面%”，起始步长%为“50”，结束步长%为“53”，设置如图 10-36 所示，切削模式选择“往复”，步距数为 2，确定后返回。

投影矢量选择“刀轴”，刀具选择“D2.5R0.5”圆鼻刀，刀轴选择“垂直于驱动体”，设置进给率和速度，主轴速度为 10000r/min，切削进给率为 500mm/min，逼近值为 300mm/min，如图 10-37 所示，单击“生成刀路”图标，

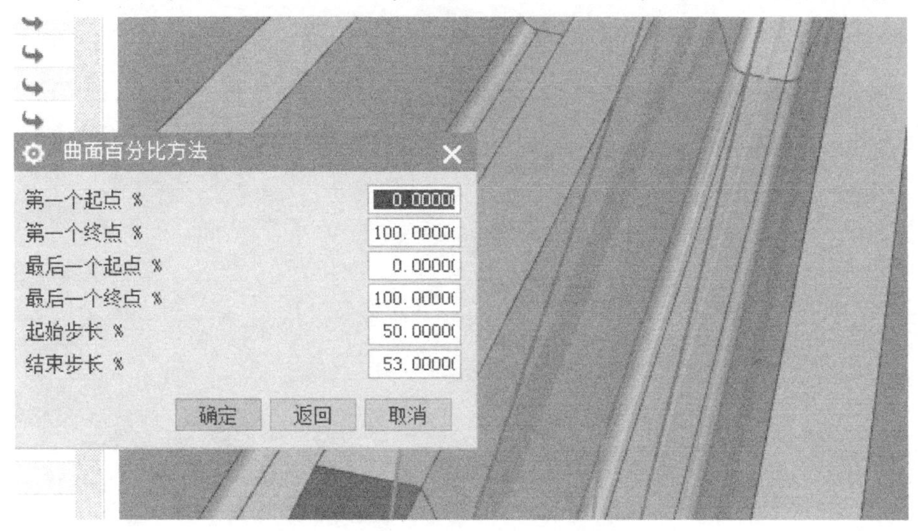

图 10-36 设置曲面百分比

生成齿底面精加工刀路。

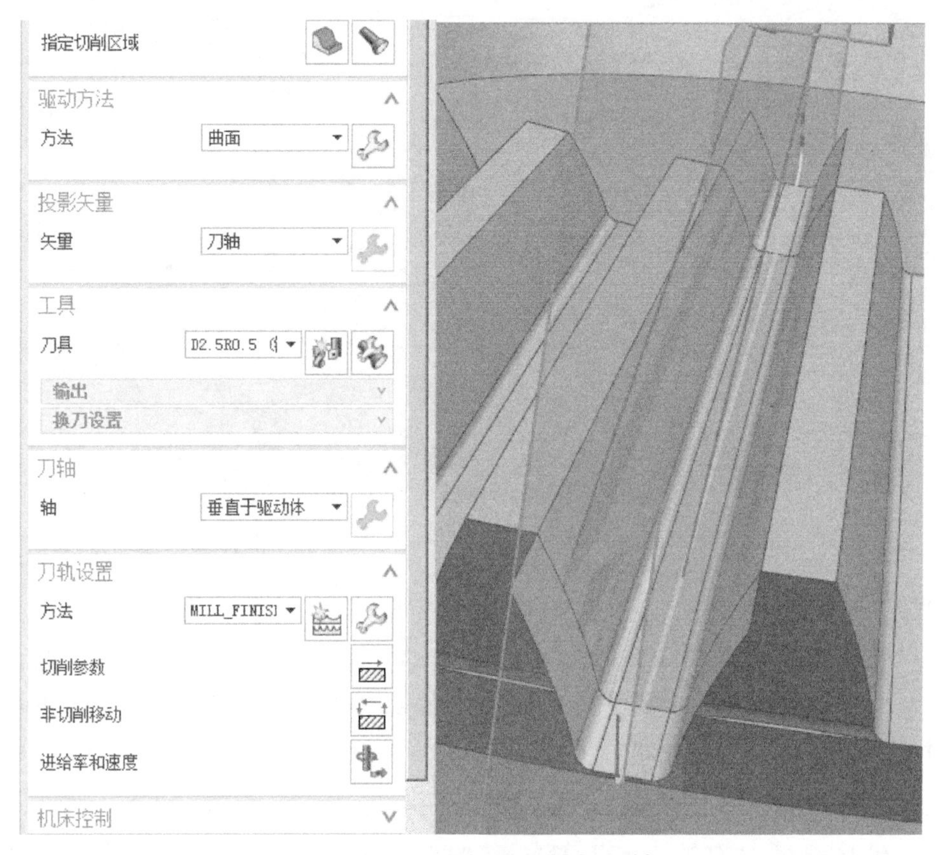

图 10-37　设置投影矢量与刀轴

使用对象变换功能，生成齿底面其他 24 个相同的刀路，如图 10-38 所示。

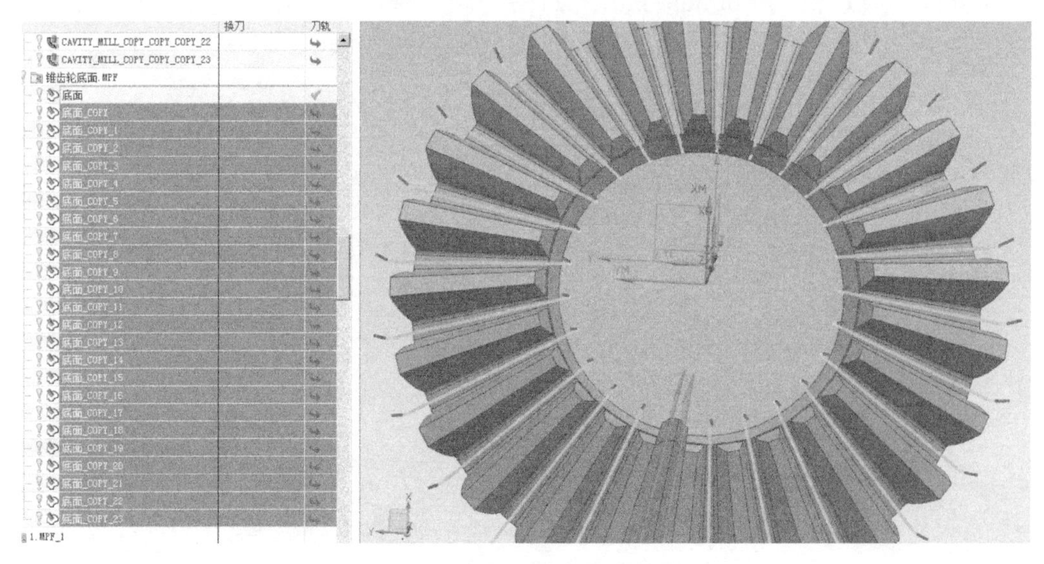

图 10-38　刀路变换

（8）后处理生成程序　分别生成 8 个程序：内孔加工、内孔斜面、锥齿轮 CU1、锥齿轮 CU2、锥齿轮 CU3、锥齿轮底面、锥齿曲面和锥齿圆角，如图 10-39 所示。

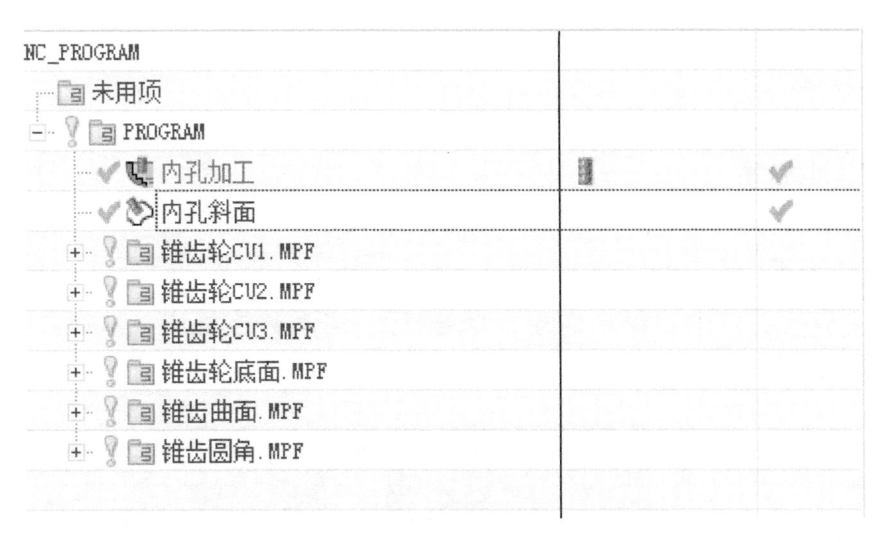

图 10-39　程序列表

10.6 Vericut 仿真加工

使用 Vericut 仿真加工锥齿轮，仿真加工过程包括选择控制系统、选择机床、定义毛坯、定义活动卡爪、定义刀具、选择程序、定义坐标系及自动加工。

1. 选择控制系统

方法参考 3.6.2 节。

2. 选择机床

方法参考 3.6.2 节。

3. 定义毛坯

单击项目树中的 Fixture 图标，选择配置组件中“添加模型”为“模型文件”，选择“kapan.stl”与“kazhua.stl”，右击 Fixture 图标依次选择“添加”→“更多”→“V 线性”。在配置组件中选择运动为“Y”，然后把卡爪拖到“线性 V”下面，会发现卡爪变成蓝色了。单击“毛坯” Stock (0, 0, 0) 图标，选择配置组件中“添加模型”为“模型文件”，选择“锥齿轮毛坯 .stl”，在位置中文本框中输入“0 0 230”。

4. 定义活动卡爪

方法参考 3.6.2 节。

5. 定义刀具

方法参考 3.6.2 节。

6. 选择程序

方法参考 3.6.2 节。

7. 定义坐标系

方法参考 3.6.2 节。

8. 自动加工

设置完成后，单击“循环启动”图标，启动数控机床自动加工。仿真加工结果如图 10-40 所示。

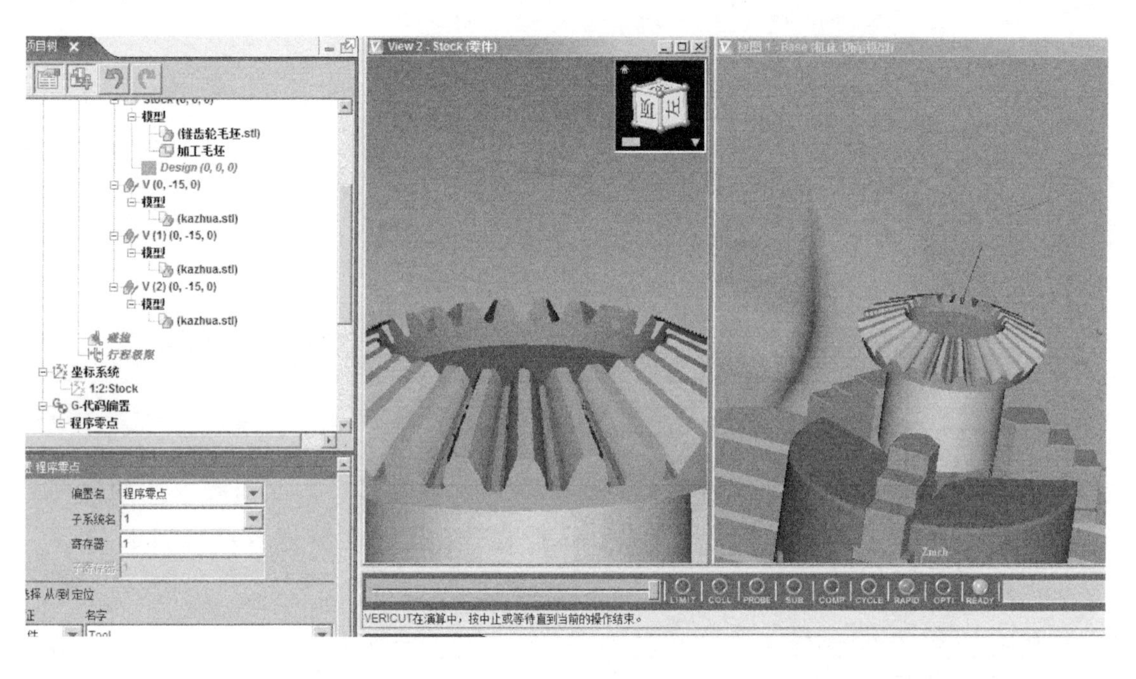

图 10-40 仿真加工结果

10.7 学习评价

本章学习完成后，依据表 10-1 考核评价表，采取自评、互评、师评三方进行评价。

表 10-1 考核评价表

评价项目	考核内容	考核标准	配分	自评	互评	师评	总评
任务完成情况评定（80分）	五轴加工中心曲面加工方法的理解	正确率 100% 20分 正确率 80% 16分 正确率 60% 12分 正确率<60% 0分	20				
	加工工艺	正确率 100% 10分 正确率 80% 8分 正确率 60% 6分 正确率<60% 0分	10				
	生成刀路	正确率 100% 30分 正确率 80% 24分 正确率 60% 18分 正确率<60% 0分	30				
	仿真加工	规范、熟练 20分 规范、不熟练 10分 不规范 0分	20				
职业素养（20分）	知识	是否复习	每违反一次，扣5分，扣完为止				
	纪律	不迟到、不早退、不旷课、不游戏					
	表现	积极、主动、互助、负责、有改进精神等					
总分							
学生签名			教师签名				

第11章 人体模型零件的五轴加工与仿真

【学习目标】

知识目标：

1. 了解零件的加工要求。
2. 掌握 NX 加工模块中的基本加工策略。
3. 掌握 NX 编程软件加工模块的基本操作。
4. 掌握 NX 加工模块中基本参数的设置。

技能目标：

1. 能根据零件加工要求合理安排加工工艺。
2. 能根据零件加工要求合理安排加工刀具。
3. 能根据机床类型正确设置加工原点与安全平面。
4. 会使用 NX 后处理生成程序。
5. 会使用 Vericut 仿真软件对零件进行仿真加工。

素质目标：

1. 培养学生具备良好的科学精神和态度。
2. 培养学生自主学习的良好习惯、爱好和能力。
3. 培养学生适宜的受挫折能力，提高学生心理成熟度和提升基本品质。
4. 培养学生依法规范自己行为的意识和习惯。

本章以人体模型零件加工为实例，详细讲解创建合理、高效的刀路，以及构造一个和这个模型外轮廓相近的驱动曲面的方法。由于这个驱动曲面和模型越相近，生成的精加工刀路就越精确，实物加工则越贴合模型。

11.1 加工预览

打开教学资源包文件中的“人体模型.prt”模型。

在本实例中，将通过如图 11-1 所示的人体模型零件的加工，来介绍 NX10 五轴联动铣削加工的多种加工方法，使读者对多轴联动铣削加工的创建和应用有了更深刻的理解，并进一步掌握多轴定向加工参数的意义、设置方法，以及实际应用的技巧。

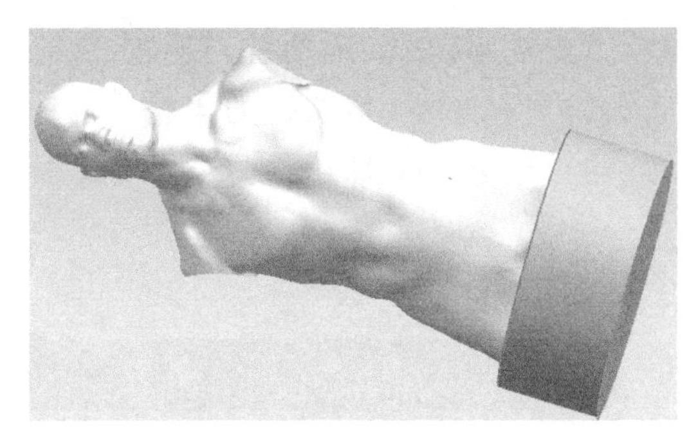

图 11-1 人体模型

11.2 模型分析

在本实例中将运用可变轮廓铣加工操作来完成零件的加工。由模型分析可知，加工部位由很多不规则的曲面组成，粗加工可以采取正反面定向型腔铣工序，这样可以快速去除毛坯，精加工要做一个和这个模型外轮廓相近的曲面，这个曲面就是驱动面，这个驱动曲面要覆盖所有要加工的部位。合适的驱动曲面在刀具轴线从加工开始到加工结束不会发生干涉，刀路变化均匀且间隔均匀，刀路没有急变。最后在驱动面上生成刀路，投影到模型表面，只有这样的刀路才符合模型加工要求。

11.3 加工工艺规划

1. 模型加工工艺分析

人体模型是三维立体图，因此利用五轴机床加工。本例中零件毛坯的具体尺寸：圆柱直径为80mm，轴向长度为160mm。

2. 编程特点和难点分析

1）NX加工策略的选择。

2）选择加工图形的方法。

3）驱动曲面的创建。

3. 加工方案

1）用ϕ12mm键槽铣刀粗加工。

2）用ϕ6mm球头铣刀半精加工。

3）用ϕ4mm球头铣刀精加工。

11.4 进入NX设计环境

（1）创建毛坯　首先创建草图，绘制一个直径为80mm的圆，然后退出草图；拉伸草图，长度为160mm，要包容模型，如图11-2所示。

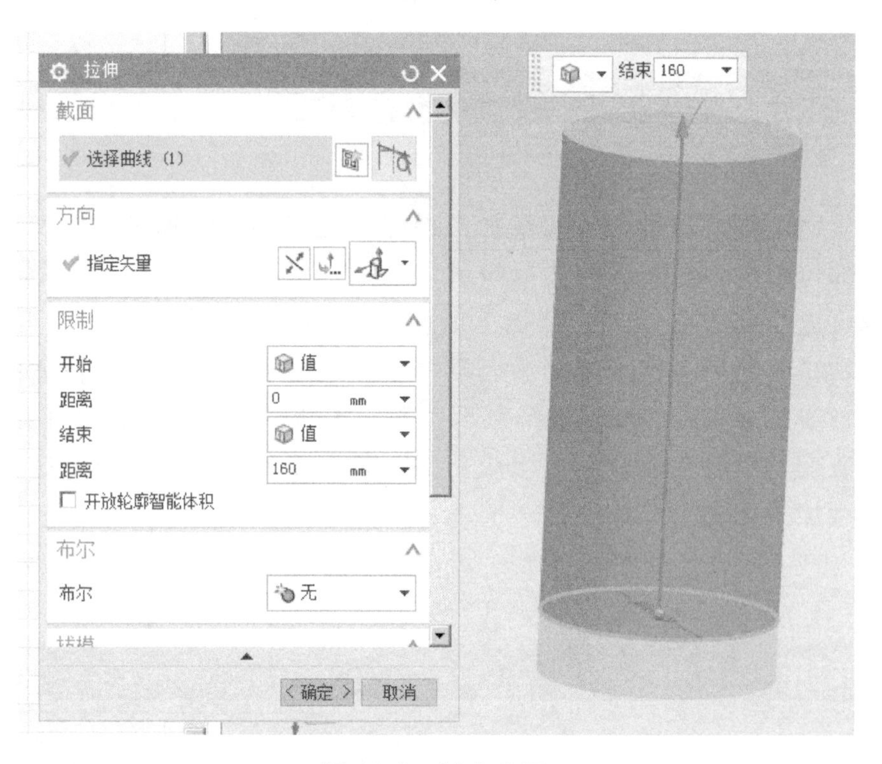

图11-2　创建毛坯

（2）创建驱动曲面　单击菜单中的“格式”→“复制至图层”，如图11-3所示，单击人体模型，在目标图层或类别文本框中输入“20”，单击“确定”按钮，如图 11-4 所示。

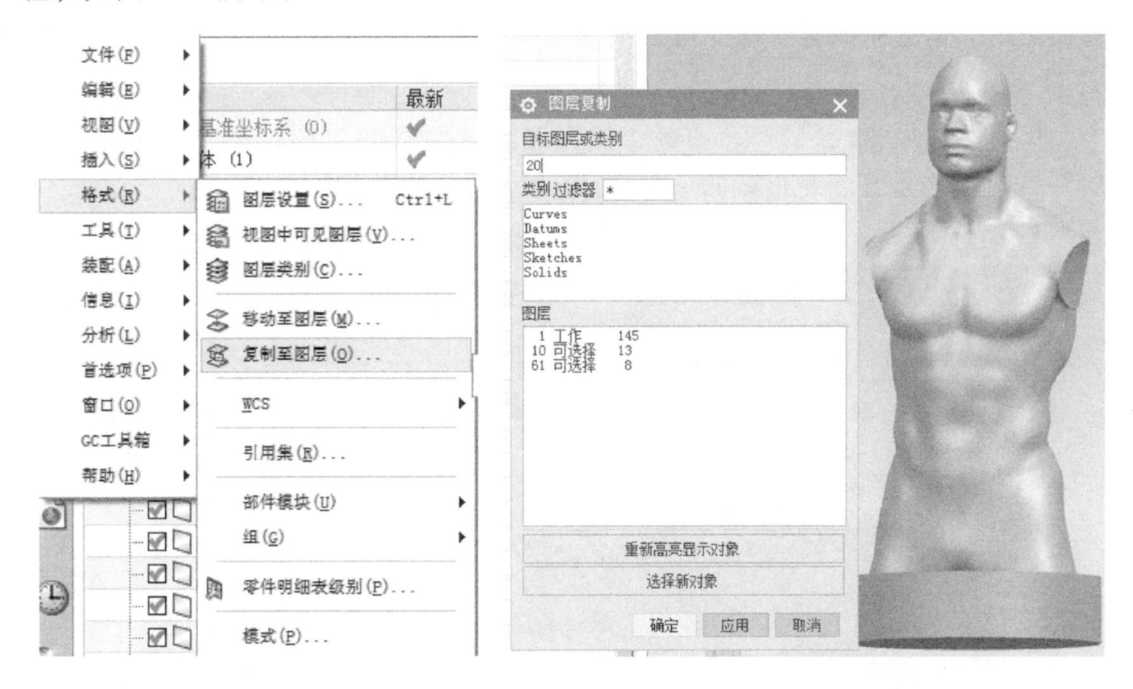

图 11-3　复制至图层　　　　图 11-4　设置图层号

可以看到在图层 20 中又复制了一个人体模型，接下来的一些操作在图层 20 的这个人体模型中进行，如图 11-5 所示。

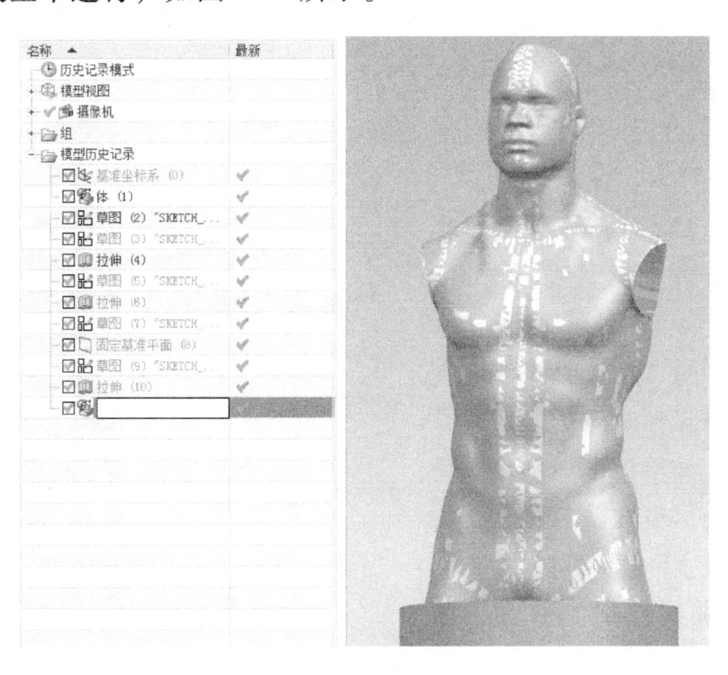

图 11-5　复制模型

在这个模型的各个深度位置创建草图和圆，因为从这个零件的截面形状来看，圆是最佳包容模型截面轮廓曲线，而且可以尽量贴合模型曲面，同时，在后面使用“通过曲线组”命令时，曲面也不会有突变，可以光滑过渡，结果如图 11-6 所示。

单击“通过曲线组”图标，依次选择截面上的草图，在“输出曲面选项”区勾选“垂直于终止截面”复选框，结果如图 11-7 所示。

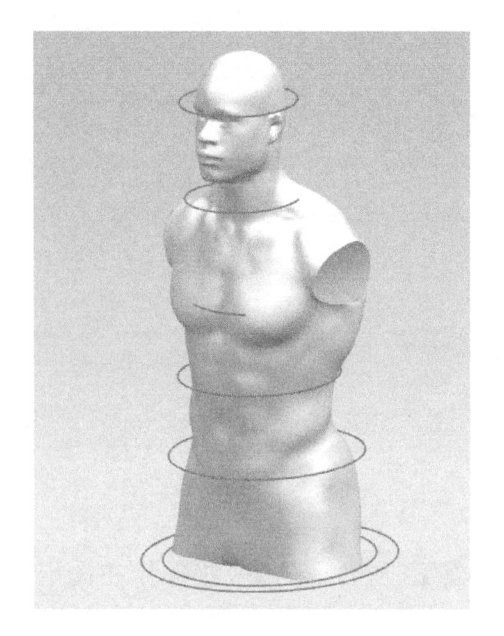

图 11-6　在模型各个深度位置创建草图曲线

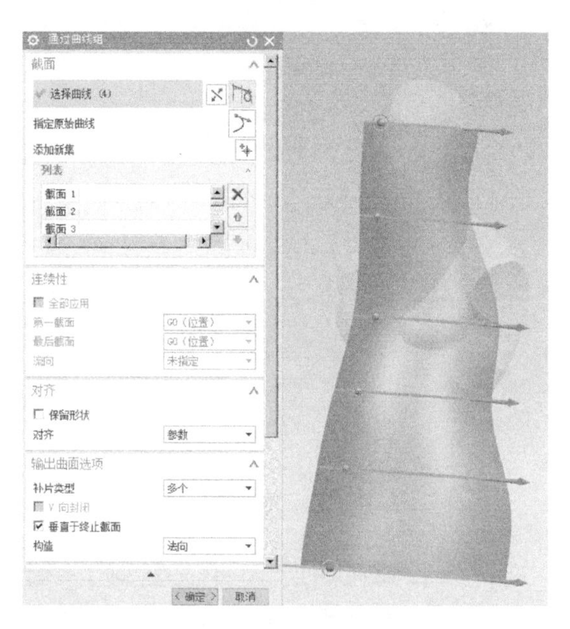

图 11-7　“通过曲线组”命令生成曲面

然后单击菜单中的“插入”→“派生曲线”中的“等参数曲线”图标，单击已经生成的曲面，将生成 5 条等参数曲线，如图 11-8 所示。

单击曲线中的“桥接曲线”图标，桥接模型顶部相对应的曲线，并且在形状控制上调整深度与斜度，使两条桥接的曲线尽量在顶部相交，如图 11-9 所示。使用“投影曲线”命令把底部轮廓曲线投射到底面，如图 11-10 所示。

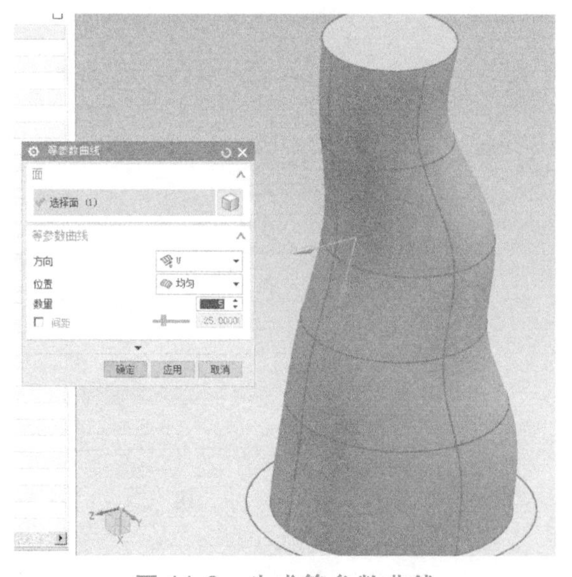

图 11-8　生成等参数曲线

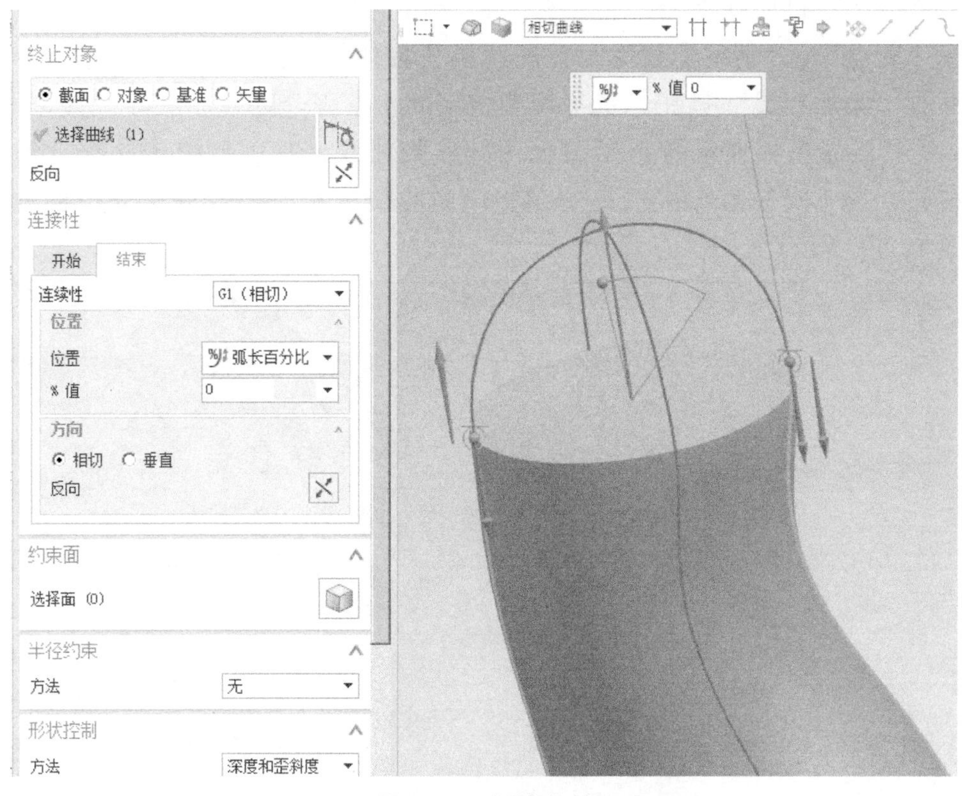

图 11-9　桥接曲线

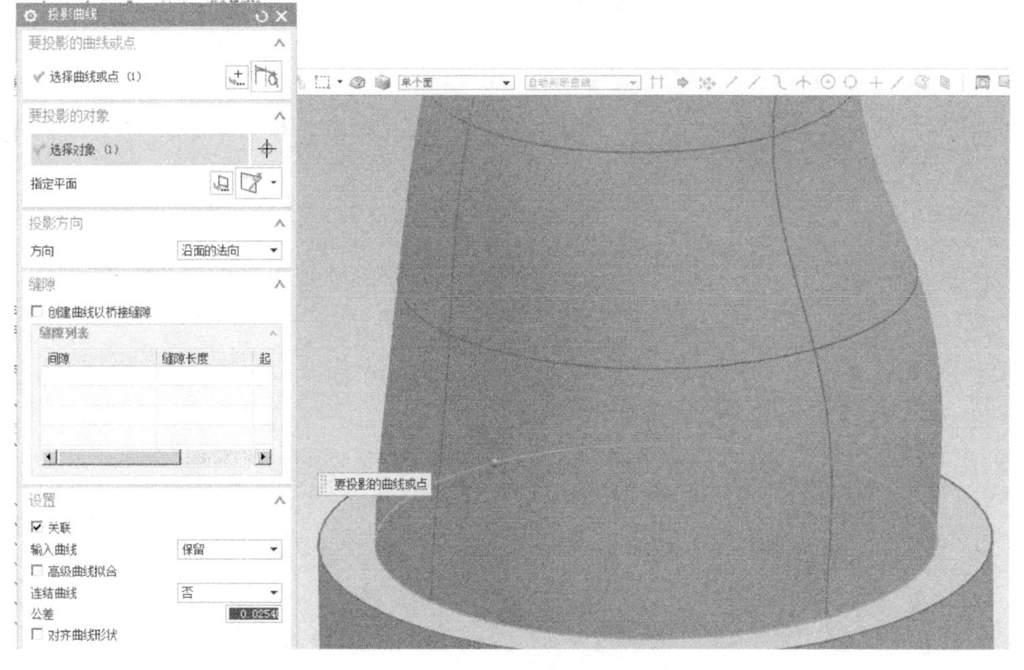

图 11-10　投影曲线

单击“曲线”下的“分割曲线”命令，把底部曲线分割成 4 份，如图 11-11 所示。单击“通过曲线网格”图标，再单击主曲线，在“点”对话框中，类型选择“交点”，分别单击模型顶部的两条桥接曲线，如图 11-12 所示。单击主曲线下的“添加新集”按钮，选择模型根部的 4 条等分圆弧。展开“交叉曲线”命令，选择 5 次桥接曲线与模型表面的等参数曲线，其中要单击 4 次“添加新集”按钮，第 1 次与第 5 次选择的是相同的曲线，从而生成一个光滑曲面，结果如图 11-13 所示。

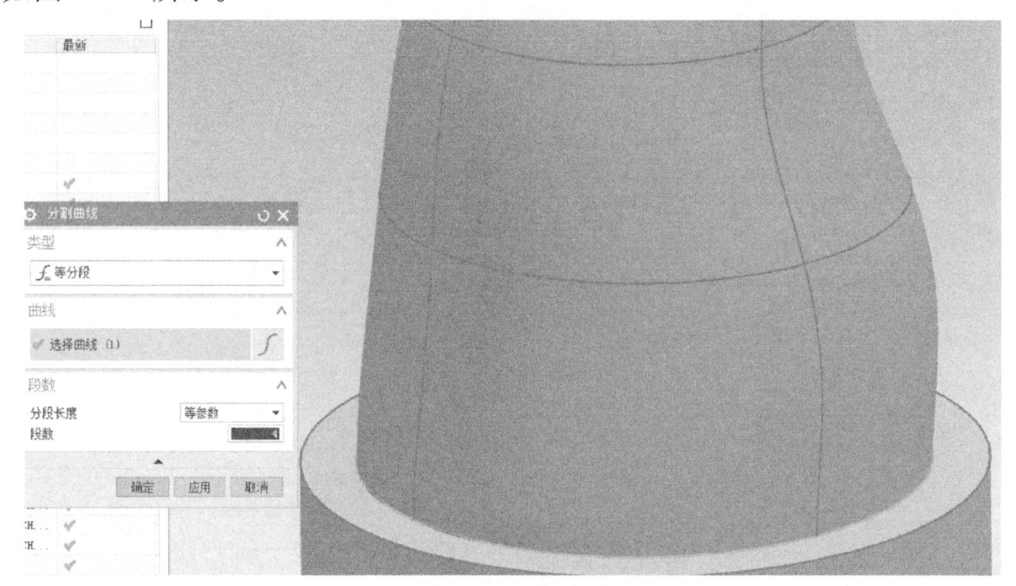

图 11-11　分割曲线

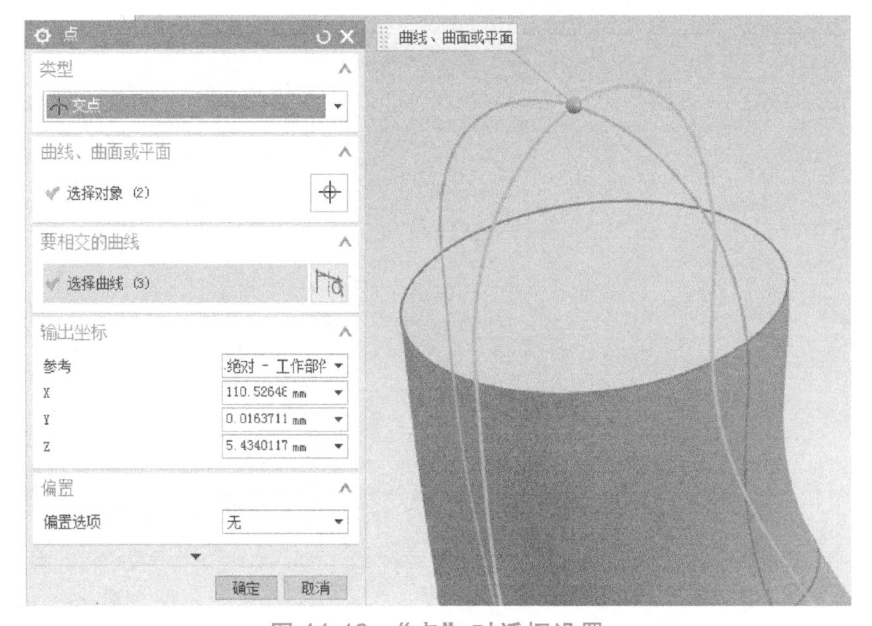

图 11-12　“点”对话框设置

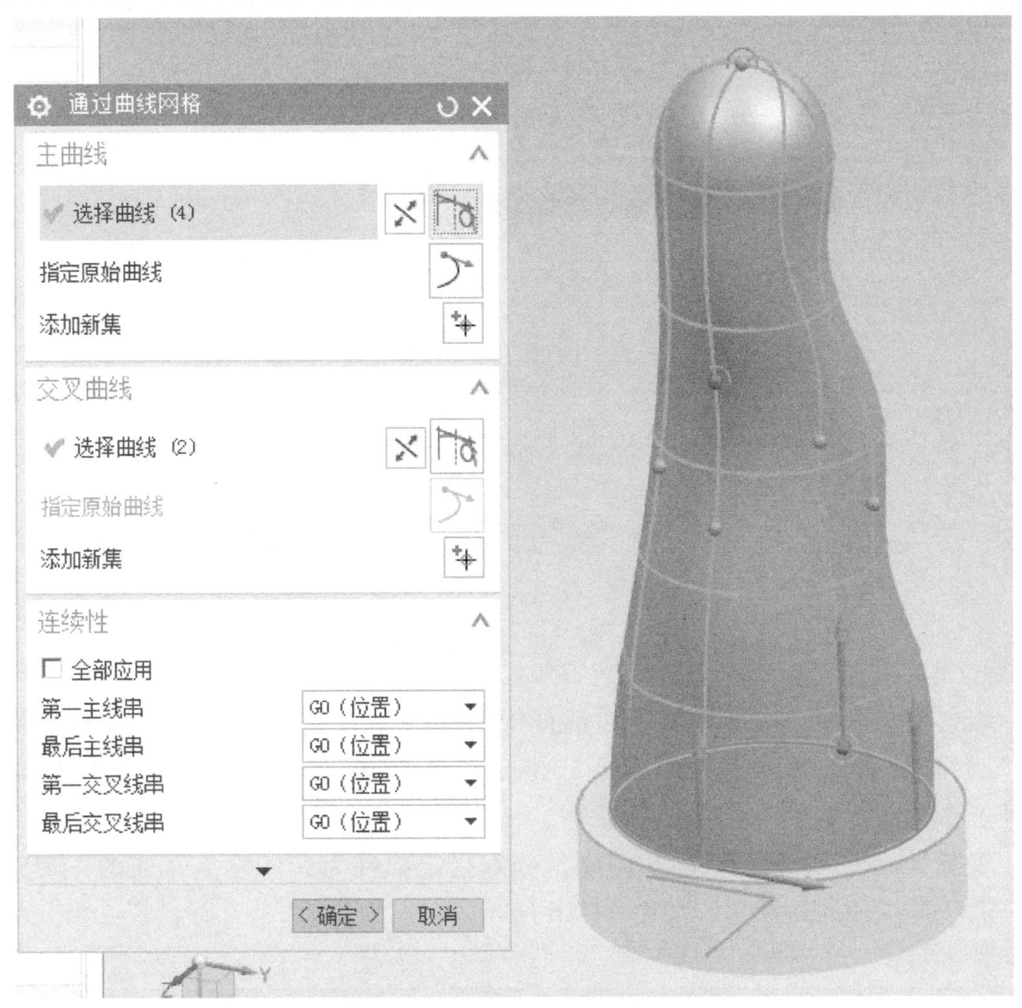

图 11-13 生成一个光滑曲面

11.5 NX加工步骤

1. 进入加工环境

单击工具栏“起始”按钮，在弹出的下拉菜单中选择“加工（N）”，进入NX的加工环境，系统弹出“加工环境”对话框。在“CAM会话配置”下拉列表中选择“cam_general”，在“要创建的CAM设置”下拉列表中选择“mill_multi-axis”，单击“确定”按钮，完成加工的初始化设置。

2. 确定加工坐标系、工件和安全平面

加工坐标系设置在圆柱顶端圆心，如图11-14所示。

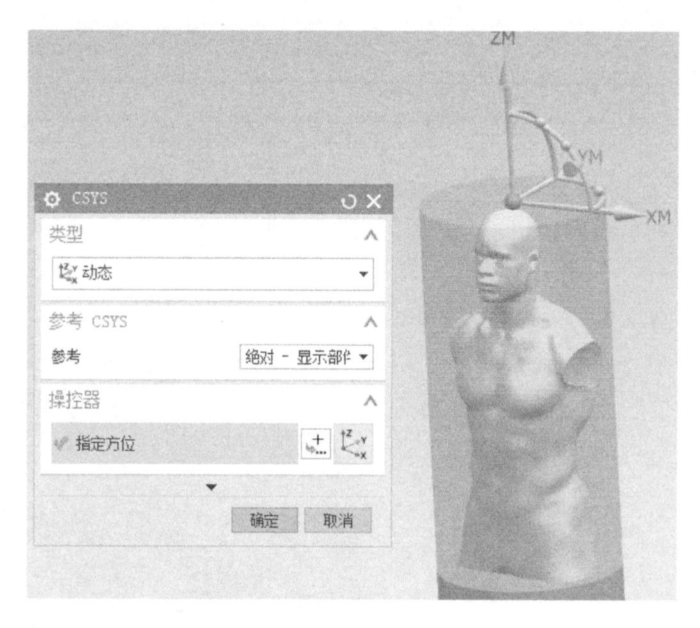

图 11-14 设置加工坐标系

建立安全平面，在“MCS”对话框中的“安全设置选项”下拉列表框中选择“圆柱”，指定点选择端面圆心，指定矢量选择 Z 轴，半径文本框中输入“50”，形成一个包裹住模型的圆柱体。

双击 Workpiece 指定铣削几何体，分别指定部件为人体模型，如图 11-15 所示，毛坯是拉伸的外圆柱，如图 11-16 所示。

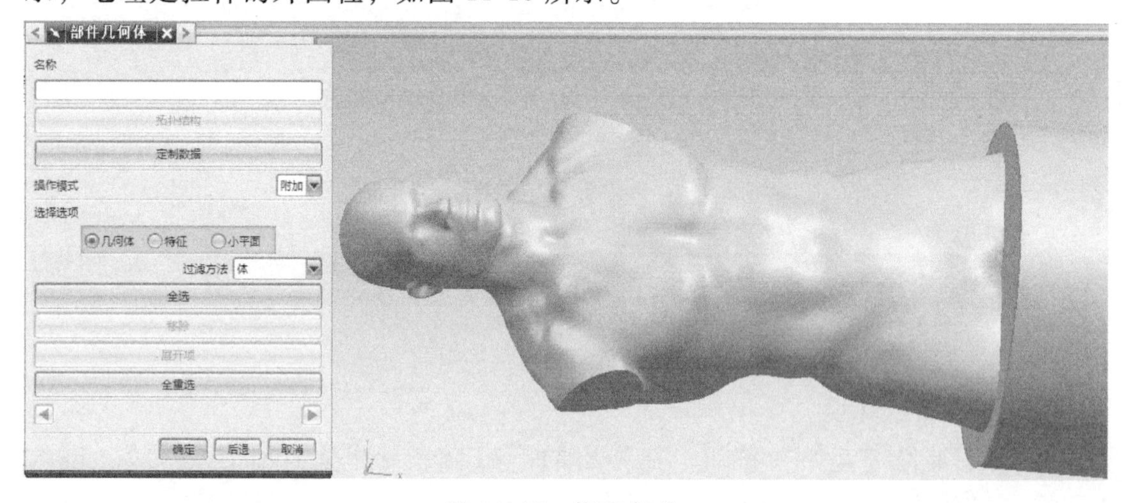

图 11-15 指定部件

3. 创建刀具

单击“加工创建”工具栏的“创建刀具”按钮，创建三把铣刀：ϕ12mm 键槽铣刀、ϕ6mm 球头铣刀和 ϕ4mm 球头铣刀。

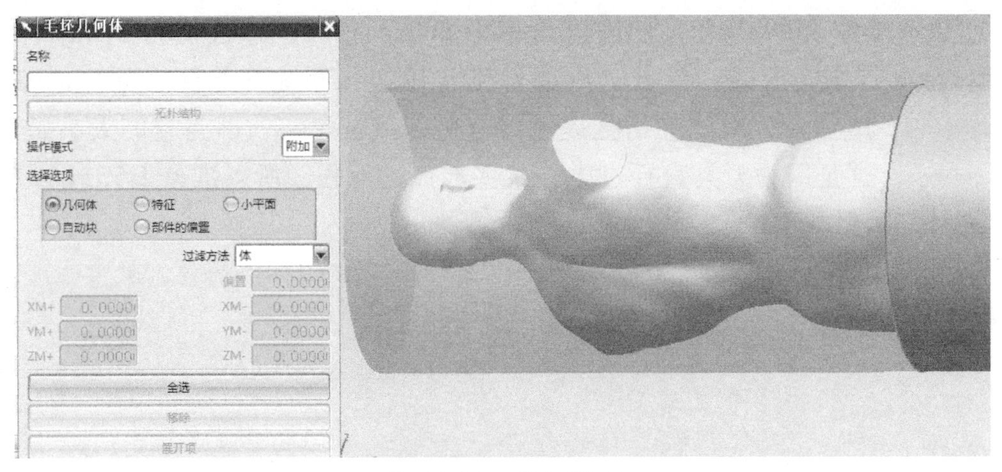

图 11-16　设置毛坯

4. 设置加工方法

在工序导航器的加工方法中，分别设置 MILL_ROUGH 部件余量为 0.5mm，内外公差为 0.03mm；MILL_SEMI_FINISH 部件余量为 0.5mm，内外公差为 0.03mm；MILL_ FINISH 部件余量为 0mm，内外公差为 0.01mm。

5. 创建粗加工刀路

(1) 创建粗加工刀路　创建型腔铣粗加工刀路，几何体为已经设置好的 WORKPIECE，刀具为 ϕ12mm 键槽铣刀，刀轴为指定矢量，选择与人脸正面或反面垂直的矢量，切削层设置范围深度为 42mm，每刀切削深度为 2mm，如图 11-17 所示。

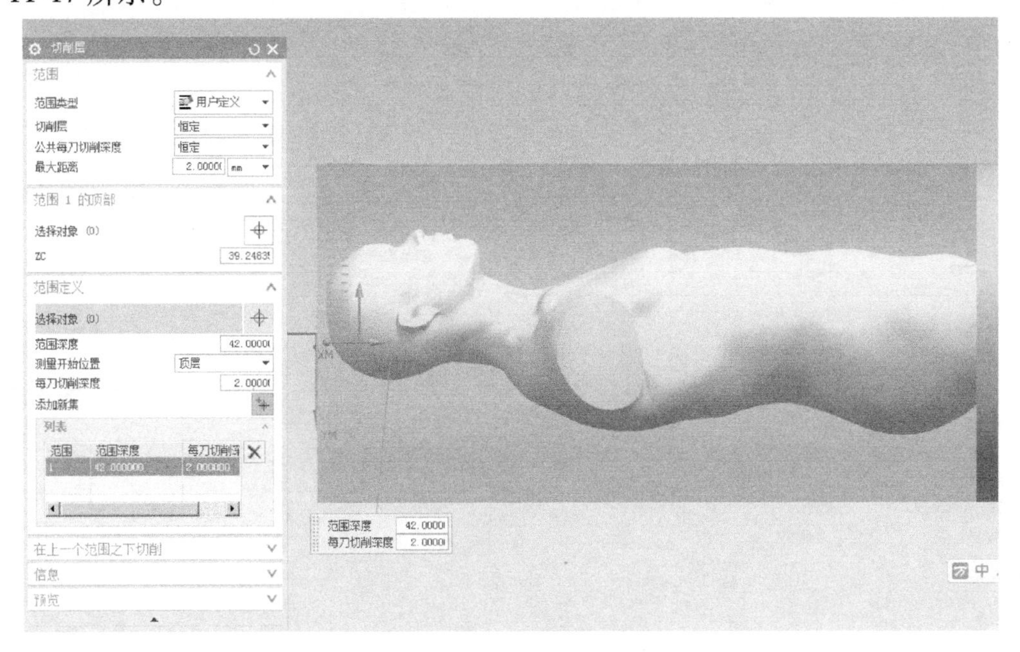

图 11-17　设置切削层

主轴速度为 1500r/min，切削进给率为 500mm/min，逼近值为 300mm/min，单击“确定”按钮返回，单击“生成刀路”按钮，系统开始计算并生成刀路，结果如图 11-18 所示。跳过对话框提示“有些区域被忽略，因为它们太小而无法进刀……”，这是因为刀具直径过大，某些部件进不去，所以准备 D6R3mm 球头铣刀进行二次粗加工。

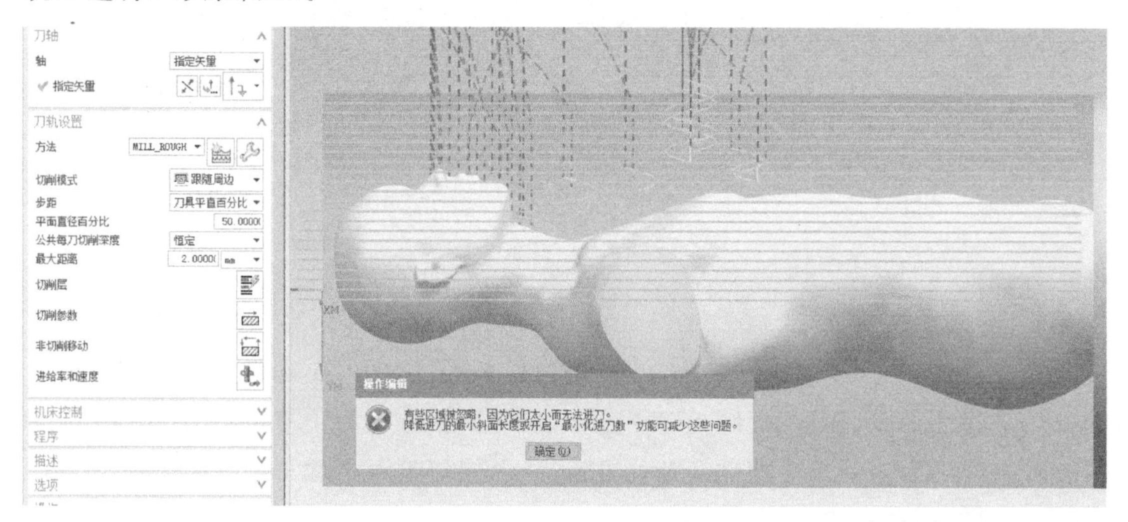

图 11-18　粗加工正面刀路

模型反面刀路生成方法与正面一样，但没有错误提示，因为反面曲面没有像正面那样凹下去的小区域，大多是较平坦的曲面，生成的刀路如图 11-19 所示。

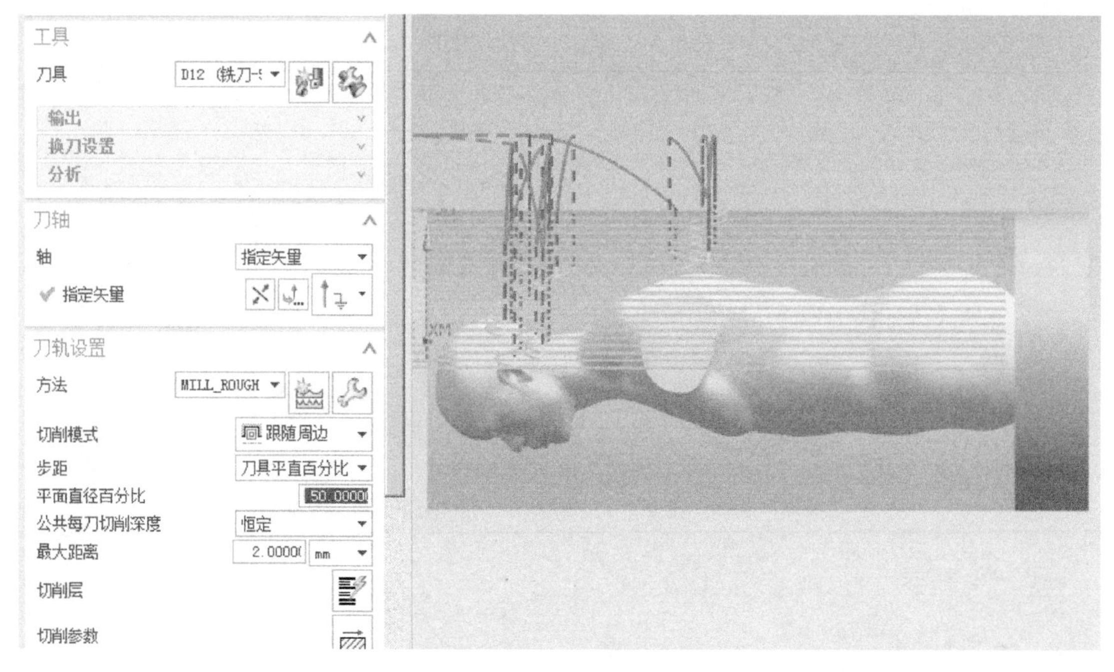

图 11-19　粗加工反面刀路

（2）创建半精加工刀路 “几何体”选择 MCS，“部件”选择人体模型，选择 ϕ6mm 球头铣刀，“驱动加工方法”选择曲面，“驱动面”选择前面通过曲线网格创建的曲面，曲面区域选择“曲面%”，在“曲面百分比方法”对话框中设置“结束步长%”为 98，单击“确定”按钮返回；“切削方向”为“径向”，“切削模式”为“螺旋”，“步距数”为 160。“投影矢量”选择“刀轴”，“刀轴”选择垂直于驱动体。

主轴速度为 6000r/min，切削进给率为 1500mm/min，其他参数都不变，单击“生成刀路”按钮，系统开始计算并生成刀路，结果如图 11-20 所示。

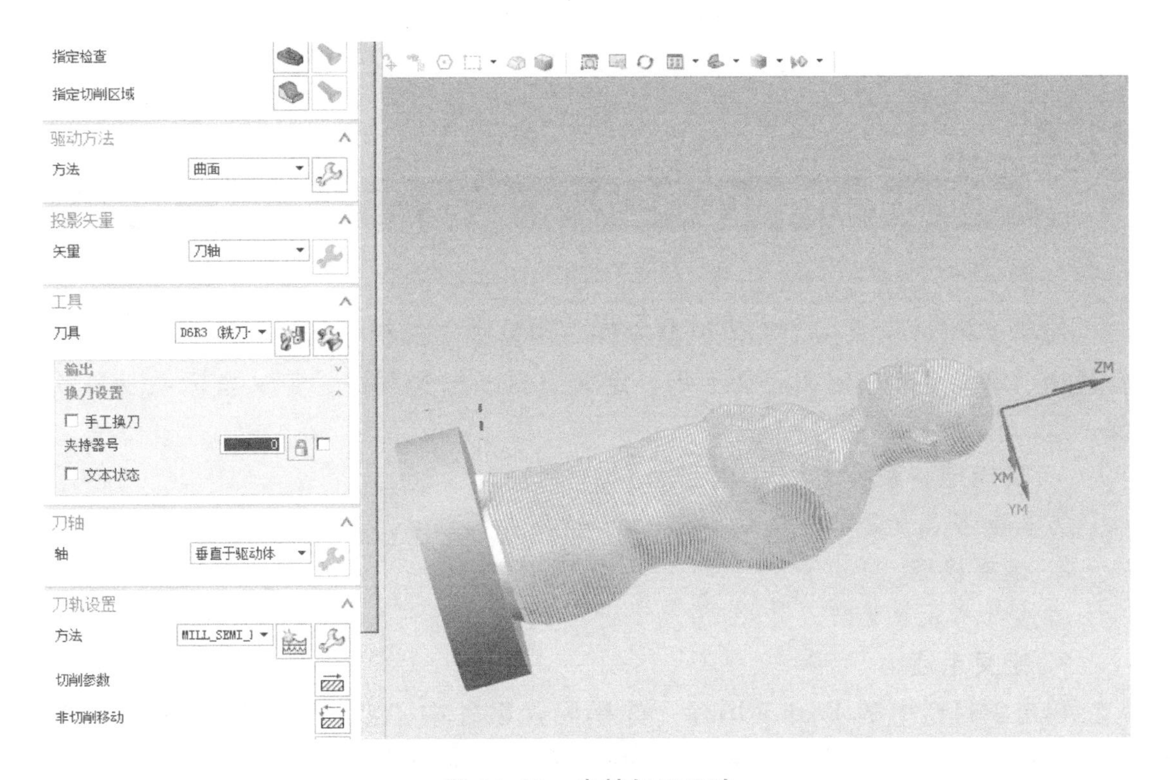

图 11-20 半精加工刀路

（3）创建精加工刀路 复制之前的半精加工刀路并粘贴，选择 ϕ4mm 球头铣刀，在曲面区域驱动方法中，步距数改为 500，方法改成 MILL_ FINISH。主轴速度为 8000r/min，切削进给率为 1200mm/min，其他参数都不变，单击“生成刀路”按钮，系统开始计算并生成刀路，结果如图 11-21 所示。

6. 生成加工程序

分别生成粗加工 1、粗加工 2、半精加工和精加工 4 个加工程序。

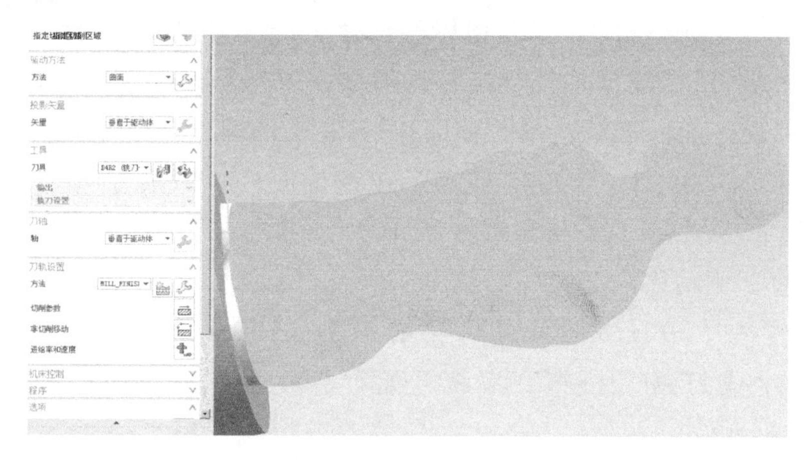

图 11-21 精加工刀路

11.6 Vericut 仿真加工

使用 Vericut 仿真加工人体模型零件，仿真加工过程包括选择控制系统、选择机床、定义毛坯、定义活动卡爪、定义刀具、选择程序、定义坐标系及自动加工等。

1. 选择控制系统

方法参考 3.6.2 节。

2. 选择机床

方法参考 3.6.2 节。

3. 定义毛坯

单击项目树中的 Fixture 图标，选择配置组件中“添加模型”为“模型文件”，选择“kapan. stl”与“kazhua. stl”，右击 Fixture 图标依次选择“添加”→“更多”→“V 线性”。在配置组件中选择运动为“Y”，然后把卡爪拖到“线性 V”下面，会发现卡爪变成蓝色了。单击“毛坯”Stock (0, 0, 0)图标，选择配置组件中“添加模型”为“圆柱”，高为 210mm，半径为 40mm，再在位置文本框中输入“0 0 120”，如图 11-22 所示。

4. 定义活动卡爪

方法参考 3.6.2 节。

5. 定义刀具

方法参考 3.6.2 节。

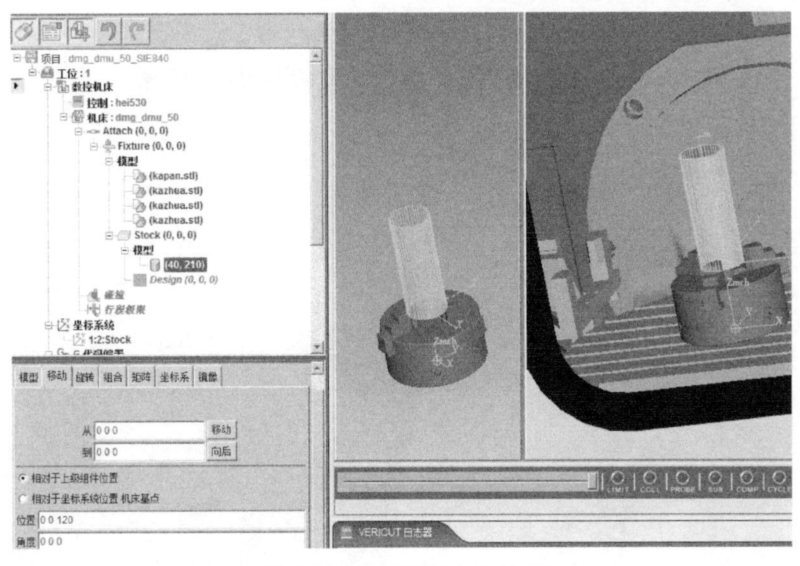

图 11-22 调整毛坯位置

6. 选择程序

方法参考 3.6.2 节。

7. 定义坐标系

方法参考 3.6.2 节。

8. 自动加工

设置完成后，单击“循环启动”图标，启动数控机床自动加工。仿真加工结果如图 11-23 和图 11-24 所示。

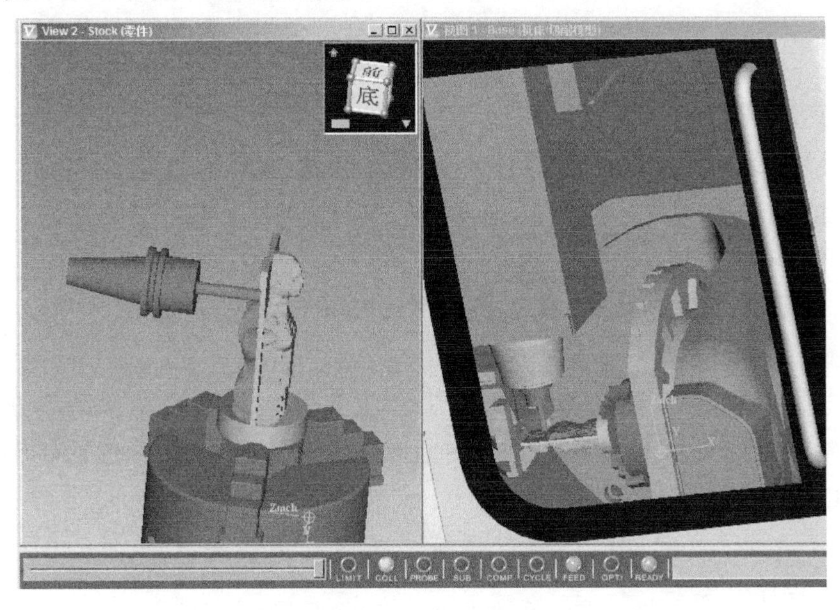

图 11-23 人体模型正反面粗加工仿真加工结果

图 11-24　人体模型精加工仿真加工结果

11.7 人体模型实际加工过程

1. 毛坯准备

毛坯为 ϕ80mm×150mm 的圆柱，圆柱面和两端面都已经加工到尺寸要求，不需要再加工。

2. 刀具准备

ϕ12mm 键槽铣刀、ϕ6mm 球头铣刀和 ϕ4mm 球头铣刀。

3. 装夹工件到机床

装夹时，圆柱的一端在第四轴的自定心卡盘上，另一端用回转顶尖顶住，保证圆柱轴线方向与 X 轴方向一致，并且圆柱的轴线与第四轴的回转轴线重合。

4. 加工

（1）启动机床　启动机床电气系统，再启动数控系统，导入由 NX 软件生成好的加工程序到系统。

（2）粗加工　装上 ϕ12mm 键槽铣刀到刀柄，把刀柄装到机床主轴上，建立工件坐标系，通过对刀，把工件坐标系建立在圆柱的左端面中心，即左端面与第四轴回转轴线的交点。导入粗加工程序，按机床“自动循环”按钮，机床进入粗加工。注意机床的进给倍率，如有需要适当调整，程序加工结束后观察工件。如果有问题，查找原因；如果没有问题，就可以半精加工。

（3）半精加工　卸下主轴上的刀柄，卸下 ϕ12mm 键槽铣刀，装上 ϕ6mm 球头铣刀到刀柄，把刀柄装到机床主轴上，导入半精加工程序，按机床“自动循环”按钮，机床进入半精加工。注意机床的进给倍率，如有需要适当调整。

（4）精加工　卸下主轴上的刀柄，卸下 ϕ6mm 球头铣刀，装上 ϕ4mm 球头铣刀到刀柄，把刀柄装到机床主轴上，导入精加工程序，按机床“自动循环”按钮，机床进入精加工。注意机床的进给倍率，如有需要适当调整。

实际加工的零件如图 11-25 所示。

图 11-25　实际加工的零件

11.8 学习评价

本章学习完成后，依据表 11-1 考核评价表，采取自评、互评、师评三方进行评价。

表 11-1　考核评价表

评价项目	考核内容	考核标准	配分	自评	互评	师评	总评
任务完成情况评定（80 分）	模型加工驱动曲面的创建	正确率 100%　20 分 正确率 80%　16 分 正确率 60%　12 分 正确率<60%　0 分	20				
	加工工艺	正确率 100%　10 分 正确率 80%　8 分 正确率 60%　6 分 正确率<60%　0 分	10				
	生成刀路	正确率 100%　30 分 正确率 80%　24 分 正确率 60%　18 分 正确率<60%　0 分	30				

（续）

评价项目	考核内容	考核标准	配分	自评	互评	师评	总评
任务完成情况评定（80分）	仿真加工	规范、熟练 20分 规范、不熟练 10分 不规范 0分	20				
职业素养（20分）	知识	是否复习	每违反一次，扣5分，扣完为止				
	纪律	不迟到、不早退、不旷课、不游戏					
	表现	积极、主动、互助、负责、有改进精神等					
总分							
学生签名			教师签名				

第12章 带分流叶片叶轮的五轴加工与仿真

【学习目标】

知识目标：

1. 了解NX叶轮加工模块。
2. 掌握NX编程软件加工模块的基本操作。
3. 掌握NX加工模块中基本参数的设置。

技能目标：

1. 能根据零件加工要求合理安排加工工艺。
2. 能根据零件加工要求合理安排加工刀具。
3. 能根据机床类型，正确设置加工原点与安全平面。
4. 会使用NX后处理生成程序。
5. 会使用Vericut仿真软件对零件进行仿真加工。

素质目标：

1. 培养学生具备良好的科学精神和态度。
2. 培养学生自主学习的良好习惯、爱好和能力。
3. 培养学生适宜的受挫折能力，提高学生心理成熟度和提升基本品质。
4. 培养学生依法规范自己行为的意识和习惯。

叶轮是典型的通过五轴加工的零件，是可以体现五轴联动加工优势的零件。目前加工叶轮普遍采用了多轴数控机床，先使用CAD/CAM软件生成叶轮加工刀路，后处理生成适合机床的加工程序，然后用Vericut仿真软件进行仿真，验证加工过程的正确性，这样可以避免加工过程中出现刀具碰撞及干涉现象。本章通过一个带分流叶片的叶轮零件的加工来介绍 NX 叶轮模块及参数的设置。

12.1 加工预览

图 12-1 所示为带分流叶片的叶轮，其中的一个叶片刻有“分流叶轮”四个字。

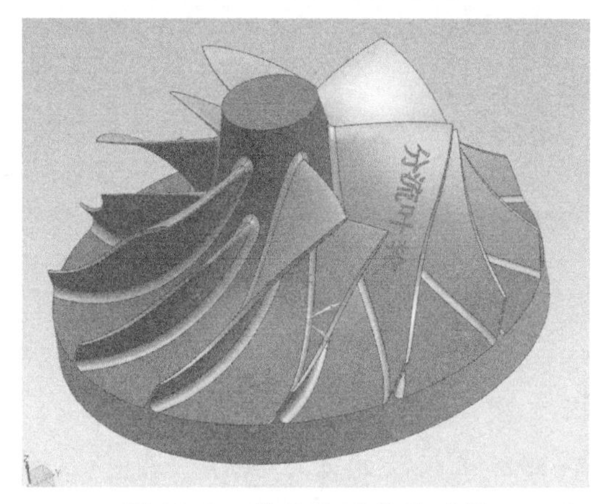

图 12-1 带分流叶片的叶轮

12.2 模型分析

在本实例中将运用 NX 叶轮加工模块 MILL_MULTI_BLADE，其中包括多叶片粗加工、叶片精加工、叶片根部圆角精加工和轮毂精加工。由模型分析可知，除了叶轮各部分的加工外，还有叶片上的刻字加工。

12.3 加工工艺规划

加工工艺规划包括加工工艺路线的制订、加工方法的选择和加工工序的划分。根据该零件的特征和 NX10 的加工特点，整个零件的加工分成以下工序：

1）叶轮开粗，选择锥度球头铣刀 D4R2。

2）创建叶轮模块操作，精加工叶轮各个部位，选择锥度球头铣刀 D4R2 精加工叶片和锥度球头铣刀 D2R1 精加工根部圆角。

3）雕刻叶片上文字，选择 D0.2mm 雕刻刀。

各工序具体的加工对象、加工方式和加工刀具见表 12-1。

表 12-1　加工对象、加工方式和加工刀具

工序	加工对象	加工方式	加工刀具
1	粗加工叶轮	多叶片粗加工	锥度球头铣刀 D4R2
2	精加工叶轮	叶片精加工、轮毂精加工和根部圆角精加工	锥度球头铣刀 D4R2 和 D2R1
3	雕刻叶片上的文字	插补矢量	雕刻刀 D0.2

12.4 进入 NX 设计环境

单击“偏置曲面”图标，再单击文字所在叶片表面，向叶片内偏置 0.4mm，如图 12-2 所示。

图 12-2　偏置曲面

创建叶轮毛坯，如图 12-3 所示。

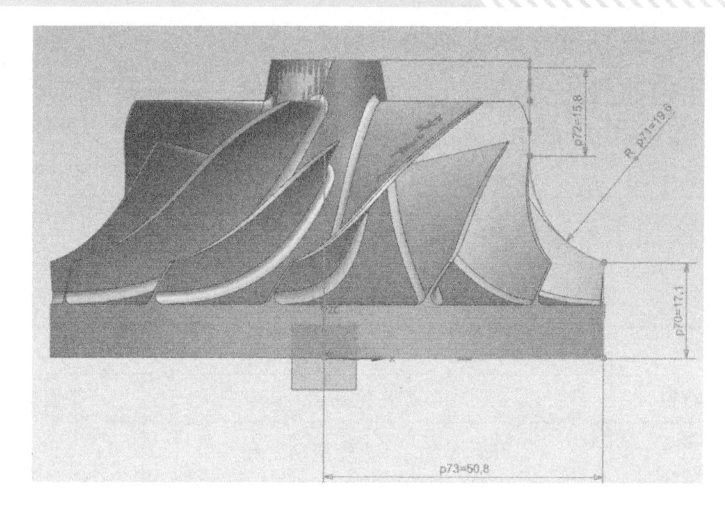

图 12-3　创建叶轮毛坯

然后单击“旋转”命令，生成叶轮的包覆曲面，如图 12-4 所示。

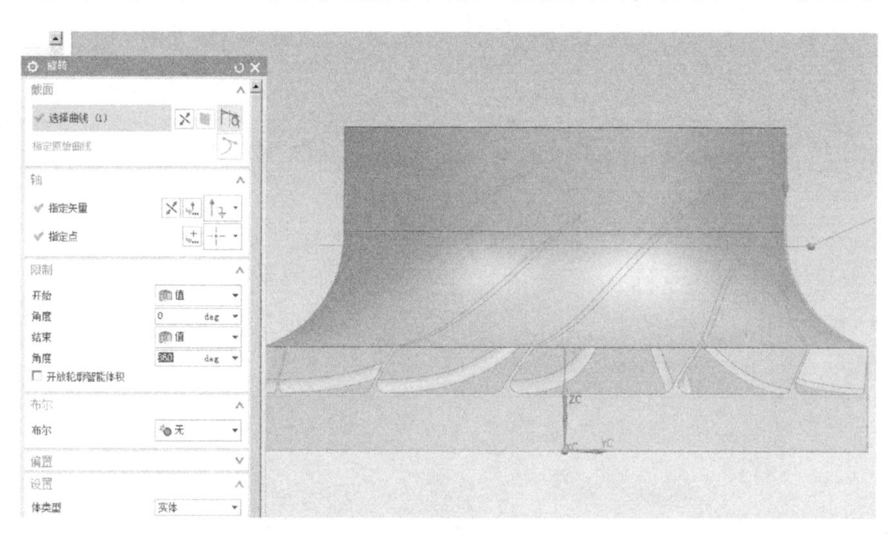

图 12-4　生成叶轮的包覆曲面

12.5 NX 加工步骤

（1）进入 NX 加工模块　先创建 3 把刀具：D4R2 锥度球头铣刀，具体参数设置如图 12-5 所示；D2R1 锥度球头铣刀，具体参数设置如图 12-6 所示；以及 ϕ0.2mm 雕刻刀。

（2）设置加工方法 粗加工余量为0.3mm，内外公差为0.03mm；精加工余量为0mm，内外公差为0.01mm。

（3）设置加工坐标系 坐标系原点设置在顶端面圆心，方向与机床加工坐标系一致，如图12-7所示。

（4）安全设置 在“MCS铣削”对话框中的“安全设置选项”下拉列表框中选择“圆柱”，指定点选择端面圆心，指定矢量选择Z轴，半径文本框中输入“60”，形成一个包裹住模型的圆柱体，如图12-8所示。

（5）指定部件 双击WORKPIECE，指定部件为零件模型，如图12-9所示。

（6）创建几何体 创建多叶片几何体MULTI_BLADE_GEOM，弹出“多叶片几何体”对话框，如图12-10所示。

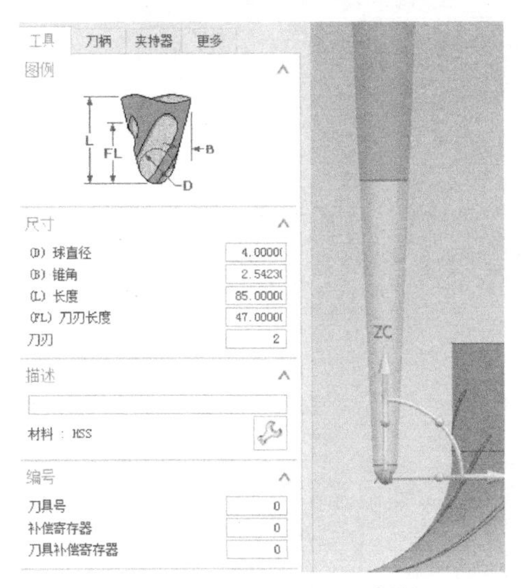

图12-5 D4R2刀具参数

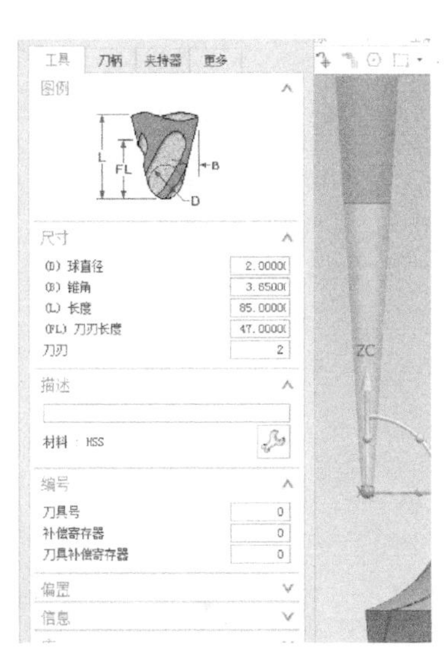

图12-6 D2R1刀具参数

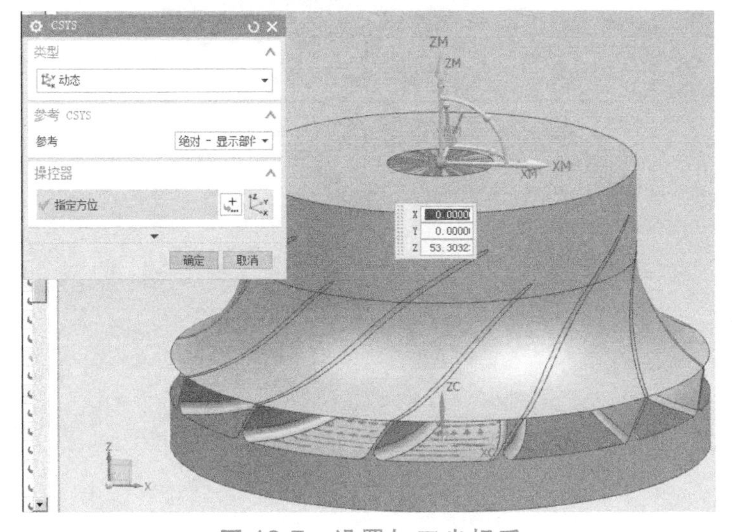

图12-7 设置加工坐标系

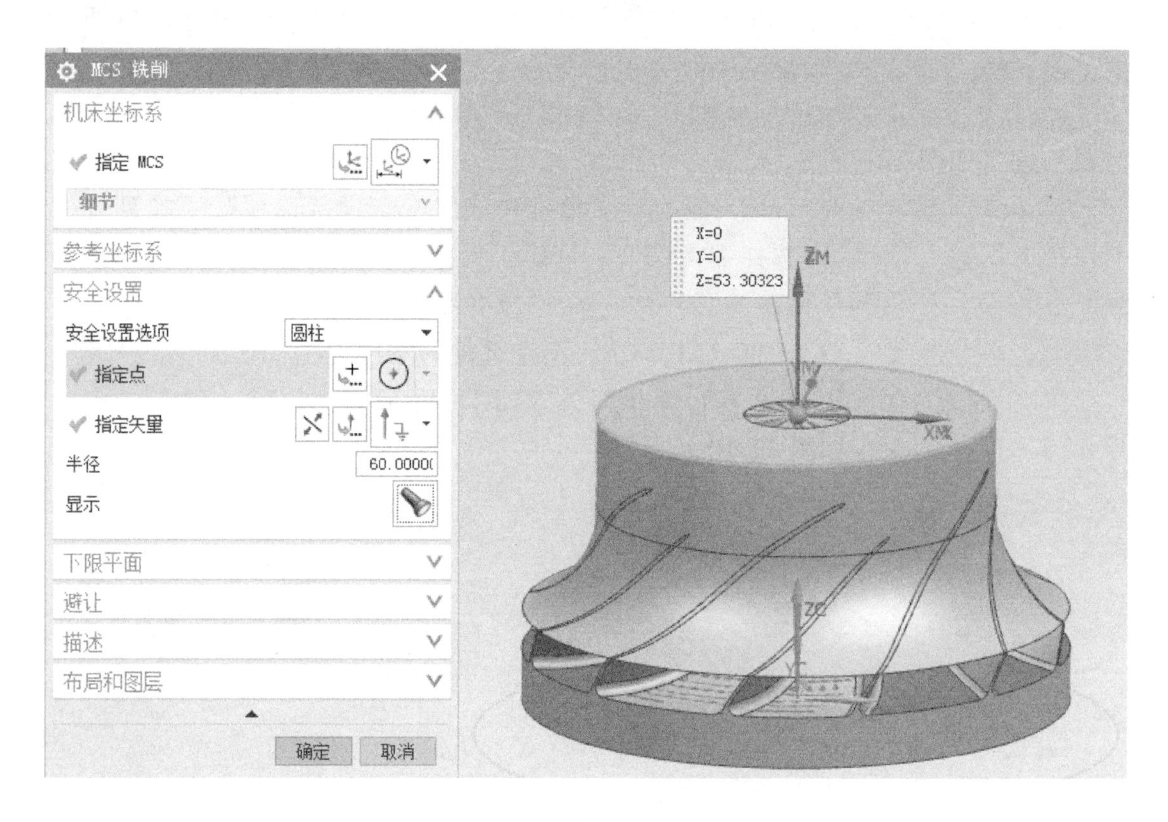

图 12-8　安全设置

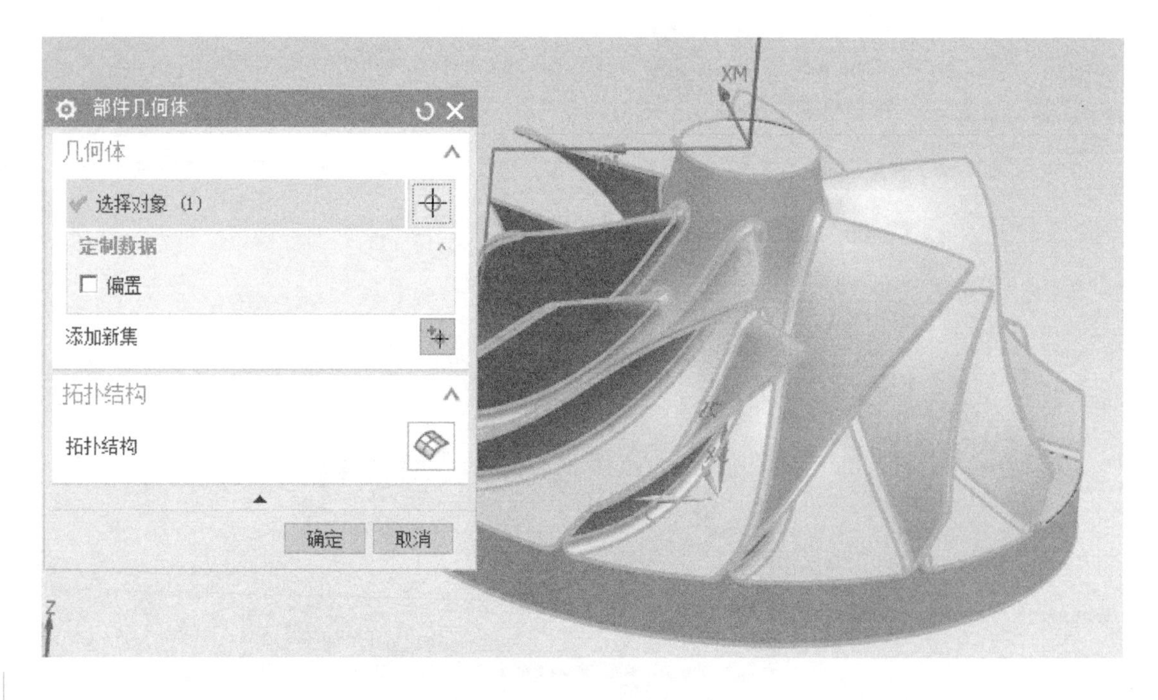

图 12-9　指定部件

选择部件轴中旋转轴为“+ZM”。

几何体中，指定轮毂选择叶轮底面，如图 12-11 所示；指定包覆如图 12-12 所示；指定叶片选择一个大叶片的正反面，如图 12-13 所示；指定叶根圆角选择这个大叶片的根部圆角，如图 12-14 所示；指定分流叶片分别选择分流叶片的正反面曲面与根部圆角，如图 12-15 所示。

最后设置叶片总数为 6。

图 12-10　叶片加工模块

（7）生成叶轮加工刀路

1）创建多叶片粗加工刀路。创建工序，选择“多叶片粗加工”图标，几何体选择 MULTI_BLADE_GEOM，刀具选择“D4R2”，单击“叶片粗加工驱动方法”，在前缘的切向延伸文本框中输入“180”，在后缘的切向延伸文本框中输入“50”，如图 12-16 所示，方法选择“MILL_ROUGH”，其余保持默认设置，单击“显示”按钮，刀路预览结果如图 12-17 所示。

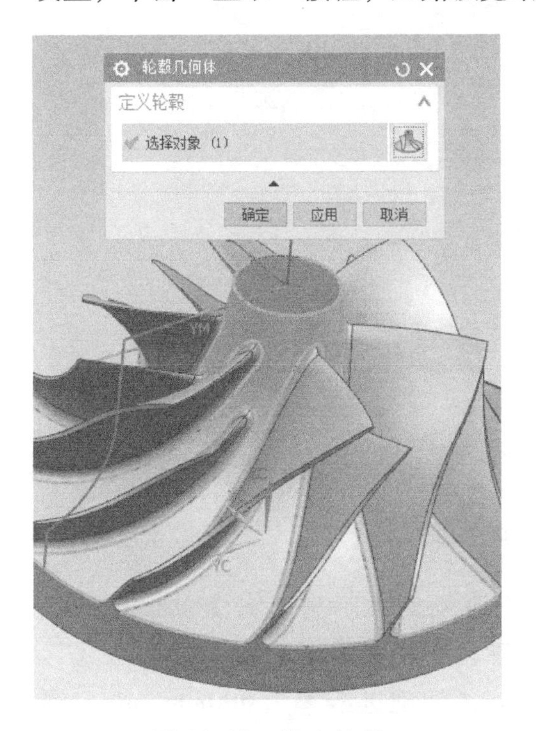

图 12-11　指定轮毂

图 12-12　指定包覆面

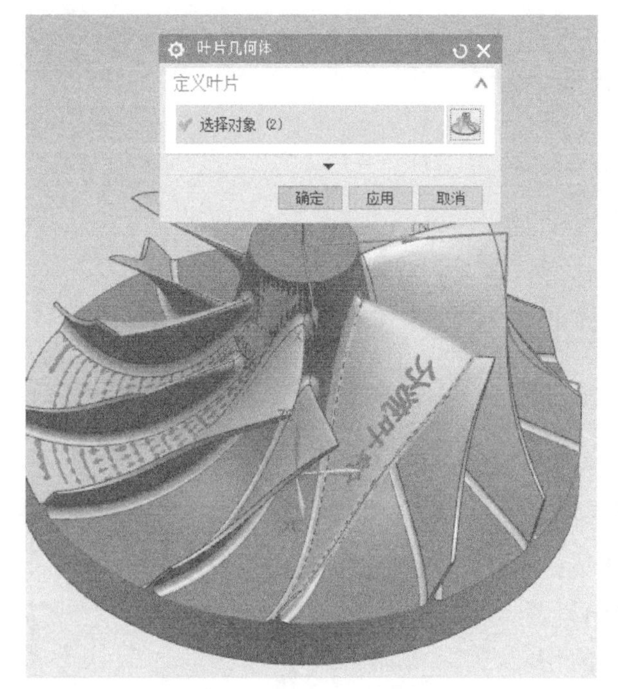

图 12-13　指定叶片

图 12-14　指定叶根圆角

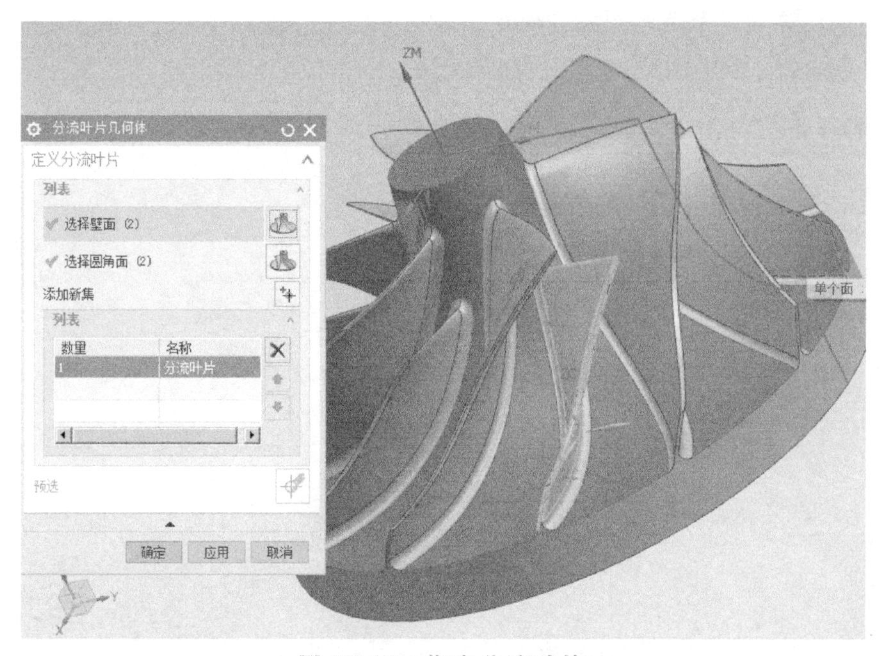

图 12-15　指定分流叶片

在“非切削移动”对话框中的“转移/快速”选项卡中，安全设置选项选择“圆柱”，指定点为圆心，指定矢量为 *ZM* 轴，半径文本框中输入“70”。

设置进给率和速度，主轴速度为 8000r/min，切削进给率为 500mm/min，逼近值为 300mm/min。

图 12-16 设置延伸值

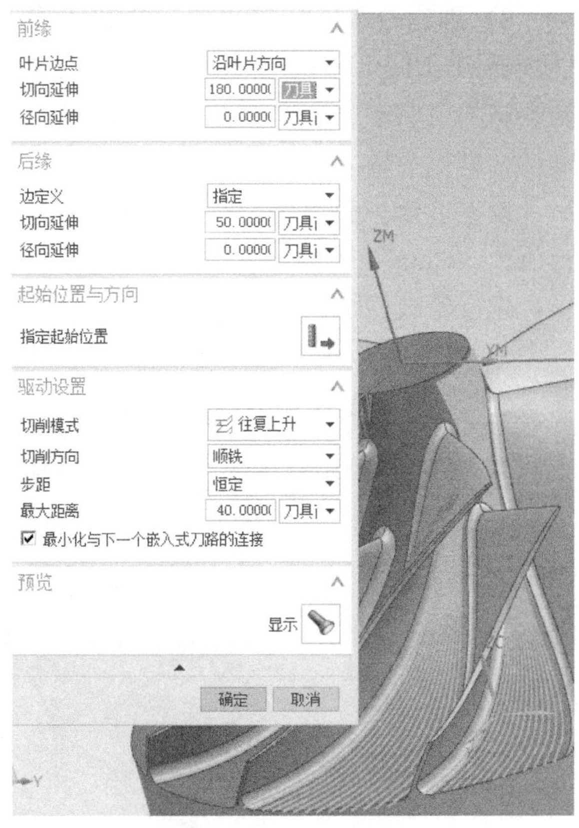

图 12-17 刀路预览图

生成粗加工叶片刀路，如图 12-18 所示。

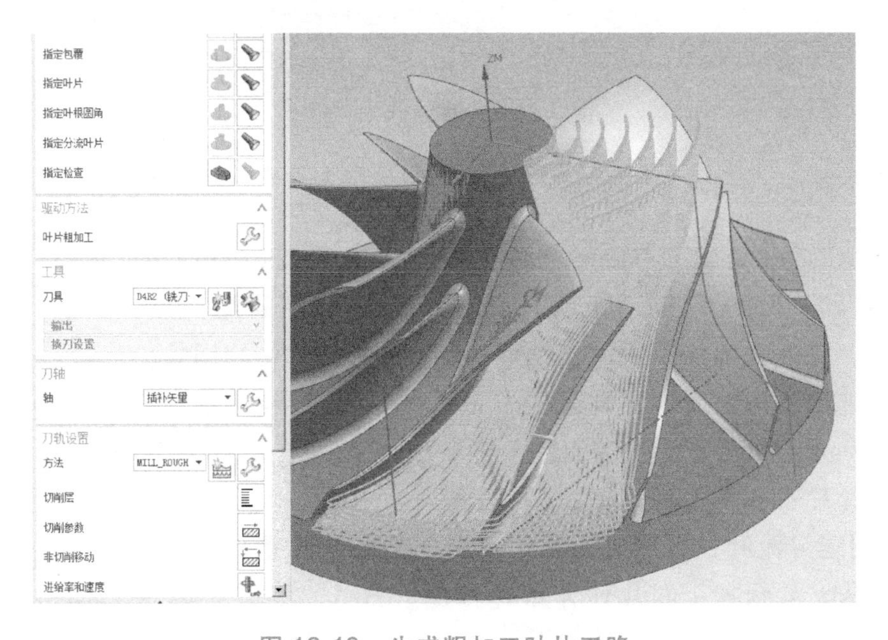

图 12-18 生成粗加工叶片刀路

2）创建轮毂精加工刀路。创建工序，单击“轮毂精加工”图标，几何体选择 MULTI_BLADE_GEOM，刀具选择“D4R2”，方法为 MILL_FINISH，设置轮毂精加工驱动方法，在前缘的切向延伸文本框中输入“180”，在后缘的切向延伸文本框中输入“50”。

设置进给率和速度，主轴速度为 8000r/min，切削进给率为 500mm/min，逼近值为 300mm/min。

生成轮毂精加工刀路，如图 12-19 所示。

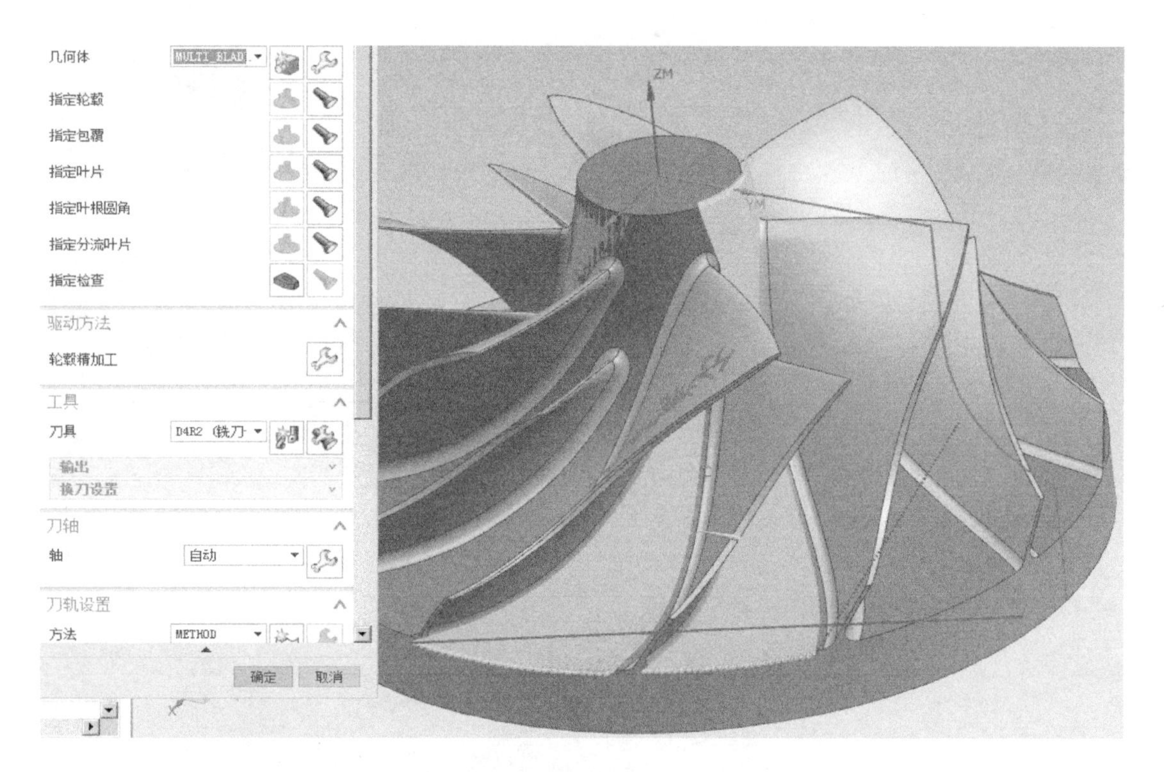

图 12-19　生成轮毂精加工刀路

3）创建叶片精加工刀路。创建工序，单击“轮毂精加工”图标，几何体选择 MULTI_BLADE_GEOM，刀具选择“D4R2”，设置切削层，距离中刀具百分比越小，叶片表面加工质量就越好，方法选择 MILL_FINISH。

设置进给率和速度，主轴速度为 8000r/min，切削进给率为 500mm/min，逼近值为 300mm/min。

生成叶片精加工刀路，如图 12-20 所示。

4）创建分流叶片精加工刀路。复制并粘贴叶片精加工刀路，设置叶片精加工驱动方法，要精加工的几何体选择分流叶片 1，单击“确定”按钮返回，其余参数不变，生成分流叶片精加工刀路，如图 12-21 所示。

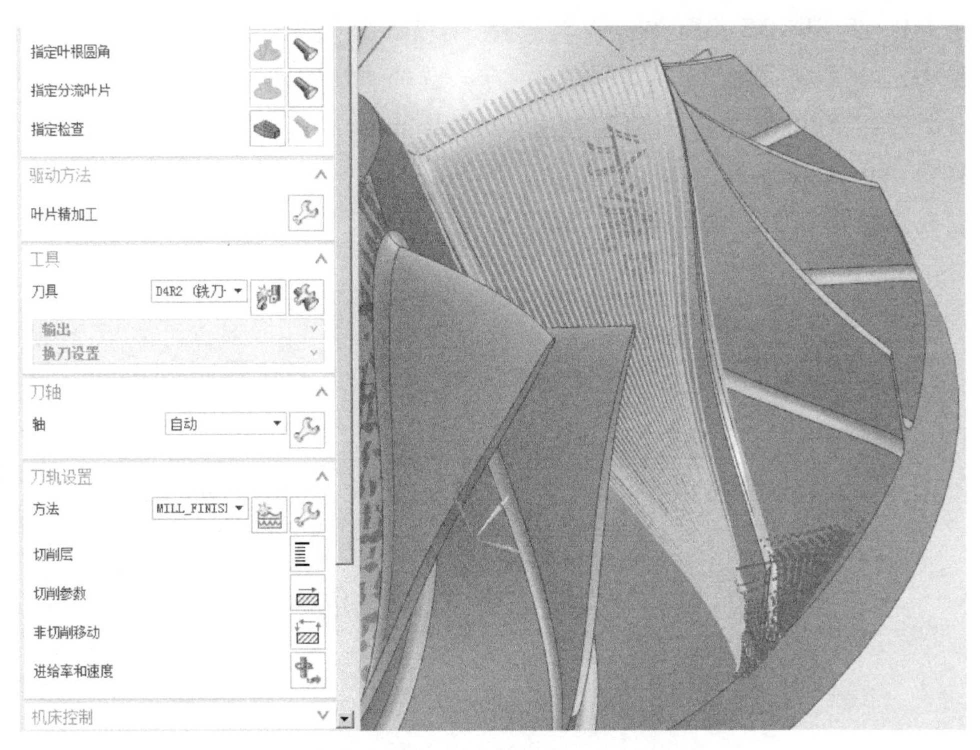

图 12-20　生成叶片精加工刀路

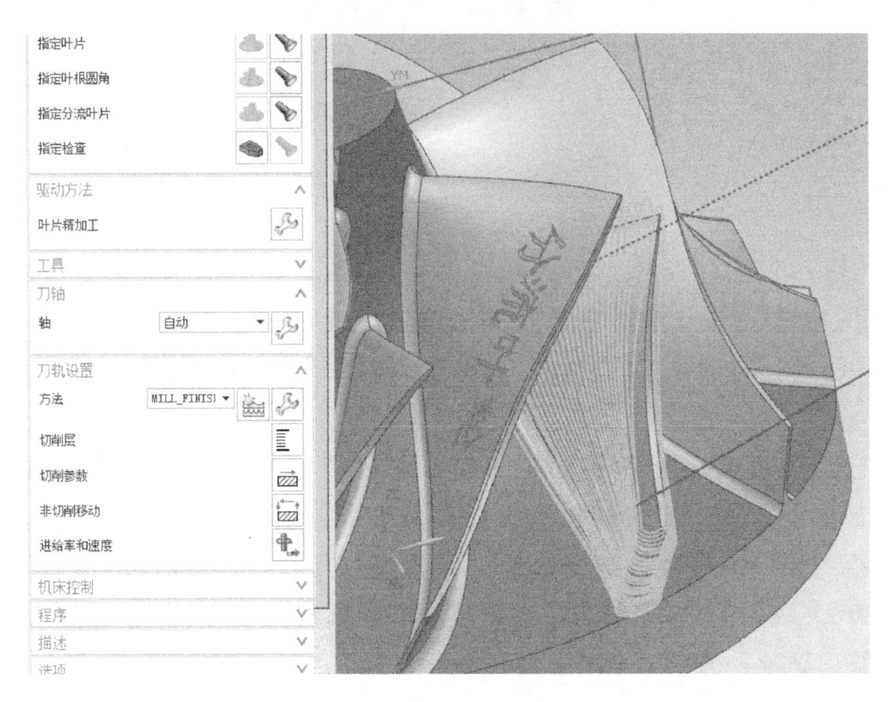

图 12-21　生成分流叶片精加工刀路

5）创建圆角精加工刀路。创建工序，单击“圆角精加工”图标，几何体选择 MULTI_BLADE_GEOM，刀具选择“D2R1”，设置切削层，距离中刀具百分比越小，叶片表面加工质量就越好，方法选择 MILL_FINISH。

设置进给率和速度，主轴速度为 10000r/min，切削进给率为 500mm/min，逼近值为 300mm/min。

生成圆角精加工刀路，如图 12-22 所示。

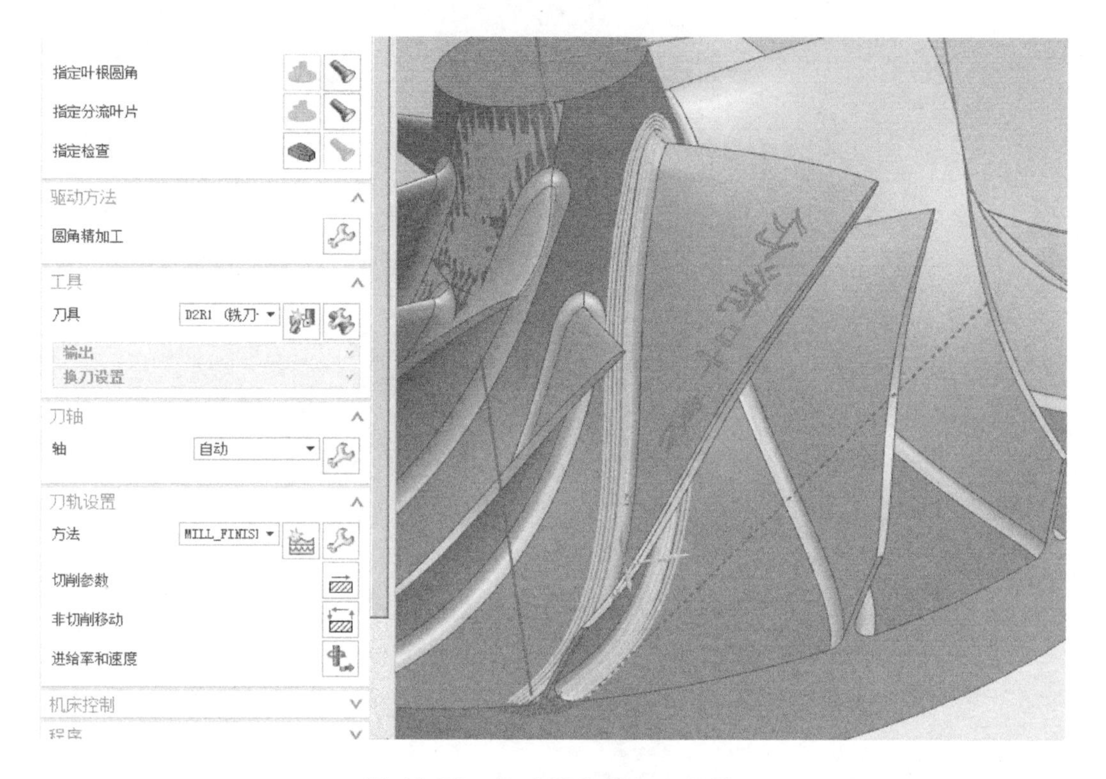

图 12-22　生成圆角精加工刀路

6）用相同的方法创建分流叶片的根部圆角精加工刀路，如图 12-23 所示。

7）将创建好的粗加工、精加工刀路进行对象变换，分别生成其余叶片的加工刀路。

选择已经生成的多叶片粗加工刀路、轮毂精加工刀路、叶片精加工刀路、分流叶片精加工刀路、圆角精加工刀路和分流叶片圆角精加工刀路，一共 6 个刀路，进行对象中的变换，类型选择“绕点旋转”，指定枢轴点为上端面圆心，角度为 360°，结果选择“复制”，距离/角度分割为“6”，非关联副本数为“5”，单击“确定”按钮，如图 12-24 所示。

（8）创建叶片表面刻字刀路

1）创建多轴加工中的可变轮廓铣加工工序，进入对话框，几何体选择 MCS_MILL，指定部件选择向叶片内偏置的曲面，驱动方法选择“曲线/点”，在

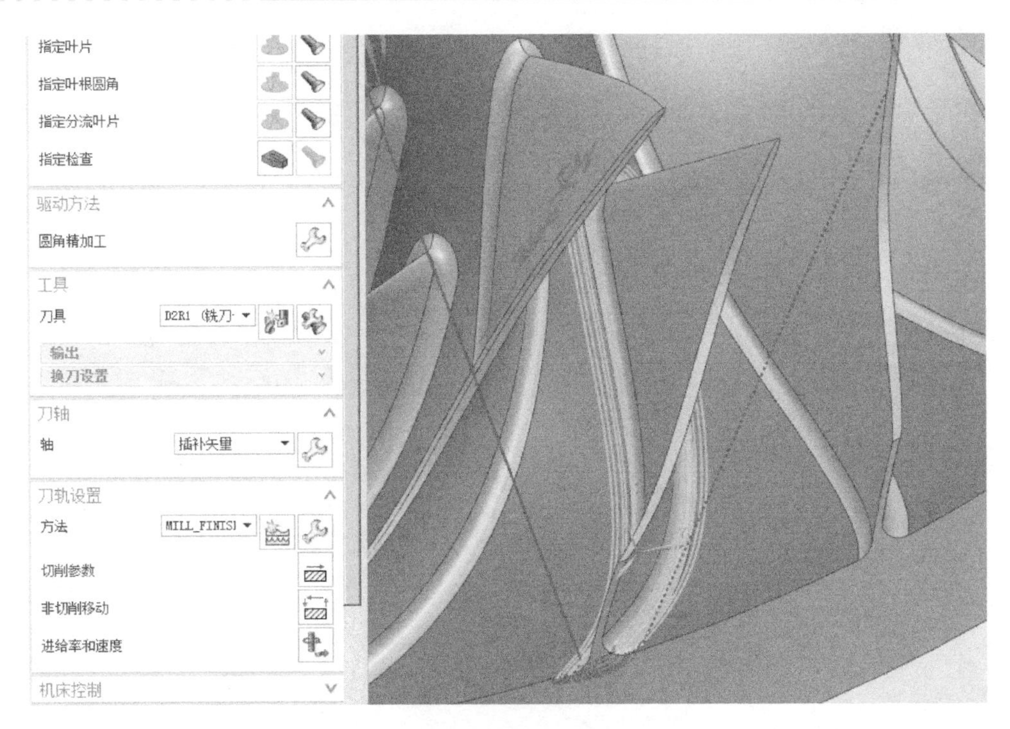

图 12-23 生成分流叶片精加工刀路

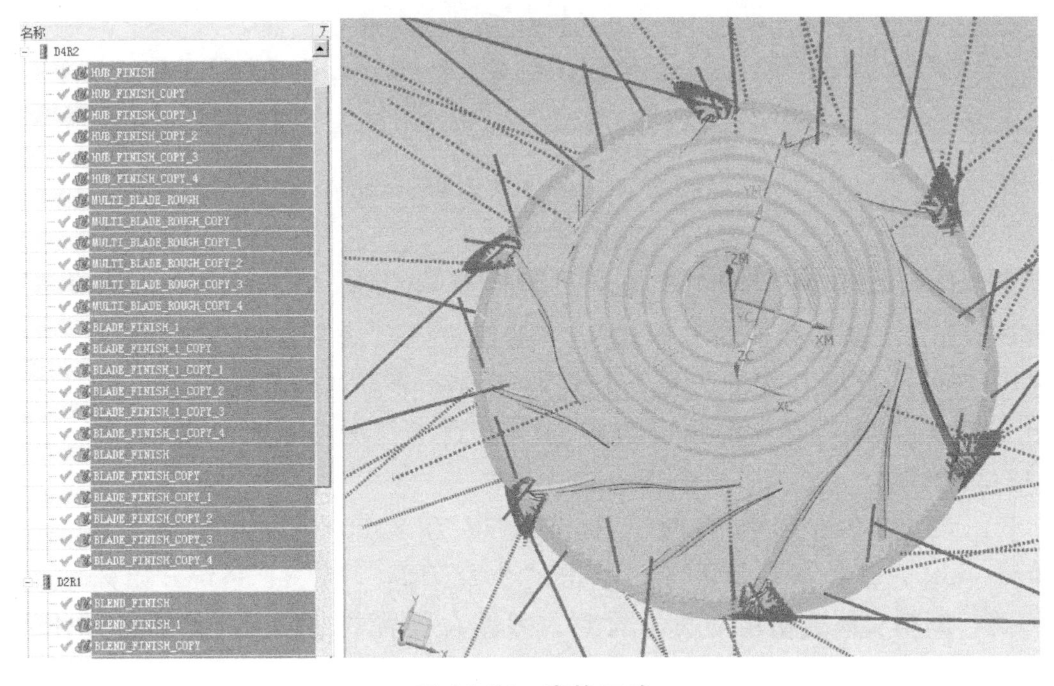

图 12-24 变换刀路

“曲线/点驱动方法”对话框中，单击“选择曲线”按钮，系统弹出对话框，用光标选取曲线，每一个封闭的曲线轮廓要添加一个新集，如图 12-25 所示，单击

“确定”按钮。

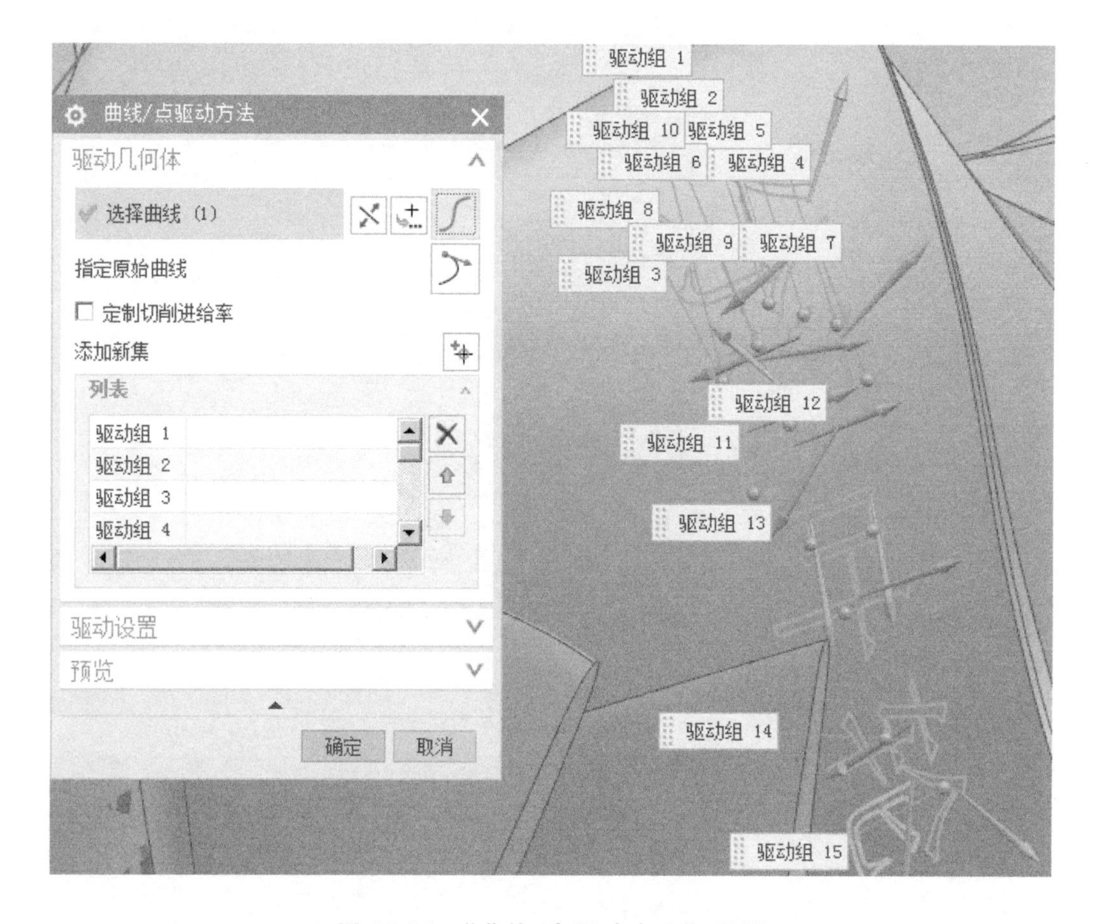

图 12-25 “曲线/点驱动方法”设置

2）刀具选择 $\phi0.2$mm 雕刻刀，选择投影矢量为“刀轴”，刀轴选择“插补矢量”，单击旁边的“编辑” 按钮进入“插补矢量”对话框，在对话框中有两个已经存在的矢量，分别调整这两个刀具矢量的角度，可以直接单击这个矢量调整刀具的角度与方向，直到不与旁边的叶片发生干涉，如图 12-26 所示。

3）设置进给率与速度，主轴速度为 8000r/min，切削进给率为 500mm/min，其他参数都不变，单击“生成刀路”按钮，系统开始计算并生成刀路，调整实体透明度后可以看到，刀路在偏置的曲面上，结果如图 12-27 所示。

（9）生成后处理程序 分别生成叶轮分流叶片粗加工 . MPF、流道精加工 . MPF、分流叶片圆角精加工 . H、叶片圆角精加工 . H、叶片精加工 . H、叶轮分流叶片精加工 . H 和刻字 . H。

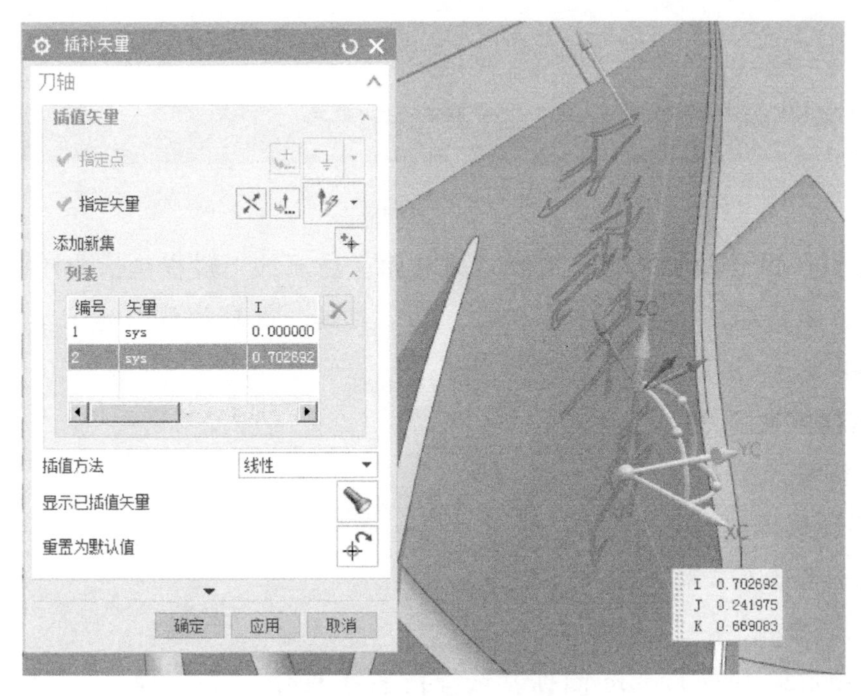

图 12-26　调整“插补矢量”

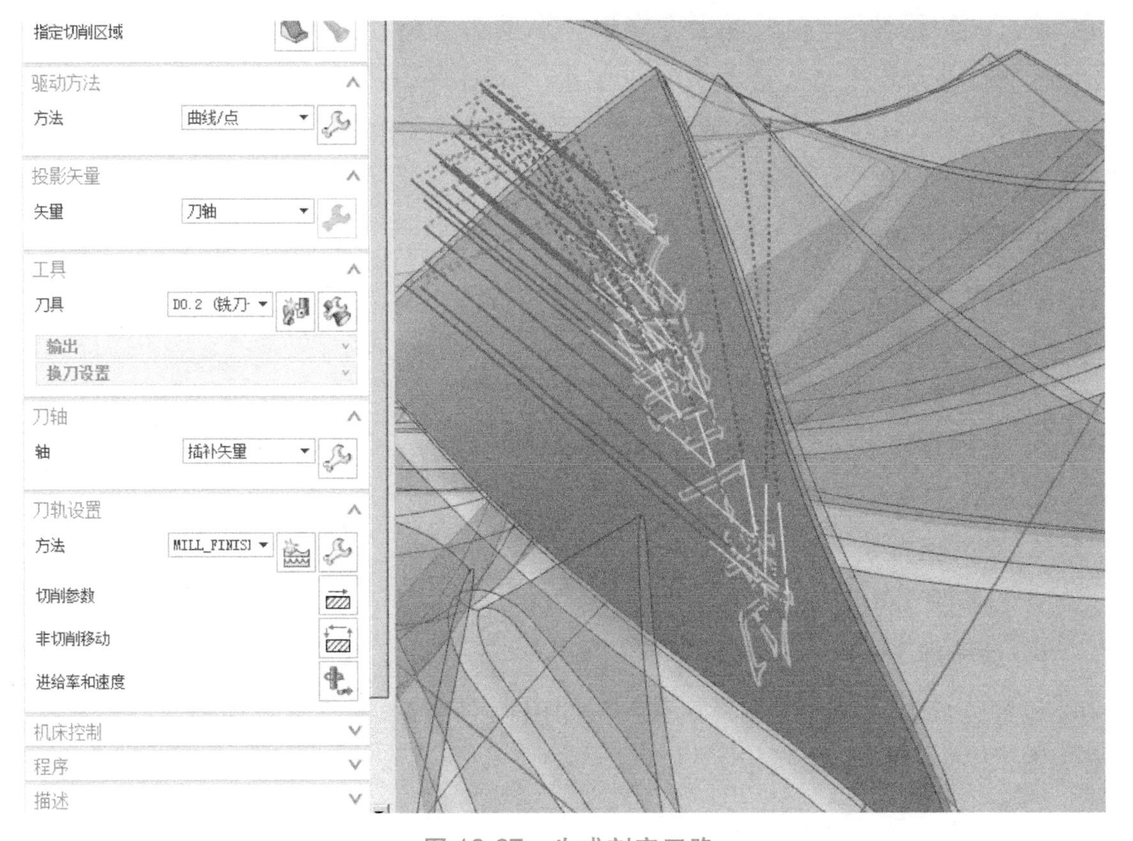

图 12-27　生成刻字刀路

12.6 Vericut 仿真加工

使用 Vericut 仿真加工带分流叶片的叶轮。仿真加工过程包括选择控制系统、选择机床、定义毛坯、定义活动卡爪、定义刀具、选择程序、定义坐标系、自动加工等。

1. 选择控制系统

方法参考 3.6.2 节。

2. 选择机床

方法参考 3.6.2 节。

3. 定义毛坯

单击项目树中的 Fixture 图标，选择配置组件中“添加模型”为“模型文件”，选择“kapan. stl”与“kazhua. stl”，右击 Fixture 图标依次选择“添加”→“更多”→“V 线性”。在配置组件中选择运动为“Y”，然后把卡爪拖到“线性 V”下面，会发现卡爪变成蓝色了。单击“毛坯” Stock (0, 0, 0)图标，选择配置组件中“添加模型”为“模型文件”，选择“叶轮毛坯 . stl”，在位置文本框中输入“0 0 140”。

4. 定义活动卡爪

方法参考 3.6.2 节。

5. 定义刀具

方法参考 3.6.2 节。

6. 选择程序

方法参考 3.6.2 节。

7. 定义坐标系

方法参考 3.6.2 节。

8. 自动加工

设置完成后，单击“循环启动” 图标，启动数控机床自动加工。仿真结果如图 12-28 ~ 图 12-32 所示。

图 12-28　叶片精加工仿真结果

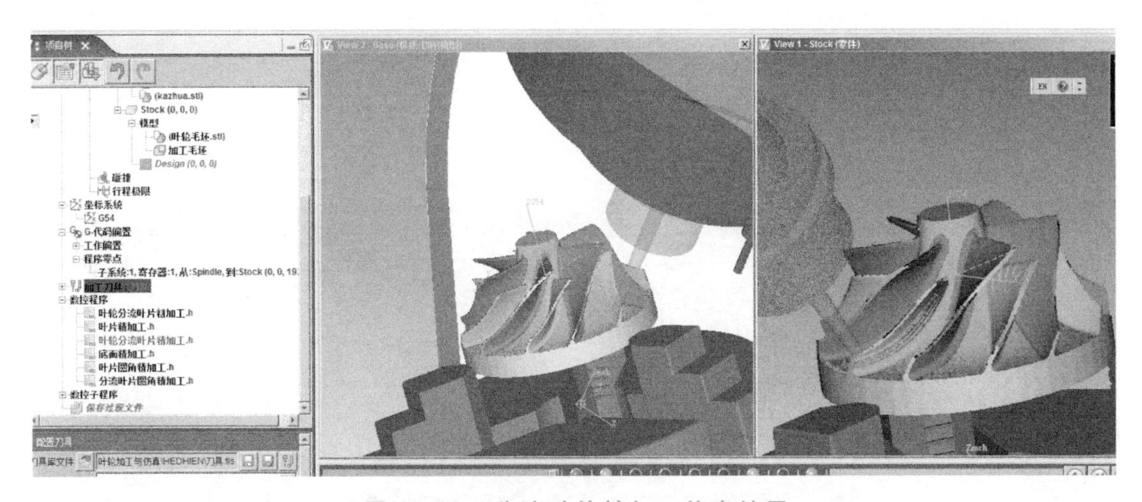

图 12-29　分流叶片精加工仿真结果

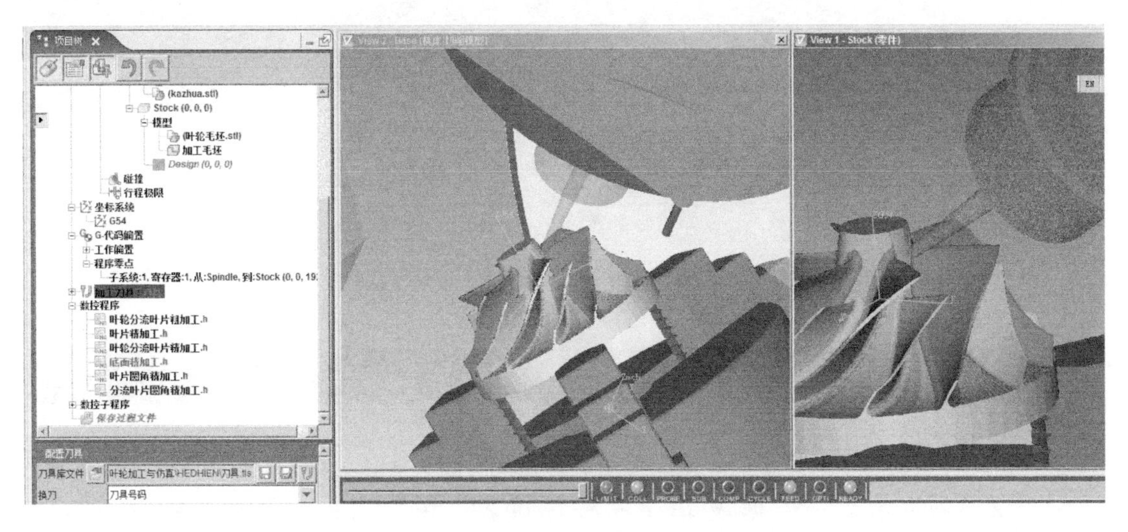

图 12-30　轮毂底面精加工仿真结果

图 12-31　各个叶片根部圆角加工仿真结果

图 12-32　刻字加工仿真结果

12.7 学习评价

本章学习完成后，依据表 12-2 考核评价表，采取自评、互评、师评三方进行评价。

表 12-2　考核评价表

评价项目	考核内容	考核标准	配分	自评	互评	师评	总评
任务完成情况评定（80 分）	叶轮加工模块的使用	正确率 100%　20 分 正确率 80%　16 分 正确率 60%　12 分 正确率<60%　0 分	20				
	加工工艺	正确率 100%　10 分 正确率 80%　8 分 正确率 60%　6 分 正确率<60%　0 分	10				
	生成刀路	正确率 100%　30 分 正确率 80%　24 分 正确率 60%　18 分 正确率<60%　0 分	30				
	仿真加工	规范、熟练　20 分 规范、不熟练　10 分 不规范　0 分	20				
职业素养（20 分）	知识	是否复习	每违反一次，扣 5 分，扣完为止				
	纪律	不迟到、不早退、不旷课、不游戏					
	表现	积极、主动、互助、负责、有改进精神等					
总分							
学生签名			教师签名				

参考文献

[1] 褚辉生，陆启建. 高速切削与五轴联动加工技术［M］. 北京：机械工业出版社，2018.

[2] 杨胜群. VERICUT 数控加工仿真技术［M］. 北京：清华大学出版社，2013.

[3] 张喜江. 多轴数控加工中心编程与加工技术［M］. 北京：化学工业出版社，2017.

[4] 安杰，邹昱章. UG 后处理技术［M］. 北京：清华大学出版社，2003.

[5] 李云龙，曹岩. 数控机床加工仿真系统 VERICUT［M］. 西安：西安交通大学出版社，2005.

[6] 常赟. 多轴加工编程及仿真应用［M］. 北京：机械工业出版社，2011.